NF文庫
ノンフィクション

新装解説版

間に合わなかった兵器

日本の軍事テクノロジー徹底研究

徳田八郎衛

JN130956

潮書房光人新社

本書では、主に日本軍の陸戦用火器や電波兵器など、兵器技術についての鋭い考察が描かれています。

太平洋戦争における日本軍の敗因は生産力の違いにあったのか。戦後の発展を支えたといわれる日本のテクノロジーはいかなるものだったのか。

技術者の視点から、外国の兵器の例なども交え、日本の軍事技術とエンジニアたちの苦悩を綴ります。

間に合わなかった兵器——目次

第一章　戦車に肉薄攻撃

第二章　日本海軍が軽視した電波兵器

第三章 知られざる本土警戒体制

第四章　ドイツの空は戦闘機か爆撃機か

第五章　間に合わせたソ連の底力

第六章　間に合った兵器、間に合わなかった兵器

写真・資料提供／小泉直彦・佐山二郎・高橋昇
雑誌「丸」編集部

間に合わなかった兵器

第一章　戦車に肉薄攻撃

1　世界一貧弱な日本の対戦車火器

バズーカ砲と破甲爆雷の差

西独映画「橋」が日本で公開されたのは、一九六〇年初頭であった。生まれ育った街に迫る米軍を阻止しようと、多くのドイツ中学生が志願入隊する。つい昨日まで自分たちの遊び場であった橋を死守する七人の少年兵は、威力偵察に現われた敵戦車二両を破壊するが生き残ったのは、わずか一名。しかも、これは命令の不徹底から生じた戦闘で、本当は死守する必要のない橋であった……。

静かに戦争の悲惨さを訴える名画であるが、同時に、この映画は日独の対戦車戦闘の様相が大きく異なっていたことを示している。ドイツの少年兵がドイツ版バズーカ砲、パンツァーシュレックで米軍のM4「シャーマン」戦車に立ち向かっていた頃、沖縄では鉄血勤皇隊の中学生のみならず、日本軍将兵の大半もアンパンと呼ばれる対戦車地雷（当時の表現では破甲爆雷）を唯一の武器として対戦車肉薄攻撃を実施していたのである。

いずれも凄惨な状況に変わりはないが、タコ壺や建物の中から敵戦車の側面、場合によっては背後から発射でき、そして仕留める可能性も高いロケット砲による攻撃と、突進してくる戦車の前方から身体を露出させて接近し、しかも、せいぜいよくてキャタピラの破壊しか望めない対戦車地雷攻撃とでは、期待できる撃破率も必要な勇気も大きく異なってくる。沖縄で撃破された米軍戦車一五三両のうち肉薄攻撃による被害はわずか一〇両にすぎず、後は直接照準による砲撃によるものであった。

第二次大戦だからといって、すべての戦車運用が欧州戦場や北アフリカ戦線のような大機動作戦になったのではない。山岳地帯あるいは島嶼など日本が戦った多くの戦場のように、植物が繁茂し、複雑で峻険な地形をめぐる戦闘でも、戦車は第一次大戦と同様に陣地戦の王者として振舞った。たとえば、日本軍が大敗北を喫したインパール作戦で、両軍が死闘を演じたインパール盆地東側高地の争奪戦のほとんどは、日本軍が夜間に強襲して占領した陣地を翌朝、戦車を先頭にした英印軍が奪い返すというパターンのくり返しであった。そこでは、戦車を撃退するのにソ連軍やドイツ軍が誇る長砲身の対戦車砲などは必要なかった。バズーカ砲や無反動砲などの携帯対戦車火器があれば十分、むしろその活躍には絶好の戦場だったのである。だが日本軍の将兵の手にあったのは、ごくわずかな対戦車砲と時たま直接照準で発射される山砲、野砲を除けば、破甲爆雷だけだった。

目標に磁石で吸着させた九九式対戦車破甲爆雷。米軍戦車への接近は容易ではなかった。

インパール盆地の悲劇

インドへ向かうルートの出発点ともいえる要地、インパールを南方から攻略すべく難路を踏み越えてインパール盆地に進出したのが第三三師団（秘匿名「弓」）である。その佐久間連隊本部の長一雄中尉は、高木俊朗氏の描く『インパール』において過酷な戦の語り部となる人物である。長中尉は、連隊に配属されて到着した工兵中隊に美術学校での同期生、大沼一彦軍曹がいるのを闇の中で発見し、がっしりと抱き合う。だが、久し振りの美術談義も束の間、敵戦車の来襲に直面する。破甲爆雷を唯一つの武器として応戦した工兵中隊は大沼軍曹以下六名の戦死と引き換えに戦車一両を擱座《かくざ》させる。しかし、それは後続車が牽《けん》引して持ち帰ってしまった……。

悲惨、凄惨というだけでなく、オペレーションズ・リサーチ（通称OR）の重要な因数である「交換比」、すなわち、われの犠牲と戦果との比がゼロに近かったのが、インパールに限らず、多くの戦記が伝える太平洋戦争末期の肉薄攻撃の平均的な実態であった。ソロモン諸島やレイテ、そしてインパールの戦いについては、飢えの悲劇があまりにも大きくクローズアップされるため、武器、とくに対戦車火器の劣勢による悲劇は隠れがちである。だがインパール作戦も、糧食だけでなく砲弾や対戦車火器の配備次第で局面が大きく変わった可能性があった。その一つにインパール攻略の助攻として行なわれたコヒマの攻防がある。

インドのアッサム州の首都デマプールからくる街道とチンスキア方面からくる街道が、このコヒマという集落で一本になり、一〇〇キロ南方のインパールに至っている。日本軍が想像もしなかった英軍の強力な空中補給が包囲されたインパール守備隊に差し延べられるようなことがなかったら、このコヒマを占領してインパール街道を遮断すれば、インパールの陥落は時間の問題であった。日本軍はもちろんそれを狙っていた。

佐藤幸徳中将率いる第三一師団（秘匿名「烈」）の左翼別動隊、宮崎支隊が「山頂冷風、渓谷清流」の合言葉を唱えながら、宮崎繁三郎少将を先頭に高さ二〇〇〇メートル級の山々が連なる縦深約七〇キロの北部アラカン山脈を一直線に二〇日間で突破し、コヒマ集落とアスファルト舗装のインパール街道を見下ろす高地に進出したのは一九四四年四月五日である。インパールをつく主攻の第一五師団の一部は、すでに三月二十八日、コヒマ・インパール街道を遮断して英印軍を脅かしていたが、英印軍は北部アラカン山脈を越えた助攻がコヒマに現われるのは、まだ二週間先と予想していたから、翌朝の宮崎支隊の奇襲で英印軍は西側高地へ逃走した。

しかし、それから二ヵ月、コヒマは西側高地からの執拗な砲撃、それに航空攻撃、さらに佐藤師団長の「独断退却」の直接理由となった補給の途絶とあわせて、十分な対戦車砲を持たない日本軍を舐《な》めきった英印軍戦車の反復攻撃に悩まされるのである。

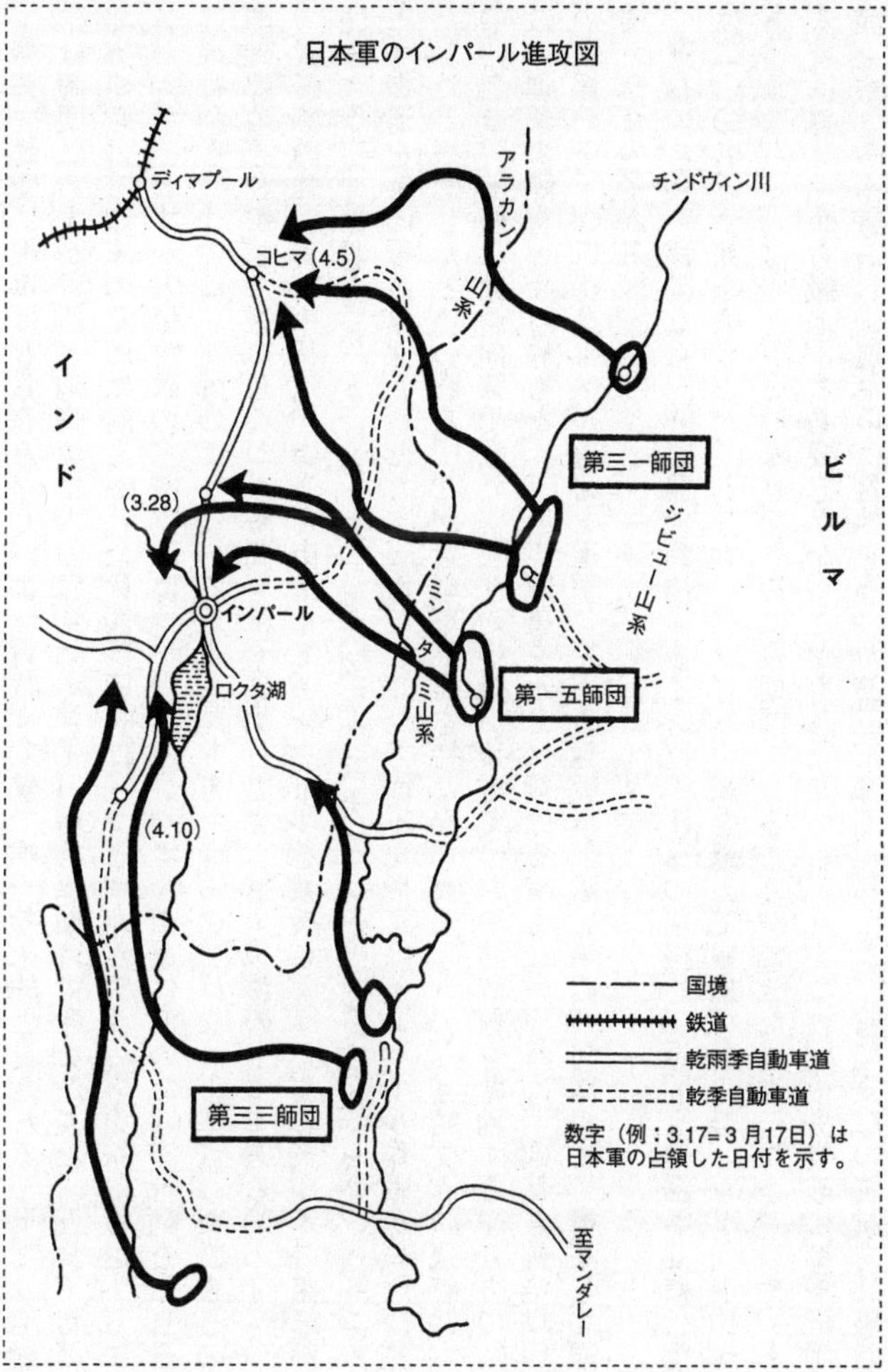
日本軍のインパール進攻図
ディマプール
アラカン山系
チンドウィン川
コヒマ(4.5)
インド
第三一師団
ビルマ
(3.28)
ジビュー山系
インパール
ミンタミ山系
第一五師団
ロクタ湖
(4.10)
国境
鉄道
乾雨季自動車道
乾季自動車道
数字（例：3.17=3月17日）は
日本軍の占領した日付を示す。
第三三師団
至マンダレー

第三一師団に戦車はもちろんなく、また対戦車攻撃で唯一効果的と見られる三七ミリ速射砲は師団にわずか六門、砲弾数は六〇〇発にすぎず、補給は期待できなかった。五月下旬、北方からの英印軍の重圧に耐えかねた佐藤師団長は、コヒマからアラカン山系に撤退するにあたって、わずか五個中隊の宮崎支隊にコヒマ・インパール街道に沿った遅滞行動を命じる。遅滞行動というのは、防御のようにある地点を是非とも守るのではなく、準備した幾重もの防御陣地を利用して後退しながら時間を稼ぐ戦術行動で、持久戦法の一つである。

責任感の強い宮崎少将は、街道を南進してインパールを救援しようとする英印軍の第二師団（その先頭は戦車連隊）を、わずか一個大隊強の兵力で二週間も支えた。コヒマ・インパール街道を英印軍に確保されたとき、河辺ビルマ方面軍司令官はインパール作戦が失敗に終わったと観念したといわれる。だが対戦車火器を持たない衰弱しきった宮崎支隊の残存兵六〇〇名は、その半数が前線で戦い、残りの半数が後方でつぎの防御線を準備するやり方で、敵の進撃の障害となる峠もなく、人工障害を十分に設ける暇もないうちに、砲撃と航空攻撃の支援の下、幅二〇メートル道路を進撃してくる敵戦車部隊を第四の防御線まで構築して遅滞させたのである。

通常の自動車移動なら三時間弱で到達するインパールへの増援を二週間も遅滞させた代償に二〇〇名近い兵を失ったが、もしも、アラカン山系を越えて搬送できる軽いロケット砲があったならば、もっと少ない犠牲でさらに長期間支えることができたに違いない。いや、あるいはコヒマから撤退する必要もなかったかもしれないし、そうなれば中央突破の第一五師団「祭」や南方から街道沿いに盆地を窺った第三三師団「弓」が、宮崎支隊の抵抗を突破して殺到してきた敵重戦車に反撃されてインパールへの突入を阻まれる事態も起こらなかったかもしれない。

英印軍は戦闘開始時に、日本軍の九七式中戦車をはるかに凌駕する火力の「グラント」または「リー」型M3中戦車を五六両、「スチュアート」型M3軽戦車を六〇両保有し、補給によりさらに増強していた。一方、第三一師団以外の三七ミリ速射砲はわずか第一五師団の三門、第三三師団は九七式中戦車と九五式軽戦車を合わせて六〇両を保有していることを理由に、三七ミリ速射砲の保有はゼロという状態であった。

2　快速軽戦車を好んだ陸軍の論理

「火力」か「白兵」か

冒頭の映画「橋」の例を引き合いに出すまでもなく、同じ敗戦国でも日独の対戦車火器には大きな格差があった。また、どの主要な交戦国と比較しても日本の対戦車火器、あるいは広義の対戦車火力システムは貧弱であり、「戦車の最大の敵は戦車」といえるだけの強力な戦車は無論のこと、戦車に有効に対抗できる対戦車砲もロケット砲もなかった。

肉薄攻撃しか手段がないのでは、ハンガリー動乱の際、ソ連軍の戦車に火炎びんで立ち向かったブタペスト市民と変わりはなく、とても近代陸軍といえたものではない。しかし、これは国が貧しいということでは説明できない事態である。世界一大きいが実質的には何も貢献しなかった戦艦「大和」「武蔵」「信濃」（建造途中で空母に変更）を進水させ、これも装備化するに至らなかったが、長距離爆撃機「富嶽」を開発した国家であるのに、多くの尊い血が流された後、対戦車火器がようやく配備の方向に向かい始めたときには手遅れとなっていた。

まず、日本だけが対戦車火器開発の後進国になった理由はなにか。

日露戦争からの学習があげられる。最終的には火力によって戦争に勝利したにもかかわらず、戦後はもっぱら白兵戦の武勇伝ばかりが幅を利かし、その結果、火力軽視・白兵重視のドクトリンが確立してしまったことは、『三八式歩兵銃』を著した加登川幸太郎氏を始め、多くの戦史家に指摘されている。この白兵重視思想が優れた対戦車火器の開発にブレーキとなった。少なくとも促進しなかったことは否めない。

火力の優越が西南の役や日清戦争の勝利をもたらしたことを認識していた明治時代の陸軍首脳は、一八九九年の『歩兵操典』に「戦闘の勝敗は火力で決まるから、突撃は、敵が退却した後か、または、わずかの敵が陣地に残って抵抗する場合だけ行なえばよい」と記している。ところが日露戦争から四年後の一九〇九年には、これが改訂され「歩兵は戦闘の主兵にして…戦闘に最終の決を与う」と歩兵中心主義を宣言した後、「射撃は重要な戦闘手段であるが、最後に勝敗をピシッと決めるのは銃剣突撃である」と、あっというまに白兵重視に変身している。

だが、日露戦争とはケタちがいの欧州大戦に刺激され、山県軍縮や宇垣軍縮で浮かせた金を回して行なわれた精一杯の軍近代化では、機関銃掃射や砲撃の威力が突撃精神を圧倒することは一応は認識され（タテマエは『歩兵操典』であるにせよ）、わが歩兵の兵器も機関銃整備を柱として改良の一歩ないしは二歩が踏み出されているのである。では白兵重視思想の他にも対戦車火器開発のブレーキとなった要因はなかったのだろうか。

日本の対戦車火器の開発が後手後手となったのは、根本的には技術軽視、火力軽視、白兵戦重視という日本陸軍の精神的風土にも起因するが、直接には戦車という脅威に対する見とおしを誤ったためである。自動車工業の基盤が浅い日本で、戦車の将来にさほどの期待をかけ得なかったのは同情するとして、諸外国の戦車の進歩も同様であろうと見くびったのは大きな誤りであった。

「東洋の地形」の呪文

第一次大戦の欧州戦線に初めて登場した戦車は、その奇怪な外形で世間を驚かせたが、陣地戦での決戦兵器の役を演ずるにはほど遠く、その評価は戦後に残された。英軍が三七八両の戦車を先頭に幅一二キロ、深さ一〇キロも戦線を突出させたカンブレーの戦いがあったとはいえ、結局、占領区域の大半を放棄せざるを得なかった。だが、この錯雑した地形の陣地戦で、砲兵のできないことを戦車が装甲と機動力で補えることを示し、陸戦の戦術に根本的な変化が生じる兆しが垣間見えてきた。

このとらえ方は国によってマチマチである。戦車を単なる陣地戦の王者としてではなく、その運動性を利用して機動作戦の王者に、そして単なる歩兵に直接強力する戦力ではなく統一運用される決戦的機動戦力にと説くドイツのグーデリアン将軍、英国のフラー将軍がどの国にも登場したわけではないし、どの国でも理解されたのではなかった。それにしても、欧州への派兵を断わり、遠い極東から凄惨な欧州戦場を眺めていた日本は、この怪物からあま

も指定し、メーカーの設計変更もユーザーの改造も禁止したので評判は悪く、実効のほどは怪しかったと伝えられるが、世界にもまれな、「軍用自動車を基礎として一般自動車工業が築かれる」という日本独自の方式がスタートする。

だが、性能はさっぱり向上しないので陸軍は純国産化をあきらめ、米国二流車のデッドコピーで国産を図るトヨタと、小型車ダットサンで実績のある日産も許可会社に加えたが、部品、素材の低品質により大陸の道なき道ではトラブル続出で自動車部隊から苦情が殺到する。民間から徴発されたフォード、シボレーが交付されると兵は大喜びであった。

明治末、軍用トラック丙号、丁号の走行試験。外国製トラックを東京と大阪の砲兵工廠で試作させた車両。

り大きな衝撃を受けないまれな国であった。

その証拠は、大戦終了の翌年である一九一九年に新設された陸軍技術本部に命じる兵器研究方針を、参謀本部、陸軍省、技術本部、造兵廠等の関係部課長が構成する技術会議で一年間審議して陸軍大臣に報告した結果にもとづき、一九二〇年七月に大臣より技術本部長に示達された「技術本部兵器研究方針」に見ることができる。これは世界大戦の教訓を踏まえた兵器関連のニー

コラム①●帝国陸軍と国産自動車

民需における日本の自動車利用開始は、そう遅れたものではなかった。1903年、大阪で開催の内国勧業博覧会におけるシャトルバス（電気及び蒸気自動車）と広島における路線バス開業（ガソリン自動車）によって、一部のハイカラ金満家だけでなく大衆にも身近なものとなった自動車は、世界に冠たる悪路や人力車業界からの圧力にもめげず増え続けていった。一部の事業家が「国産」に励んだがエンジン等の主要ユニットは米国製であり、手作りに近い生産台数では需要に応えられるはずもなく、主として米国からの輸入台数は、1918年に1700台、1924年には4000台、1928年には7900台とうなぎ登りに急増して行く。

一向に量産量販が軌道に乗らない国産車にシビレをきらした帝国陸軍は、陸軍制式4トン自動貨車なる計画を立て、鋳造、特殊鋼のノウハウを蓄積していた大阪砲兵工廠で早くも1911年、試作車3台を完成させ、東京瓦斯《ガス》電気工業を御用会社として1918年、軍用保護自動車第1号を製造させた。これは軍用自動車保護法にもとづき、軍馬の場合と同様、有事に供出させる代わりに製造・運用に補助金を交付するシステムであり、型式

ズを集大成したもので、当時の兵器行政責任者たちの認識を示す貴重な文書である。

最初に登場する綱領、すなわち根本方針の第一項において、「陣地戦よりも運動戦用兵器に重点をおく」と記されているのを見ると、運動戦の核となるような戦車の開発を示唆したものと早合点しかねないが、これは、欧州戦場のような陣地戦が東洋で行なわれる可能性は低いという判断を示したものであり、つづいて「努めて東洋の

地形に適合せしめること」、すなわち予想戦場である東洋には、欧州のような発達した道路網や平原は少ないことを暗に表明している。要約すれば、馬で引っ張れるか、馬の背に乗せられる（駄載）ものを開発せよという指示であり、機械化とは縁遠いものである。

もっとも、綱領の第三項が「兵器の操縦運搬の原動力は人力及び獣力によるの外、広く器械的原動力（原文のまま。機械ではない！）を採用することに着手す」とあるのは、遅まきながらの「軍機械化の宣言」とも受け取れそうだが、その後に続く各種兵器、器材についてはすべて具体的な研究方針を列挙しているのに、この「器械的原動力」、すなわち自動車については何も具体的な方針や目標がないという無関心ぶりで、とても「軍機械化の宣言」とは読み取れないのである。

もともと自動車の研究は砲兵会議と工兵会議が合体・昇格して誕生した技術本部の所管ではなく軍用自動車調査委員会（のちの自動車学校）の所管であるから、この技術本部の研究方針とは別途に技術会議が審議したつぎのような報告に述べられているが、通常の兵器の研究方針においては開発目標まで記載するほど念をいれているのに、自動車については驚くほど簡単な内容である。

自動車に関する研究方針を左の如く定む。

一、制式貨物自動車

シベリアにおける実験（シベリア出兵の際、貨物自動車を試験的に使用）及び製作上の見地より、改正を要する点少なからざるを以て之を研究、改正す

二〜六（省略）

七、タンク　先ず仏国ルノー型の小型タンクを研究せんとす

戦車にしろ貨物自動車にしろ、あれほど欧州大戦で活躍しているのに、陸軍には十分に研究した人がいないので「期待する性能」さえ明確に述べられないのだと見られても仕方がない。たとえ研究の担当者は自説を確立していても、陸軍全体が不勉強なので、各部局の合意書であるこの報告に明確に記すだけのコンセンサスが得られないのである。

「輜重」を軽視する罪

現代の高エネルギーレーザーのように、各国が研究を進めているものに遅れを取らぬよう、少なくとも不意打ちを食わぬよう、技術的可能性を探るだけでもよいから研究だけは始めましょう、という場合なら、「実用化に困難な点少なからざるを以て之を研究」と記すだけでよいであろう。しかし、すでに広義の兵器として貨物自動車を制式制定し、寒冷地のシベリアで実験してさまざまな不具合を発見する段階まできているのに、具体的な方針は何一つ示されていない。『砲兵兵器』の中の「特殊重砲」において、二七センチ列車砲の開発目標を「現制二七加（カノン砲）を射程約二万米の列車砲に広軌用に」と明確に示しているのとは対照的である。

自動車の研究に熱意が見られないのは、自動車が登場した明治末期以来、これは輜重《しちょう》用運搬器材であると見なされてきたのも理由の一つであろう。陸軍を担う実力者の誰もが兵站を

軽視していたわけではないが、戦国時代の小荷駄に相当する輜重輸卒が医官や主計と同様に非戦闘要員として扱われ、数ヵ月の応召期間にわずかの戦闘訓練しか受けないことも一因で、輜重という「勇ましくない」兵科自体が低く見られていたのは事実である。

従卒が将校当番、看護卒が看護兵に改められた昭和初期の呼称改正で、輜重輸卒も輜重兵と改称されたが、輜重輸卒という俗称は解消せず、「輜重輸卒が兵隊ならば、蝶々トンボも鳥のうち、電信柱に花が咲く…」という失礼な都々逸《どどいつ》さえ唄われる始末であった。だが「勇ましい」前線を重視し、武器、弾薬、糧食の収集、集積、配分や輸送を行なう「勇ましくない」後方を軽んじる精神的風土が、やがて日本軍を敗北に導き、ガダルカナルやインパールで将兵は輜重輸卒を伏し拝むことになる。

だから、ヴェルダン攻防戦の危急の際に、フランス軍は三四〇〇両の貨物自動車の集中と三車線にひろげた専用道路の活用で一〇日間に約一〇個師団と六〇万トンの物資を送り込み、自動車がなかったらヴェルダンは守りきれなかったであろうと万人が認める時代が到来していたにもかかわらず、本来はカッコイイはずの自動車の研究も重視されなかった。いわんや欧州西部戦線において、すでに何千両も実戦に登場し、ある程度の評価を得ている戦車について、ルノー戦車を参考品として購入し「研究せんとす」というだけの表現では、加登川氏が指摘しているようにはなはだ物足りない。日本陸軍では未だ使用した経験がないのだから仕方がないとはいえ、歩兵兵器や砲兵兵器が、「速やかに研究・整備すべき兵器（甲）」と「余力をもって研究せんとする兵器（乙）」とに二分され、前述の列車砲や迫撃砲といった、日本では未だお目見えしていない兵器さえも甲扱いで列挙されているのと比較すると、戦車開発の背景となる自動車工業の水準だけでなく、必要性の認識や用兵者の意識の点でも大幅に立ち遅れていることが判る。

そして一番の不幸は、内燃機関利用の兵器である点では同じにせよ、戦国時代の小荷駄の後継である輜重兵があつかう自動車の中に戦車も区分されたことであった。軍馬の場合であれば、騎兵が乗るカッコイイ馬も輜重兵が曳くガッチリした馬も、馬に変わりはないので同じ区分であつかっても、さほどの不都合は生じない。だが兵器としての機能もハードウェアもまったく異なる戦車が貨物自動車と同じ分類にはめ込まれたことにより、誕生以前から大きなハンディキャップを背負い込むことになる。

試作戦車、動く

だが、戦車の将来性を正しく評価していた先駆者たちも少なくなかった。彼らはさまざまな研究会を催し、戦車の開発のみならず対戦車防御戦法や同兵器の開発についての関心を呼び起こしていく。その熱意は陸軍航空、海軍航空の先駆者たちと同じであった。その努力の結果、モノは未だないが、紙の上の組織として戦車隊が出現することになる。

第一次大戦が終わってから七年たった一九二五年、関東大震災復興費用を捻出する目的もあって、四個師団をまるごと廃止する厳しい第三次軍備整理が行なわれた。いわゆる宇垣軍縮である。これが、それまでの軍縮と異なっていたのは、三万三〇〇〇人の人員削減と引き替えに戦車隊一（フランス陸軍に倣って歩兵に協力する軽・重戦車隊の二本立て）、高射砲一個連隊、飛行二個連隊、通信学校、輸送学校などを新設し、世界の潮流に取り残されないよう精一杯の近代化を行なったことである。七年間の研究で、戦車はその必要性をようやく認められ、戦時編制、すなわち戦時の際の定員と装備定数に取り入れられた。紙の上では六三両の軽戦車（一〇トン以下）で構成される甲大隊を三個大隊と二七両の重戦車（二〇トン級）からなる乙大隊を一個大隊持つことになったものの、これを一挙に装備できるわけがなく、国家の財政事情を勘案しつつチビチビ増やすのである。まず肝心の戦車がない。訓練用には英仏の戦車が輸入されていたが、装備するには国産戦車を開発する方針が認められ、未だ揺籃期にある自動車工業界を指導する立場にあった大阪工廠が試作を担当する。

一九二六年五月、技術本部から示された全重量約一二トン、一二〇馬力、時速二五キロ、五七ミリ砲および重機関銃搭載、主要部の装甲は数百メートルの距離からの三七ミリ砲の斜射に耐えられることという基本設計にもとづき、一万点にものぼる部品を試行錯誤しながら製作、組み立てを行ない、一九二七年二月に完成させた。大型の工作機械は神戸製鋼所等の協力を求めて必死の作業であった。というのは、今でこそ世界に冠たる工作機械も戦前はもっぱら輸入に頼っていた。とくに昭和初期までの国産品は質も生産量も弱体で、池貝鉄工所、新潟鉄工所、唐津鉄工所、東京瓦斯電気工業が五大メーカーと呼ばれたが、金融恐慌により仮死状態であったという。満州事変以降の民需、軍需の活況によって中小企業もドッと参入し、三九年には三〇〇〇社に達したが、高級工作機械は依然として輸入物に頭が上がらず、戦車生産のアキレス腱となる。

山のような見学申し込みに応えて最初から公開で実施した野外試験は見事に成功し、そも

1927年２月、大阪工廠で製作された最初の国産戦車、試製重戦車。同年６月に富士で行なわれた野外試験では好性能をしめし、国産戦車の幕を開いた。

そも動けるかどうかすら心配された試作戦車は堤防や塹壕《ざんごう》を乗り越えて富士の裾野を走りまわる。

だが基本設計をはるかに超過した一八トンの重量が問題となり、この試作品は将来の重戦車の研究につなぐこととし、これとは別に重量一一トン以内の軽戦車の開発が始められる。武装も装甲も最初の試作と同じ内容のままであるから過酷な要求といえるが、これを満たす試作は一九二九年四月に完成して野外試験も順調に終え、同年十月、日本で最初の八九式軽戦車（装甲一五～一七ミリ）として制式制定（現在の防衛庁では制式化という）される。

これは後に部分改修の結果、重量一一・五トンとなったため「八九式中戦車」と改名されるが、軽戦車の基準重量を〇・五トン超過したために改名しただけで実質的には軽戦車であった。

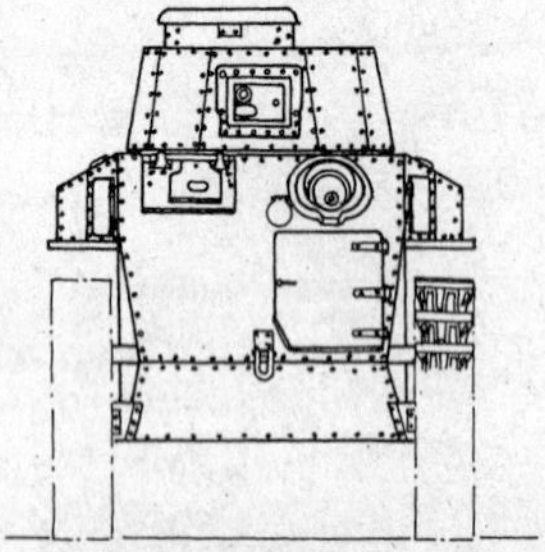

八九式中戦車	
全長	5.7m
全幅	2.1m
全高	2.5m
重量	11.8t
乗員	4名
最高時速	25km/h
最大装甲厚	17mm
57mm砲×1	
軽機関銃×2	
120馬力	

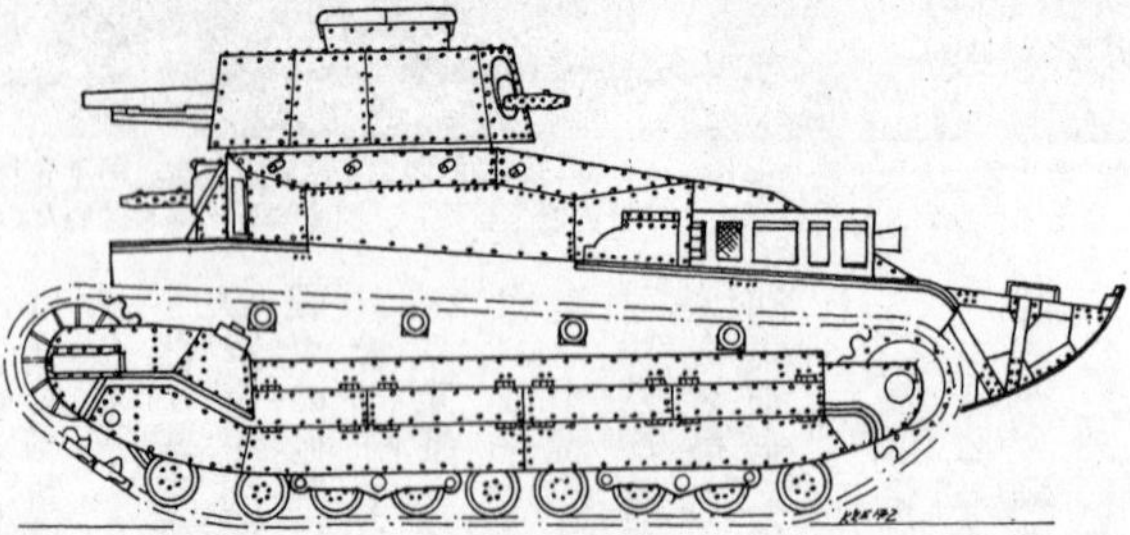

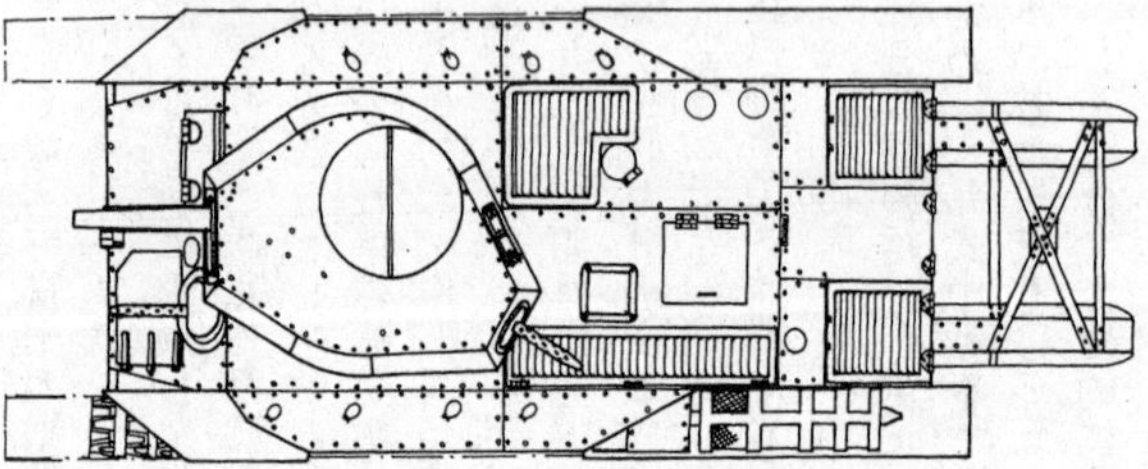

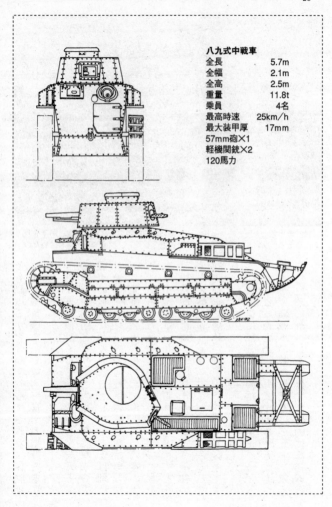

日本最初の制式主力戦車、八九式中戦車。1927年に設計を開始、1929年４月に試作車が完成した。当初は軽戦車だったが、改修をへて重量が増加した。

八九式中戦車のノモンハン

わずか一二両とはいえ一九三一年から装備化が始まり、八九式軽戦車は満州事変にギリギリ「間に合った兵器」となる。重すぎた最初の戦車の設計が開始されてから七年目であるが、既存兵器の改良ではなく初の兵器を試作して量産に移るには、この程度のリードタイムはどうしても必要である。これからも、要求性能は一〇年ほど先の戦争の様相を見とおして作成しなければならないことが認識されるが、一〇年後の対戦車火器開発においては、数年先も見とおせず、もっぱら世界の現状の後追いとなっていく。

量産に移るときから三七ミリに代えて五七ミリ砲を搭載し、一九三五年からは発火しやすいガソリンエンジンに代えて世界初の空冷ディーゼルエンジンを装備した八九式中戦車は、試作が行なわれてからちょうど一〇年後にノモンハンで四五ミリ対戦車砲を搭載したソ連のBT戦車、T26戦車と戦うのである。砲の口径こそ、こちらが大きいが、わが戦車は

鈍足の八九式中戦車に対し、機械化部隊の主力戦車として高速力が求められた九五式軽戦車。ノモンハン戦の主力となった。

歩兵に直接協力し敵の機関銃座を破壊するのが主任務で敵戦車との交戦は二の次だから、砲身口径比（砲身長と口径の比、これが大きいほど砲は細長く、弾を高速度で発射できる）も一八と歩兵砲程度に小さいのに対し、ソ連の戦車は、最良の対戦車兵器は戦車であるという思想で造られており、砲身口径比は四六と比較にならないほど大きい。

このソ連戦車に悩ませられるだけでなく、ソ連軍が張りめぐらしたピアノ線にひっかかって立ち往生したところを四五ミリ対戦車砲の速射を浴び、七三両の中・軽戦車の四〇パーセントにのぼる損害を受けた虎の子の二個戦車連隊は、「温存」を優先する関東軍命令により、満足な対戦車火器がないために苦戦を続ける小松原師団を残したまま、連隊長の遺骨を抱いて戦場を後にする。

陸軍次官の助け船

この八九式中戦車の制定に続いて、一九三五年、三七ミリ砲搭載、装甲一二ミリ、重量六・五トンの九五式軽戦車が仮制定されるが、このための軍需審議会議（技術会議の改編）では、「これを機械化部隊の機動戦車とする」という装備目的をめぐって、速度を求めれば装甲が貧弱になる軽戦車の価値について激論が交わされた。教育総監部第一課長の河辺正三大佐（のち大将）が「機動戦車とは戦車の一種か？」「装甲が弱くては戦車の一種といえないではないか？」と歩兵の立場から突然、異論を展開したのである。防衛研究所で旧陸軍の兵器開発体制を研究した平山貫起氏は、歩兵はこのような貧弱な「機動戦車」は欲しくないという意思表示を行なったと見ている。なお、戦車は騎兵の末裔と見られがちだが、日本陸軍では歩兵の分家として育っていた。

表1　日米開戦前後の日本の戦車生産数

年　度	1939	1940	1941	1942
八九式中戦車	20			
九七式中戦車	202	315	507	531
九五式軽戦車	115	442	685	755

陸軍省は、検討中であった軍備充実計画の目玉の一つにこの試作軽戦車を据えようと熱を入れ、技術本部とともに夏から制式制定の準備を進めていたから、この「歩兵の反撃」に大慌てであった。この本会議の三日前に、佐官クラスの実務者で構成される軍需審議会幹事会が開催されたが、その際には歩兵から異論は出なかったのである。

幹事会に引き続き、この本会議でも実質的な座長を務める陸軍省整備局統制課長の木村兵太郎砲兵大佐（のち大将）はジリジリと追い詰められ、「機動力と武装では機械化部隊にふさわしいが、装甲は不十分、戦車としての価値は不十分」と告白してしまう。そこで「このような機動戦車が、わが陸軍にあった方がよいか、ない方がよいかという視点からはどうだ」と会長（陸軍次官）が高い席から助け船を出し、「それはあった方がよろしい」と木村大佐が相槌を打って異論も収まり、原案どおり可決される。

町内会の会合から企業の経営会議に至るまで、「ここは一つ、前向きにとらえて」と座長がテコ入れすると死にかかった原案が生き返ることは珍しくない。先の議事進行も同様なパターンだったのだろう。技術本部側は、装甲は七・七ミリの重機関銃に耐えればよいのだから、一二ミリ装甲がもっとも効率がよいと答弁している。しかし本来は制式制定の場ではなく、しかも本会議ではなく、ずっと以前に研究方針審議段階で激論しておくべき基本的な事項であろう。四年後のノモンハンでは、配備されたばかりの九五式軽戦車三五両が軽装甲であったため苦戦し、結局、三〇パーセントが損傷を受けて退き下がってしまう。

貧弱な「軽戦車」登場

日本軍の防護軽視は戦車だけでなく、零戦や一式陸攻のような航空機にも表われており、装甲を重視するのは攻撃精神に欠けた意気地なしの思考と軽蔑されたのは事実である。「皮を切らせて肉を切る、肉を切らせて骨を断つ」と「攻撃は最大の防御なり」は、陸海軍共通のモットーであった。だが、日本人と同じ思考を外国人もするであろうという、今もあまり変わらない甘さも浮かび上がってくる。

欧州大戦における機関銃の威力と数量に驚いて、わが軍の機関銃装備数を増やす方向に踏み出したのはよいが、これ以外には、わずかの歩兵砲しか威力ある火器を歩兵に持たせていない。われが機関銃しか持たないからといって他の国も同じ装備方針を採るという保証はどこにもないのだが、相手が歩兵陣地なら主たる脅威は機関銃だけという想定で快速（時速四〇キロ）だけが取柄の機動軽戦車を開発したといえよう。

もちろん、当時の貧しい国力、財政状態も見落としてはならない。日露戦争の頃と大差のない陸軍の装備を急速に近代化するには、質より量、ハイロー・ミックスという思考も存在理由がある。まず軽戦車でもよいから普及させれば白兵戦至上主義からの脱皮を図れるし、歩兵から分かれて間もない戦車兵科の勢力拡張にもつながる。

一方、日露戦争後も拡張に拡張を続けた海軍の国家予算シェアは大きく、ワシントン海軍軍縮会議が開催された一九二一年頃は陸軍の約二倍、全国家予算の三〇パーセント強を占めていたから、陸軍は、そのわずかな装備費の中で航空戦力の整備を優先させながら細々と近代化を進めるのが実情であった。

だが、この機関銃弾にしか堪えられない九五式軽戦車の生産は八年間も続けられ、表1に示されるように生産台数では八九式の後継、九七式中戦車を越えてしまう。一九四三年九月の生産打ち切りまでに約二四〇〇両が生産され、日本の各種戦車の中で最大の生産量であったが、性能的に「間に合わなかった兵器」であった。

ハイロー・ミックスとはいえ、この下には同じく六〜一二ミリ装甲の九四式軽装甲車（軽機関銃搭載）および九七式軽装甲車（三七ミリ砲搭載）があるが、現在のように歩兵部隊に配備されるのではなくレッキとした戦車連隊の編制に納まっていた。中国戦線では独立軽装甲車中隊として重要な師団に配属され、トレーラーを牽引して敵前で弾薬補給に活躍するという本来の目的よりも「豆戦車」として戦闘に活用されることが多かった。日本の歩兵の概念では、重機関銃の貫通に堪えられる乗り物であれば、すべて「戦車」であったかも知れないが、あいにく列強の戦車は、そのような地位にいつまでも留まってはいなかった。

3　三七ミリ砲と九七式中戦車の悲劇

馬の背に載せられる砲を

戦車の脅威にようやく目を覚ました日本陸軍が、歩兵を守るために初めて対戦車砲の研究方針を定めたのは一九三三年、上海事変の翌年である。歩兵の主敵は歩兵であったが、今や戦車と航空機も脅威となろうとしていた。そこで軍需審査会議へ上申された議題は、対空を主とし対戦車も可能な二〇ミリ機関砲（徹甲弾により距離一〇〇〇メートルで二〇ミリ装甲を貫通できること、重量約三〇〇キロ）と対戦車専用の三七ミリ速射砲（徹甲弾による威力は機関砲の場合と同様で且つ戦車内に破片効力を及ぼし得ること、一分約三〇発の発射速度、重量約三〇〇キロ）との選択であるが、提案してきた技術本部の原案は二者択一ではなく、一応両方とも試作して実験しようとするものである。

重さはほぼ同じで貫徹能力も同等ならば、対空戦闘にも使えて発射速度も高い機関砲の方が便利に思えるが、射撃精度、照準の難しさ、取り扱いの簡易性からは半自動式の速射砲に軍配があがる。また、将来の戦車脅威予測において、比較的装甲の薄い快速戦車が主力となるなら発射速度の高い二〇ミリ機関砲が有効で、装甲の強化が進みそうなら三七ミリ速射砲が有効となる。

当時の開発パターンは、今日に比べるとかなりシーズ先行型であり、技術本部が運用者サイドの意見もある程度聞いた上で新兵器の開発を提案する仕組みになっている。まず技術本部が審査会議を開いて決定した「対空対戦車用兵器審査方針案」が、同年六月、陸軍軍需会議へ上申された。前節で見た九五式軽戦車の場合と同様、本会議の前に佐官級の課長クラスで構成する幹事会がこれを審議する。ここは本会議を円滑に実施するために異見を調整しておく場であるから、通常から突っ込んだ論争が行なわれるが、このときの幹事会の記録は、初めて開発され、太平洋戦争になっても使用される「まともな」対戦車兵器に、スタートのときから大きな問題点があったことを伝えてくれる。

開発してもおそらく二〇ミリ機関砲は三七ミリ砲より威力が劣るであろうという予測が、まず技術本部から述べられるとともに、「軽機ノ経験ニヨルモ機関砲ハ戦場ニ於イテ故障多ク到底期待ニ添ウコトヲ得ザルベシ」と正直な告白がなされている。当時の日本の精密機械製作水準では、残念ながら軽機関銃のみならず航空機搭載機銃もトラブルが多く、まともな機関砲の開発はとてもできそうになかった。その懸念は、まもなく試作された二〇ミリ機関砲のトラブルで実証される。

参謀本部からは、三七ミリ砲を対戦車専用の歩兵連隊砲とし、二〇ミリ機関砲は師団に装備して行進時等の対空任務にあてるとともに第一線で対戦車任務を支援させるという装備体系の考え方が説明された。現場を直接代表する歩兵学校からは、どちらも合格であれば三七ミリ砲だけでなく二〇ミリ機関砲もぜひ併用させてほしいという希望が述べられ、また三七ミリ砲も原案の繋駕《けいが》（馬に曳かせる）だけでなく駄載（分解して馬の背に載せる）できるようにと要望して技術本部に了承させた。

第1次大戦の戦訓により、歩兵と随伴する軽火砲が世界各国で開発され、日本陸軍も十一年式平射歩兵砲を配備した。敵銃座の破壊が主目的であった。

二〇ミリか三七ミリか

貧乏国日本では「汎用性」や「多用途」がいつの世にも要求されて設計者を苦しめるのであるが、陸軍省兵務課からも「二〇ミリ機関砲は対空及び対戦車両方に使用できること」と研究方針に明記せよという修正案が提起されるなど論争は続いた、結局、完全な一致は得られないまま、議案を提出した技術本部第一部（火器・弾薬担当）の原案が認められた。どちらかに決めるのでなく、両方とも開発するというのにモメたのは、比較試験をやれば三七ミリ砲が合格し二〇ミリ機関砲が落第するのは「見え見え」であり、どうせ貧乏国日本が三七ミリ砲を充分に配備してくれるはずはないから、精一杯良質の二〇ミリ機関砲を技術本部に開発させ、せめてそれだけでも前線の将兵に持たせてやりたいという歩兵側の願いと、対空及び対戦車の装備体系をどうするのかという構想の違いとで紛糾したのである。

だが誰の胸にも共通したものは、肉薄攻撃だけで兵を戦車と戦わせてはならないという思考であった。技術本部による対戦車兵器の調査研究が本格化したのと同じ頃、歩兵学校における対戦車戦闘法の研究も重視され、同校の当山弘道歩兵少佐（のちに中将）は、一九三三年、将校の学生に対する対戦車戦闘法の教育において、「対戦車砲がなくて戦車が自由自在に活躍する予想戦場で、我らは現状を以て果たして必勝の信念だけでこれに対抗できるだろうか？」と問いかけている。

陸軍次官が主催する陸軍軍需会議本会議は、この上申を受けて二週間後に開催された。用兵、軍政、技術の各分野を代表する将官で構成されるこの会議は通常は根まわしによってシャンシャンと終了するのであるが、対戦車兵器の研究方針については幹事会同様に紛糾した。歩兵学校は対空用とは別に対戦車用の二〇ミリ機関砲を開発するよう食いさがったが、歩兵学校を除く全員の同意を得て、原案は採用される。

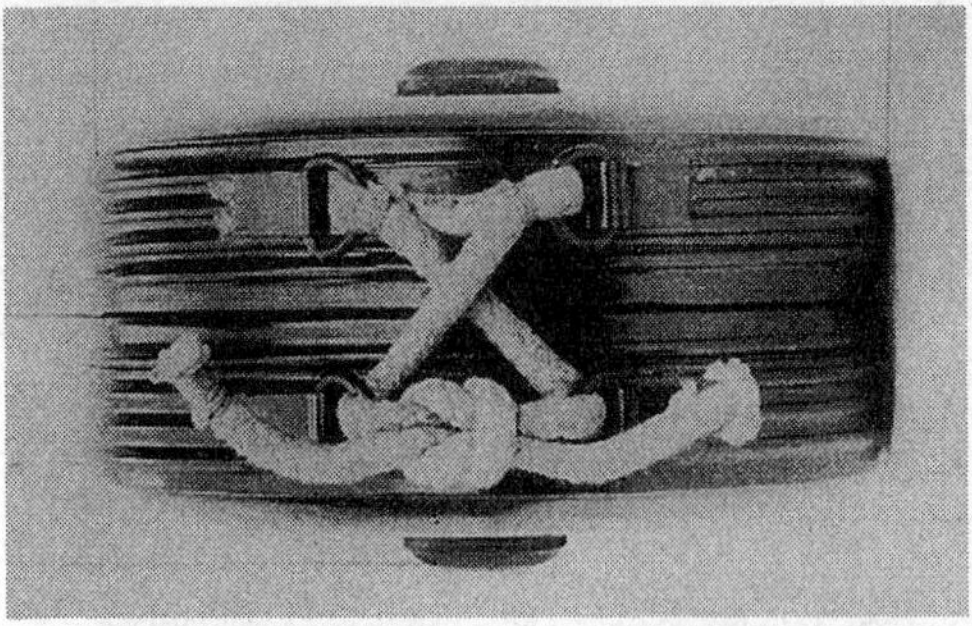

日本陸軍の地雷の主力となった九三式対戦車地雷。対人用と対戦車用があり、写真は上下に重ねた連結用法である。

結果的には太平洋戦争において三七ミリ砲でさえ力不足であったから、二〇ミリ機関砲を開発しても役立たなかったのだが、歩兵大隊や中隊に何らかの対戦車火器を持たせたいという強い希望が日本の歩兵集団にあったことは記憶されるべきであろう。この希望を米軍のバズーカ砲やドイツ軍のパンツァーファウストに匹敵する火器の誕生につないでやれなかったため、インパールの第三三師団の大沼軍曹のような犠牲者を多数生みだすのである。

装備体系に責任を負う参謀本部は、三七ミリ速射砲を歩兵連隊砲として位置づけていた。一九二二年に口径三七ミリの十一年式平射（直射の意味）歩兵砲が制定され、機関銃で制圧できない敵の「抵抗巣」を曲射で、敵の戦車を直射で攻撃する歩兵の兵器として位置づけたものの、どちらの目的にも非力で中途半端であった。

もともと第一次大戦でフランス軍が使用した三七ミリの機関銃破壊砲をまねて試作し、この長ったらしい名称を狙撃砲と簡略化して一九年から研究兼教育用に各師団に四門ずつ配備していた三七ミリ砲の砲架を改修し、方向射界、すなわち砲座を固定したまま砲身を左右に振れる角度を一〇度から三〇度に拡大、二五キロの重さの防盾を固定式から取り付け式に換えるなど重量を軽減して歩兵に使いやすくしたのが十一年式平射歩兵砲である。だが砲身長わずか二八口径であるから、十数ミリの厚みを持つ当時の戦車装甲板を貫通することも難しく、また曲射で敵陣を攻撃するにも威力がない。

このアブハチ取らずの歩兵砲を改良し、対戦車専用の三七ミリ速射砲として歩兵に持たせるのは画期的なことであった。参謀本部は決して対戦車地雷だけで歩兵を戦車に立ち向かわせようとしたのではない。後継の三式地雷が一九四三年に制定されるまで、三四年から六二万個以上生産された九三式戦車地雷（黄色薬八九〇グラム）も敵戦車が陣内へ突入した際に使う予備的な兵器であり、三七ミリ砲によって陣前で退治してしまうのが本筋となったのである。

「歩兵操典」と「必勝の信念」

だが、対戦車肉薄攻撃の概念はすでに定着していた。戦車が出現してからわずか六年後の一九二三年に制定された「歩兵操典草案」は、「戦車我ガ陣内ニ突入スルモ爆薬ニ依リ之ヲ破壊スルノ準備ヲ必要トス」と早くも規定し、その一手段として地雷（主として対人の）の応用を述べている。この時点ではまだ肉薄攻撃ではなく、あらかじめ敵戦車の接近経路に埋めて使用するものであったが、この草案が正式の『歩兵操典』となって二八年に公布されたときには、「戦車ヨリ行ウ射撃ノ死角内ニ突進シ或ハ地物ニ身ヲ潜メテ基近接ヲ待チ軌道ヲ爆破スルヲ可トス」という具体的な戦法に改められていた。

平山貫起氏は、日本陸軍の精神主義が強化され始めた時期と、対戦車肉薄攻撃が具体化される時期が一致することに注目し、精神主義が肉薄攻撃に影響を与えたと断定している。確かに同操典の綱領第三には、日本陸軍の精神主義が合理的な思考を離れて教条主義的な思考にシフトしていく契機となった「必勝の信念」が登場するし、同年七月に教育総監部が配布した「対戦車戦闘法」というマニュアルには「肉薄攻撃」という表現が初めて採用されている。

一九二八年一月、教育総監武藤信義大将は、陸軍戸山学校での歩兵各隊長会同の席で「必勝の信念」の普及のために訓示した際、陸軍の編制装備がオンボロだと非難する声が下級幹部や兵の信念を動揺させている現状を憂い、「有害無益な装備論争はやめよ」と釘をさした。総監の立場上、当然の訓示とはいえ「必勝の信念」は歩兵だけでなく全陸軍に広がり、そして訓練や戦闘のドクトリンだけでなく、理性的に取り組まねばならない装備体系、兵器開発の思考さえ左右するようになった。

このように一〇年も前から定着してきた対戦車肉薄攻撃に加えて、遠距離とは言いかねるが、ともかく数百メートル遠方から敵戦車を攻撃できる火器を歩兵に与えるのであるから、その開発には現在の対空ミサイルや対戦車ミサイルと同程度の意義があったと思われる。併行して試作した二〇ミリ機関砲は歩兵が希望する重量に収まりきれないので比較対象から脱落し、その結果誕生したのが一九三六年二月制定の九四式三七ミリ砲である。これが正規の名称であるが、通称、三七ミリ対戦車砲、または速射砲と呼ばれた。戦車以外の目標も射撃するし「対」というのは防御的、消極的だから対戦車砲という名称が採用されなかったという解釈や、対戦車砲という名称を秘匿するために速射砲と名づけたとする解釈がある。なお、大正時代には〇〇年式と命名されていた兵器の型名も、皇紀年号に従うこの時期には〇〇式と年を省いて命名された。

砲身長一七〇・六センチ、重量三二七キロ、発射速度二〇発／分、初速七〇〇メートル／秒という要目で、馬一頭で曳くか四頭に分解駄載するか、または人力で移動することもできる装輪砲架の軽砲は、当時としては最良の対戦車火器であったが、問題はこの後継である一式四七ミリ砲が速やかに装備化されなかったことである。開発されてから一〇年後のインパールやレイテ、ニューギニアで、日進月歩の戦車を相手に旧式となった三七ミリ砲は虚しく戦い、肉薄攻撃にその座を譲る。だが敵戦車を爆破できたのは、わずか八九〇グラムの黄色薬からなる九三式戦車地雷ではなく、もう飛べなくなった飛行隊から管理換えの爆弾を改造した強力な戦車地雷だけであった。

九四式三七ミリ砲は正式の制定を待たずに三四年度末から生産に移行し、一九四三年までに三四〇〇門以上生産され、主として歩兵連隊（連隊あたり一一～一二門）に、一部は騎兵連隊、

陸軍で最初に作られた本格的な対戦車砲で、速射砲とも呼ばれた九四式37ミリ砲。直接照準専用の軽砲で、馬一頭で引くか、人力搬送も可能であった。

捜索連隊、独立速射砲大隊に配備された。あわれなのは、その装備数量である。この新三七ミリ砲は大正十一年以来、連隊に装備されてきた十一年式平射歩兵砲の後継であるとともに、一九三二年に仮制式され、歩兵大隊に二門ずつ装備され始めていた口径七〇ミリの九二式歩兵砲（当初は陣地攻撃・対戦車攻撃兼用を狙っていたが、アブハチ取らずが判明して対戦車任務を解除）に対戦車機能がないのを補うため、当然、大隊にも配備されるべき砲であった。

この砲の最大射程はわずか二八〇〇メートルであり、これなら明らかに軽量の迫撃砲の方が便利である。一九三一年、フランスのストークブラン社が安定した弾道が得られる有翼弾を用いた八一ミリ迫撃砲の実射展示を行なったが、九二式歩兵砲の制式も終わり製造も始まっていたので好評の迫撃砲をすぐには採用できず、ようやく三七年に至って九七式曲射歩兵砲として装備を開始する。

一九三五年に教育総監部が配布した「歩兵戦闘

（秘）」という運用マニュアルにも、「速射砲は所要の大隊に配属するを通常とす」と明記され、翌年以降の『歩兵操典』に引き継がれたものの、三六年度陸軍動員計画令によって各歩兵連隊に新設された速射砲中隊の九四式三七ミリ砲の装備数はわずか四門、初期の実数は二門程度であり、とても隷《れい》下の三個歩兵大隊に配属する余裕はない。その後、連隊の装備数は増加したが、敗戦まで歩兵大隊にはついに装備できなかった。どうせ装備数は少ないであろうから大隊や中隊に何らかの対戦車火器を与えておきたいという歩兵学校の杞憂は正しかったのだ。

これほど期待を担って配備が開始された九四式三七ミリ砲であったが、その真価を発揮させる機会に恵まれなかった。正確には張鼓峰事件とノモンハン事件という二つの「出番」があったが、対戦車肉薄攻撃の誇張された戦果が一人歩きを始めるのである。

戦車肉薄攻撃の効果

一九三六年七月に勃発したスペイン内乱は、戦車と対戦車砲の初の試練でもあった。政府軍を支援したソ連、フランコ軍を支援したドイツ、イタリアの中・軽戦車がすべて快速・薄装甲（一〇〜三〇ミリ）であったため、口径二〇ミリ以上の対戦車砲であれば、どの戦車に対してもほぼ有効であり、この内乱は、対戦車兵器の圧勝に終わった。これは日本陸軍を戦車に対して、やや懐疑的にさせただけでなく、対戦車肉薄攻撃が日本軍の主要な対戦車手段となるきっかけを与えてしまう。

というのは、とくに政府軍側の戦車戦力は劣勢であったから、フランコ軍側の戦車に対して、やむを得ず肉薄攻撃を開始し、フランコ軍側もしだいに肉薄攻撃を採用し始めたからである。しかも内乱に参加したソ連、ドイツ、イタリアの戦車はいずれもガソリンエンジンを使用しており、火炎びんで容易にエンジン部や燃料タンクを引火させることができた。この状況を細かく観察した観戦武官西浦進砲兵大尉（のち大佐）は、三七年二月に帰国すると、すぐにその報告が参謀本部から全軍に配布されただけでなく、講演の機会を与えられ肉薄攻撃の実態を陸軍部内にひろく伝えることになった。

世界に先駆けて戦車のエンジンをガソリンからディーゼルに切り替えつつあった技術本部の戦車関係者は、簡単な実験を試みた上で「効果なし」と判定したが、危機感を抱く現地部隊の方が中央よりも積極的に受け入れたと伝えられる。

一九三八年七月に勃発した張鼓峰事件において、日本陸軍は初めて戦車の脅威と肉薄攻撃の有効性を体験する。日本軍は不拡大方針を守って一両の戦車も投入しなかったのに、ソ連軍はBT型中戦車、T26型軽戦車を主体に約二〇〇両の戦車を繰り出してきた。現地部隊の対戦車武器は、配備されたばかりの九四式三七ミリ砲一四門と九三式戦車地雷、それにわずかの直射可能な火砲だけであったから、火炎びん、火炎発射機、爆薬等のオンパレードで肉薄攻撃を実施するよりほかに策はなかった。

なかでも「爆薬のプロ」である工兵の奮戦はめざましく、たとえば平原歩兵大隊に配属の工兵小隊長、小林曹長などは、一四名の部下とともに敵戦車群に潜行して近づき、八名戦死、五名負傷という犠牲の上に八両を爆破するという殊勲を立てている。このほかにも、上海事変における肉弾三勇士に劣らない勇気と自己犠牲の精神を発揮した将兵は少なくなく、その旺盛な闘志は、堅い必勝の信念の現われとして新聞から幼児向けの「講談社の絵本」にいたるまで幅ひろくメディアに伝えられて激賞された。

じつは、この小林工兵小隊も配備されたばかりの戦車地雷は信頼せず、平素から使い慣れた携行爆薬で敵戦車に襲いかかったのであるが、九三式戦車地雷を使用した場合の効果の限界や九四式三七ミリ砲がどれだけ戦果を挙げたかという分析よりも、身を捨てて敵戦車をやっつける快挙の方が人心をとらえてしまう。こうして、やむを得ず実施したはずの対戦車肉薄攻撃は、効果的な戦法として承認されるのである。

ノモンハン事件で喧伝された火炎びん攻撃が有効だったのは初期だけであり、ソ連軍が近接戦闘を避け、配備されたばかりの、わが三七ミリ砲のアウトレンジから攻撃するようになってからは対戦車肉薄攻撃もほとんど無効となったが、初期の勝利の栄光はひろく内外に伝えられ、理性を越えて対戦車戦闘の主戦法に成長していく。火炎びん攻撃が初期だけ有効だったのは、長距離を行進してきたソ連軍の戦車が熱く焼けたエンジンで戦場へ突入する状況が初期にしか存在しなかったからだという見方もある。当時は、オペレーション・リサーチ的な分析はほとんど行なわれなかった。

最大装甲厚二〇ミリ以下という、わが八九式中戦車なみの軽装甲であるBT型中戦車、T26型軽戦車を主体とするソ連軍戦車に対して、砲身長四六口径のわが九四式三七ミリ砲は威力でひけはとらなかったが、敵を数百メートルまで引きつけて撃つという戦法に徹したので、三七ミリ徹甲弾は命中しても穴だけあけてブチ抜けてしまい、一向に損害を与えることができなかった。

一方、わが戦車の主砲の威力はどうであろうか。八九式中戦車の五七ミリ砲の砲身長はわずか一八口径で対戦車戦闘には役に立たなかったが、九五式軽戦車の三七ミリ砲の砲身長は三七口径で白紙的にはちょうど良かったはずであった。しかし、ソ連軍がアウトレンジ戦法を採るや九四式三七ミリ砲同様、遠方からの射撃でノックアウトされてしまった。

ソ連の代表的な軽戦車ＢＴ７型。八九式中戦車なみの軽装甲だが、長砲身の45ミリ砲と快速でノモンハン戦で優位に立った。

ＢＴ型やＴ26型の主砲も口径は四五ミリ、砲身長四六口径でわが三七ミリ砲とケタ違いの強力な性能ではない。戦果の差のうらには双方の数量の差もあったと思われる。三七ミリ砲の配備数は、休戦直前の八月二十五日に第二、第四師団が配属された時点でこそ二三〇門に強化されたが、それまでは四〇門以下であり、安岡支隊の戦車数七三両よりも少なかったのである。

新戦車をめぐる議論

当時の陸軍首脳が、戦車の性能の進歩を、どのように見積もっていたかを示すのが、新戦車の要求性能をめぐる会議の記録である。九四式三七ミリ砲が制定されてまもない一九三六年七月、八九式中戦車の後継、のちに九七式中戦車と命名される新戦車の研究方針を決定する軍需審議会が開催された。三年前の「対空対戦車用兵器」審査の場合と同様、開催までの根まわしで結論を決定しておくことができず、用兵の総元締め、参謀本部第三課（作戦および編制動員）と予算をあつかう陸軍省軍事課の意見が最後まで他の幹事の多数意見と一致しないので両意見併記の議案が提出されるという異例の会議となった。

第一案は、八九式中戦車を基礎とし、装甲は三七ミリ砲の近距離射撃に耐えるよう二五〜三〇ミリ、重量約一四トンで乗員は四名の中戦車を開発する案、第二案は、九五式軽戦車を基礎とし、装甲は三七ミリ砲の中距離射撃に耐えるよう二〇〜二五ミリ、重量約九・五トンで乗員は三名の軽戦車を開発する案で、戦車砲はどちらも五七ミリ口径である。

前代未聞というほどではないにせよ、非常に異例の会議であった。一般に技術本部は、同じ行政府である陸軍省の同意を取りつけてから議案を提出するのに、技術本部が押す中戦車案に陸軍省は同意しない。また運用者の代表である参謀本部第三課は、金はかかるが威力のある兵器を要求しがちであるが、今回は低性能の軽戦車案に条件つきで賛成している。もっとも歩兵学校のように純粋の運用者代表ではなく、限られた予算のもとで陸軍の編制全体に責任を持つ立場でもあるから、低コストのものを多数配備したいと希望する場合もある。今回、軽戦車案に同意するのもそれであった。

幹事会においては、エンジンと超壕能力（対戦車壕や溝を越えていく能力）さえ中戦車案と同等に向上させれば少々重くなっても軽戦車の方がよい、ただし現有の門橋（ボートを並べてフェリーとし、戦車を渡河させる器材）の積載限度は一二トンなので少々重くなっても重量一二トンだけは越さないようにと述べた参謀本部第三課長、清水規短歩兵大佐（のち中将）が本会議では主張を変えた。

エンジンは強くなくても良いからぜひ重量九・五トンを守る軽戦車にしてくれと、いわば要求性能を後退させたのである。ぜひ軽いものが欲しい、戦闘力の低下は、小型で敵弾が当たりにくいのを利用するし、数の増加で補うからというのが理由づけであるが、この裏には明らかにコストと数のトレードオフによる評価がある。

「中戦車」と「軽戦車」の中間

陸軍省軍事課は、幹事会における参謀本部第三課の提案によく似た軽戦車修正案（武装、超壕能力、乗員数を中戦車なみに向上して重量は一二トンを厳守）を主張し、それなら重量は約一三・五トンになるという試算を技術本部からもらうと、装甲や速度の要求は落としてもよいから重量一二トンを厳守してくれと、これも重量にこだわり続けた。いわば中戦車と軽戦車の中間案である。

技術本部や戦車学校等の他の部局は中戦車案支持であるが、将来とも、こんな装甲でよいのかと心配した出席者は、どれだけいただろうか。押しも押されもせぬ「戦車開発の父」である原乙未生中佐（のち中将）は技術本部の主務者として陪席していたが、最大装甲厚三〇ミリを二五ミリにし、少々速度を落とせば一〇トン程度に収まり、中間案も可能ではないかと見積もった結果、中戦車案を二五ミリ構想によって見直せという指示を受ける。

結局、両案とも併行して試作、試験評価を行なうという玉虫色の裁定が下り、中戦車は性

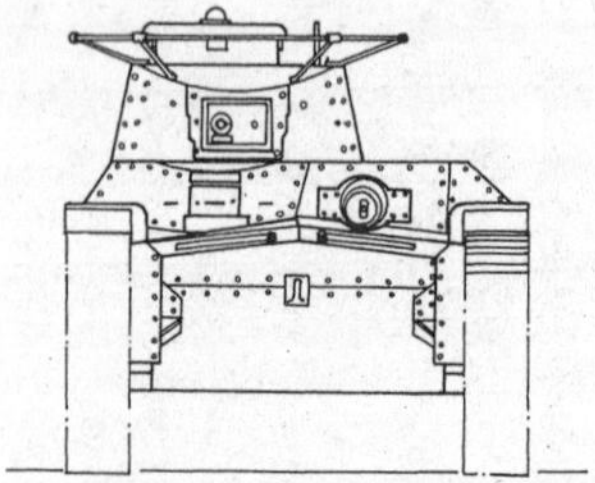

九七式中戦車

全長	5.5m
全幅	2.3m
全高	2.2m
重量	15t
乗員	4名
最高時速	38km/h
最大装甲厚	17mm

57mm砲×1
7.7mm機銃×2
170馬力

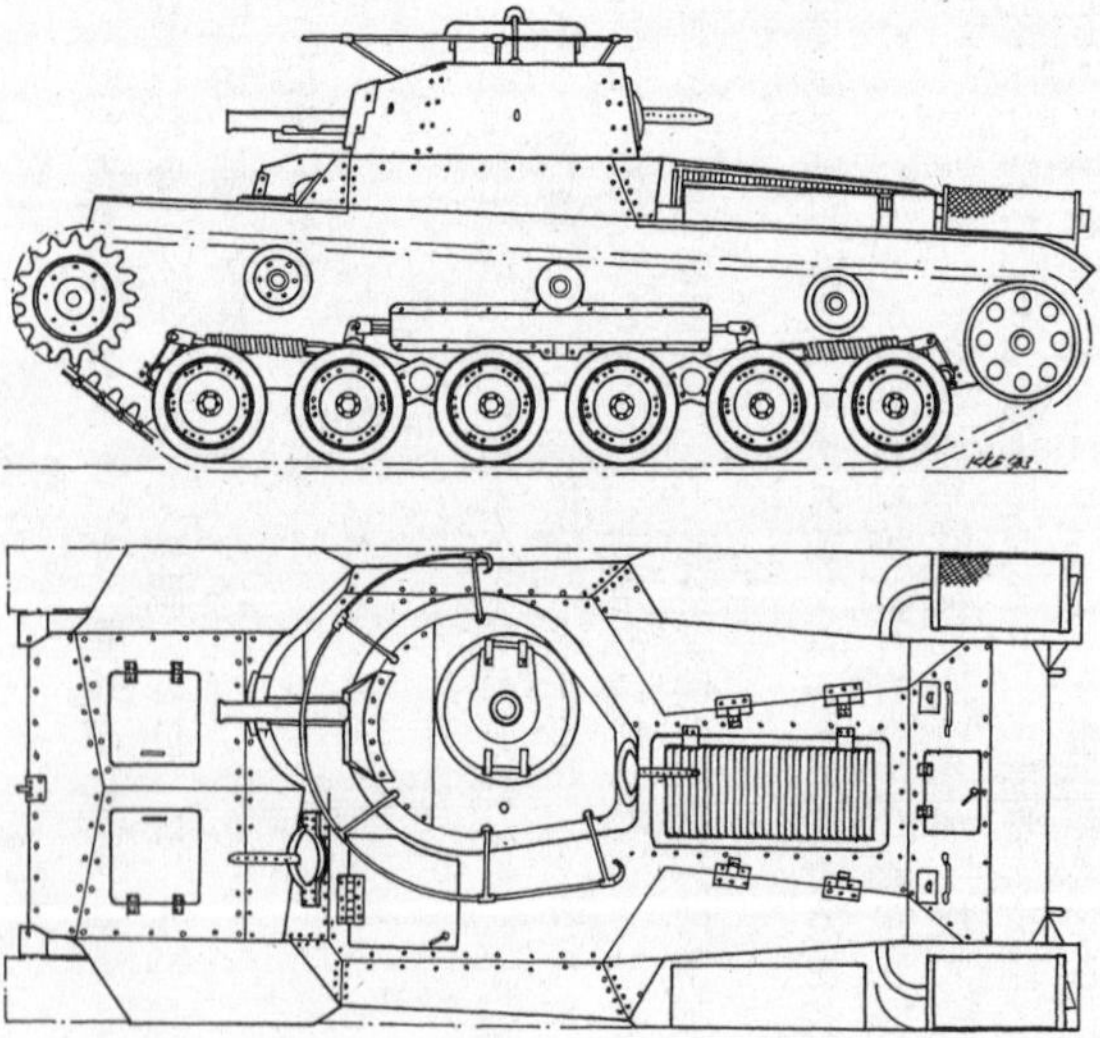

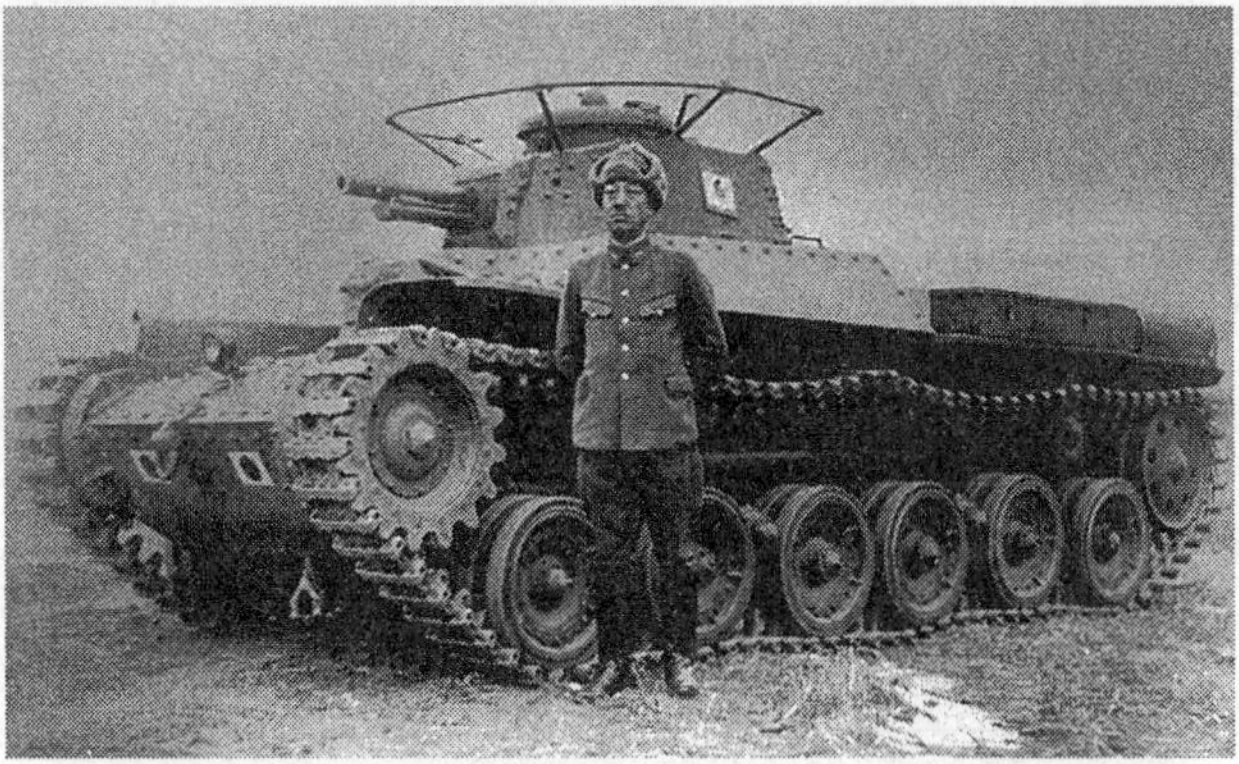

1936年に設計が開始され、翌年には試作が完成した九七式中戦車。性能やスタイルなど、当時の世界水準を抜くもので、太平洋戦争での主力となった。

能を落とさずにできるかぎり減量させ、軽戦車も超壕能力等を向上させ、どちらも精一杯のコストダウンを図るという課題を負わされた技術本部の設計者の苦労は大変なものであったが、どちらも予定重量（各々一三・五トンと九・八トン、いずれも装甲は二五ミリ）のとおりに試作を完成させた。

その試験結果の評価においても参謀本部は依然として軽戦車案を支持したため決定は容易ではなかったが、たまたま日華事変が勃発したので戦車の緊急整備が必要となり予算的制約も緩和された結果、砲身が短い点さえ除けば、その後の戦車標準形態に先鞭をつけることになったスマートな九七式中戦車が登場した。

しかし重量軽減とコスト削減の犠牲となった装甲は、前面および側面要部三〇ミリの原案に代わって二五ミリと薄くなってしまった。研究方針決定の会議で必死に三〇ミリ装甲、それも要部だけでなく、全面に三〇ミリ装甲を要求した戦車連隊側の声は、対戦車火器の将来も測りえないという警句と併せて無視されてしまう。

兵科ごとの教育および研究を行なう各学校を統括する教育総監部も、（コストも重要だが）戦車の数が少ない日本では、すぐやられてしまう戦車も問題であると述べ、対戦車火器に対する装甲の防護性について懸念を表明したが、技術サイドの「最近の二五ミリ鋼板は古い鋼板より強いから心配無用」という回答で納得させられる。だが三七ミリ砲より強力な砲の出現に対する防護性はまったく論議されず、また戦車が戦車と戦うという概念を誰も持たないので、五七ミリ短砲身への疑問も述べられていない。

開発競争に取り残される

海軍の零戦や一式陸攻の防御性能の低さと併せて、戦車の防御力の弱さを「旧日本軍の人命軽視」と決めつけるのが戦後の風潮であるが、結果的には乗員の人命軽視となっても直接の理由はそうではなかった。各種性能、とくに機動性や輸送の容易性と重量とのトレードオフ、そして昔も今も変わらぬコストの問題である。またフィージビリティ、すなわち技術的可能性では航空機においても戦車においても日本のエンジンが悲しいほど弱いのがネックとなった。そして何よりも問題なのは、将来の脅威、すなわち日本が配備したばかりの三七ミリ砲をしのぐ対戦車砲の出現や、強力な戦車砲を持つ敵戦車と戦闘することの予見が真剣に考慮されなかったことである。

ようやく一九四二年に至って後継の一式戦車に搭載する砲身口径比四八の一式四七ミリ戦車砲（初速八一〇メートル、ノモンハン事件におけるBT戦車四五ミリ砲なみの威力に到達）が制定され、これを九七式中戦車に搭載した九七式中戦車改が四二年度の後半期から登場するが、これも一式戦車や、この後継、三式戦車（七五ミリ砲搭載、五〇ミリ装甲）と同様、南方戦線の戦力となるには間に合わなかった。

終戦後来日し、本土決戦用に備蓄された三式戦車や七五ミリ装甲の試作戦車を見た米軍調査団が、これらの新戦車が大量に戦場へ投入されていたら米軍の「シャーマン」戦車も相当の苦戦を強いられたであろうと賞賛したことが、技術畑の人々の回想録には大きな感激とともに書き記されている。かつて戦った相手からの賛辞こそ真の評価であろうが、外征軍に国運を委ねた以上は、外征軍に役立つ時期に配備しなければ意味はない。したがって一九三七年度（皇紀二五九七年度）制定の九七式中戦車と、一九三四年度制定の九四式三七ミリ砲が非力ながらも実質的には太平洋戦争における対戦車戦闘の中核にならざるを得なかった。

4　遅すぎた対戦車ロケット砲

駄載に固執　日華事変の初期、上海方面で苦戦した教訓から技術と運用の一体化を目的として陸軍大臣の訓令によって陸軍技術本部内に「近接戦闘兵器研究委員会」が設置された。各種対戦車兵器を総合的に試験して対戦車戦闘の兵器体系を研究する必要をこの委員会が認め、ある状況を与えて研究演習の実施を決定したのは、一九四〇年六月である。現代の表現ならば戦闘シミュレーションである。欧州大戦の影響で、ようやく戦車や対戦車兵器に目が向けられる状態になったのだ。十一月上旬に歩兵学校で実施された研究演習には、山砲や高射砲も含めた現存火器に加えて試験中の四七ミリ砲、研究中の五七ミリ砲も「図上参加」している。

　ところが、その成果を踏まえて十一月下旬に開催された、内輪の会というべき幹事会（技術本部の技術将校と同本部付きの各学校代表兵科将校で構成）で起きたのは、何と主力となるべき対戦車火器は開発中の四七ミリ砲か駄載可能な三七ミリ砲か、の論争であった。論争の発端は、自動車牽引の四七ミリ砲の採用について歩兵学校も賛成していたにもかかわらず、一人だけ「歩兵の主力火器は駄載でなければならず、また、最も恐ろしい脅威は多数の快速戦車が殺到して来る場合で、これには、整備性、操用性に富んだ三七ミリ砲を多数装備し、手近に引き寄せて一挙に撃滅するべきである」と強行に主張する委員がいたためである。

　武田騎馬軍を障害で阻止しつつ短射程の火縄銃で撃破した織田信長の戦法に倣ったとはいえ、相手のアウトレンジ攻撃にどう対処するのか、前年、技術本部で行なわれた比較試験で、国産三七ミリ速射砲は射距離一五〇メートルで二五ミリ装甲板を貫通できなかったのに対して、ドイツ製ラインメタル三七ミリ速射砲は射距離三〇〇メートルでこれを撃ち抜いたというゾッとする報告をどう評価したのか。これらは記録に残されていないが、翌日の本会議ではしだいに威力より駄載を重視する意見が強くなり、結局「最終的には四七ミリ砲が主力となろうが、まず三七ミリ砲を駄載可能な範囲で威力増大させ、併行して駄載式四七ミリ砲を開発する」ことになって、試作の終わった被牽引式四七ミリ砲は足踏みを続ける。

　ようやく四一年秋、山下中将を団長とする欧州戦線視察団が持ち帰った、欧州における戦車の威力と脅威を示す資料にもとづいて四七ミリ砲の開発を再開し、四二年九月、一式機動四七ミリ砲として制定した。射距離一〇〇〇メートルでは五〇ミリ強の装甲を、至近距離では七〇ミリ弱の装甲を一式徹甲弾で貫通するという要求性能以上の試験結果を示したが、その頃欧州では、新しい戦車を撃破するのに必要な対戦車砲は戦車砲と同程度の口径（七〇～七五ミリ）に達していたし、装甲・自走機能をつけると戦車と違わなくなるので、戦車を撃破するのに最良の兵器は戦車であるという思想に変わっており、日本陸軍が配備できた実質的には最良で最後の対戦車砲、四七ミリ砲は、もはや一テンポ以上遅れた兵器となっていた。資材が不自由になった時期にもかかわらず終戦までに二〇〇〇門生産されたが、前面装甲八五ミリのM4中戦車は側面、背面からしか破壊できなかったといわれる。

待たされた四七ミリ砲

だが、このような紆余曲折さえなければ一九三九年には四七ミリ砲は量産に移行し、低威力の三七ミリ砲に代わって少なくとも初期の南方戦線では活躍できたはずである。日本軍が米国やソ連の強力な戦車に悩まされたのは戦争末期だけではない。フィリピンのリンガエン湾に上陸した九五式軽戦車主体の第四戦車連隊がまず遭遇したのは、三七ミリ砲、四五ミリ装甲、重量一二トンのM3「スチュアート」〝軽〟戦車であったが、九五式軽戦車の三七ミリ戦車砲では歯が立たず、前扉の蝶つがいを狙い撃つという神技に近い技量のおかげで撃退できた。

このM3戦車にはビルマ戦線でも最初から最後まで悩まされることになり、ラングーンをめざすわが第五五師団の歩兵部隊が米国から英軍に供与されたM3の反撃を受けて立ち往生

太平洋戦争初頭、フィリピン戦線で日本軍が初めて対戦した米軍のＭ３軽戦車。九五式軽戦車の主砲では撃破できなかった。

し、駆けつけた戦車第二連隊の軽戦車中隊が攻撃したものの中隊長以下一個小隊全員戦死、前線に進出した対戦車砲中隊も敵戦車に蹂躙されるという悲劇が生じている。鹵獲したＭ３で実験したところ、われの九五式軽戦車、九七式中戦車の徹甲弾では側面、後面にも効果がなく、逆に敵砲はわが戦車のどこでも貫通することが判明する。「三七ミリ砲で手近に引き寄せて一挙に撃滅」は絵に描いた餅に過ぎなかった。

「今や五七ミリではない」

一式機動四七ミリ砲を制定するのに研究方針決定以来六年を費やした陸軍も一九四二年十一月には、つぎに開発する対戦車砲の口径を七五ミリ（装甲・自走式）と五七ミリ（被牽引式）に改めることを早々に決定する。これは独ソ戦の教訓にもとづくものであるが、さらに翌四三年八月、北アフリカの戦車戦の結果を深刻に受け止め、七五ミリを急遽一〇五ミリに変更し、五七ミリの研究は取りやめにせざるを得なかった。前年エルアラメインに出現したＭ４中戦車が南方戦線に登場するのは時間の問題であることが誰の目にも明らかとなったからである。

会議での発言に個人の主観や感慨を匂わすことは努めて避けられているにもかかわらず、一〇ヵ月前に決定した事項を早くも変更する辛さと併せて、あたかも超自然現象が現われたかのような衝撃が会議の席を襲っているのが、このときの会議記録から伝わってくる。変更理由についても、「今までも質的にはもちろん優秀なものを求めたのではあるが、量的にも大量生産が間に合うようにという観点が多分に入っていた、今からは質の良いものを探求する」と述べた後、「今や口径五七ミリを研究している時代ではない。二〇〇ミリという装甲を撃ってみたこともないが、口径一〇五ミリで二〇〇ミリ装甲が貫通できると考えられる射距離は数百メートルであるものの、将来戦と技術の趨勢を考えると射距離約一〇〇〇メートルで装甲二〇〇ミリを貫通できる一〇五ミリ砲を要求せざるを得ない」と結んでいる。

ノモンハンで37ミリ砲の威力不足を痛感した陸軍が1940年に急遽、開発した一式機動47ミリ砲。すぐれた火砲だったが、M４戦車には苦戦を強いられた。

　将来戦と技術の趨勢、――これが開発の正当な

悔いを千年の後まで残すことになろう」

中国との戦闘と同じ観念で列強との戦に臨んではいけないと当然のことを説いたのであるが、和をもって貴しとする日本風土での報告書は、とにかく人を傷つけないのが先決である。これに上位段階へ報告が移行するほど問題点が抽象化されるという悪習も加わって、第一委員会の最終報告は「最大の教訓は国軍伝統の精神威力を益々拡充するとともに低水準にある我が火力戦能力を速やかに向上させるにある」と丸められてしまう。

だが、47ミリ対戦車砲の研究促進と急速な整備は、兵器開発の具体的事項として最終報告書に採用された。山下欧州調査団が帰国して47ミリ対戦車砲の整備を具申する１年半も前のことであった。この時点でこの報告書の勧告通りに整備を開始しておれば、開戦時には相当の数量が配備され、南方戦線へも送り出せたのである。

ノモンハンで戦車と共に進むソ連兵。戦いは日本軍に大きな戦訓を遺したのか。

理由づけとして、ようやく認められるようになったこの時期には、もはや生産しても前線へ送り出すのが、さらには生産自体も困難になっていた。だが硫黄島やルソン島のように、比較的新しい兵器を受領できた戦線では、それに応えるだけの戦果を挙げている。

硫黄島には約六〇門の一式四

コラム②●ノモンハン事件の教訓

ノモンハン事件終結から１ヵ月後の1939年10月、大本営陸軍部にノモンハン事件研究委員会が設置された。これは２つの委員会に分かれたが、編制装備と作戦資材を所管とする第一委員会に加わった陸軍技術本部部員、川上清康砲兵大尉（のち中佐）は、対戦車兵器についてつぎのような要旨の評価と教訓を提出した。

「37ミリ対戦車砲は、近距離でこそ効果があったが敵戦車の遠距離停止射撃や将来の敵戦車の進歩に対して更に威力を増大する必要がある。現在でも敵の45ミリ砲との砲戦では差を付けられているから、更に大口径で高初速の対戦車砲を速やかに制定するとともに、他の対戦車兵器研究を促進するべきである。75ミリ以上の火砲による榴弾射撃は敵戦車を発火させるのに効果があったが、ガソリンエンジンは廃止の方向にあるので将来も効果があるという保証はなく、火炎びん攻撃とともに注意して研究する必要がある」

このきびしく、先見性に富んだ評価は、ドキリとするような大胆な結論で結ばれている。

「全般所見の結論として、支那事変による誤った観念を速やかに捨て去り、次期目標に対して最大速度の努力を為さなければ

七ミリ砲が配備されていた。開発されたばかりの噴進砲（ロケット砲）も約七〇門配備されたほど新兵器は送られていたのである。米軍の戦車連隊の第一波、五六両が上陸するや、その半数を擱座、炎上させたのは対戦車砲を中核とする火砲の集中射撃であり、火力さえ充実すればM4中戦車も無敵

ではないことを実証した。

三年前に日本軍が上陸したリンガエン湾へ、マッカーサー元帥の約束どおり舞い戻ってきた米陸軍第六軍がM4中戦車を先頭に内陸へ進出を始めた際、精一杯の抵抗を効果的に行なったのは九七式中戦車改の四七ミリ砲と一式四七ミリ砲であった。いずれも敵前七〇メートル程度に接近しないとM4に効力がなかったという記録もあるが、米軍は一式四七ミリ砲を手に入れると、それを前線へ牽引して使用している。米軍にとっても頼り甲斐のある火器だったにちがいない。ベトナム戦争において悪評のM14ライフルは、米軍兵士の遺体から何でも持ち去るベトコン兵士も手をつけないで置いたままであったと報道されたが、日本軍の兵器で米軍が使用した例はほとんどないのである。

成形炸薬の利用技術

では、ドイツのパンツァーシュレック、米国のバズーカのような成形炸薬利用の対戦車ロケット弾は、なぜ日本では装備されなかったのだろうか。炸薬の一面に円錐形状の空間ができるように、すなわち漏斗状に成形すると爆発力が中空になった空間に集束されて厚い装甲板でも貫通できるというノイマン効果（別名、モンロー効果）を実用化して中空成形炸薬（ホローチャージ）弾、略して成形炸薬弾を開発したのはスイスの発明家である。

日華事変初期の頃、日本も含めて各国に売り込んだが、法外な特許料だったので米国を除けばどの国でも商談は成立しなかった。だがノイマン効果の実用化成功を知った英国陸軍は、小銃から発射できる擲《てき》弾を自力で開発し製造を開始する。ドイツ陸軍も一九四一年秋、開発した口径三〇ミリの小銃用擲弾を東部戦線で使用した。口径三〇ミリでは大きな効果は期待できないが、ある程度の成果をあげたという。

この情報は日本陸軍の駐独武官から陸軍省に報告され、弾丸の頭が楕円形なので楕円弾と

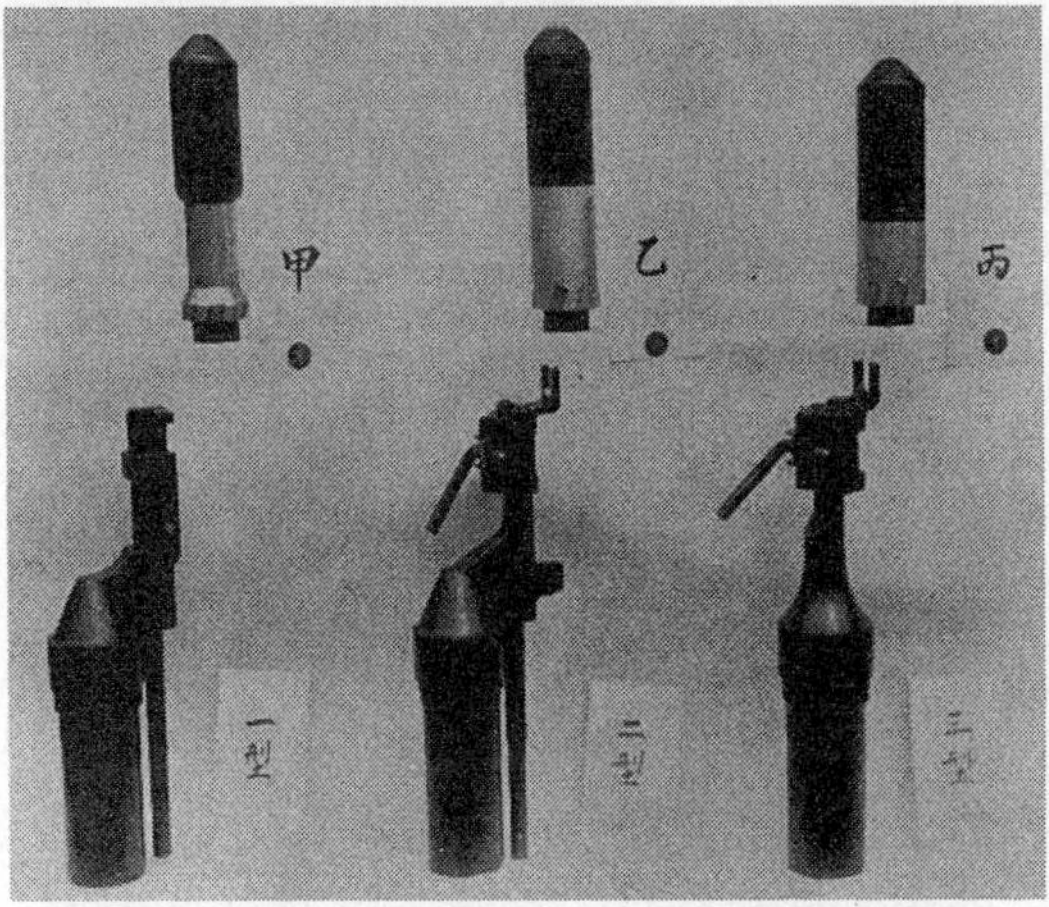

小銃の銃口に擲弾器(下)を装着し、筒内に擲弾(上)を装塡して弾頭のない発射実包で発射する。タ弾は成形炸薬弾を用いた。

表現したところ、「ダ」が「タ」に変じて「タ弾」の名称だけは普及したが（対戦車弾の頭文字を採って「タ弾」となったという説もある）、自力で開発するには至らなかった。技術を導入した場合には比較的早く実用化するが、自力で行なった場合には研究から開発、実用化への速度がきわめて遅い国であることを物語っている。

つぎに日本が成形炸薬弾の情報に接するのは四二年五月、連合軍の監視する大西洋を南下して、はるばる日本にやって来た、いわゆる柳船「タンネンバウム号」によってドイツ国防省兵器局のパウル・ニーメラー大佐がもたらした三〇ミリ小銃用擲弾の模型と七五ミリ対戦車砲弾の図面である。続いて七月にも成形炸薬弾の同じ資料を携

えたワルター・メリケル技術大尉が別の柳船で来日した。途中での拿捕《だほ》や撃沈の危険を考慮して、別々の船で専門家を派遣するというドイツ側の好意である。

柳船とは戦時中、ドイツが日本あるいは日本占領下の南方地域へ派遣し、情報の交換を行なうとともにドイツで不足している錫、ゴム等の南方資源を輸送する武装した商船、すなわち仮装巡洋艦のことをいう。拿捕される可能性も高いので最高機密の技術資料や重要人物の輸送は行なわず、それらの輸送には「深海の使者」、潜水艦が用いられた。四三年にはほとんどの柳船が撃沈または拿捕されるに至って中止された。

「これは射撃する武器ではない」

ともかく、このときは対戦車火器への関心は高まっていただけに、直ちに各種成形炸薬弾の開発に着手し、四四年六月までに一応終了するが、肝心の携帯対戦車火器用のタ弾はだめで、実用に値するのは、七五ミリ山砲のような大口径砲のタ弾だけという妙な結果に終わる。お手本の口径三〇ミリを四〇ミリに変えた小銃用擲弾は、理論どおり四〇ミリ鋼板を貫通する効果を確認して四二年末には生産に移行し、南方戦線へも送られた。しかし、実戦では五〇メートルの距離で戦車側面に凹痕を生じる程度の効果しかないと報告され、「肉薄攻撃の観念にもとづき至近距離から撃て、これは射撃する武器ではない」と取り扱い説明書に、実際に書き記される始末であった。

だが前線では、これでさえ非常に貴重で、絶対に敵に渡してはならない秘密兵器だった。ブーゲンビル島の南方戦線で野砲第六連隊第三大隊の副官を務めていた蔵原惟和氏が『兵器

成形炸薬弾と普通の砲弾との比較

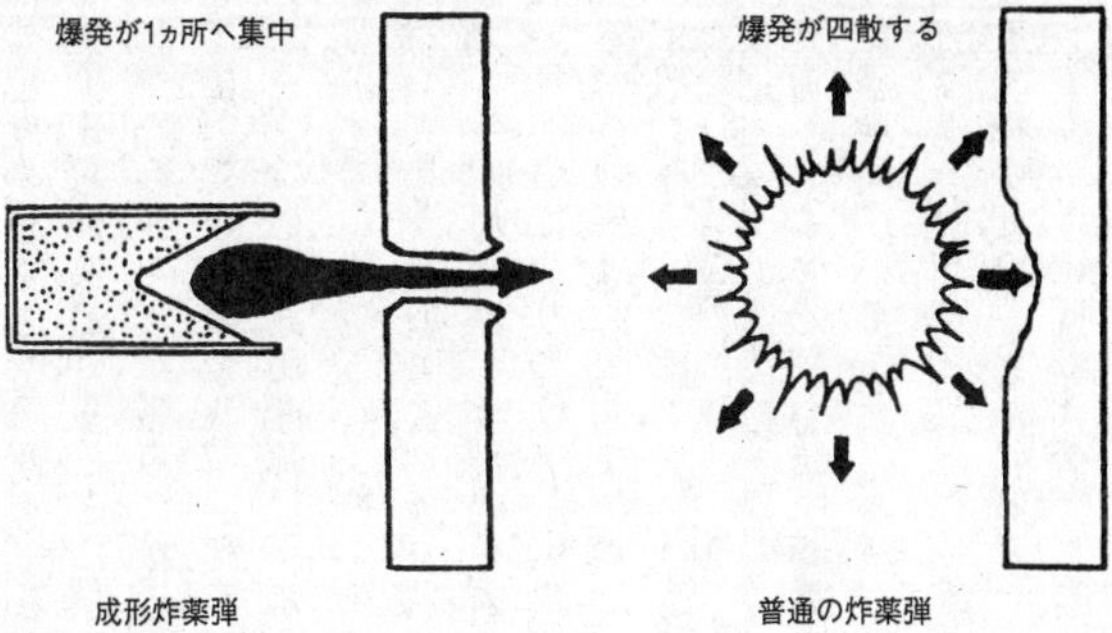

図鑑』に寄せた手記によると、潜水艦で運ばれた貴重な「タ弾タ擲」が四五年六月、大隊に二発だけ配備された。小銃の銃口に取り付けるタ擲は、長さ約二〇センチ、幅約五センチの円筒型のもので、これに挿入するタ弾は、小さい三枚の尾翼がついた葉巻型であり、発射後の弾道が直線になるよう回転して飛ぶ。

同氏は、これをバズーカ砲の前身と見ているが、擲弾銃や擲弾筒に似た形状、また発射の際には小銃の弾を抜き、薬莢に一倍半の小銃の火薬を詰めて空砲射撃の要領で撃つという説明から浮かび上がるのは、あきらかに小銃用擲弾である。これによって約三〇メートルの近距離かラオーストラリア軍の「マチルダ」歩兵直協戦車の側面を射撃し、擱座させるという戦果をあげている。

九四式山砲の七五ミリ徹甲弾で五〇メートルの近距離から撃っても擱座さえしない「マチルダ」戦車を退治したのであるが、蔵原氏は、ほかの部隊での成功例を知らないという。同氏の指摘によると、その欠点は、まず夕弾夕擲合わせて二キロ程度の重さとなるから、小銃射撃のように両手と肩だけでは支えきれず、どうしても砲を支持する托架がいることになる。木の根っこでも托架になるが、最大射距離が五〇メートルしかないから、敵戦車に接近して発射できる条件は大きく制限されることになる。発射するまでに射撃手が撃たれ、「秘密兵器」が敵に鹵獲されるようなことがあってはならないからだ。おまけに小銃用擲弾は、水平には飛ばずに曲射砲のように飛ぶから照準も難しい。だから訓練も受けさせずに夕弾の命中を期待するのが無理というものであろう。

ドイツにおいて開発されたものと同様の、約六〇〇グラムの成形炸薬を用いた三式対戦車手榴弾、別名「手投げ爆薬」が開発された。これ以上に威力を増大すれば重くて投げられないので、長い棹の先に取りつけて敵戦車に突き当てる対戦車刺突爆雷として登場したが、沖縄戦でも見るべき戦果はあがらなかった。あるフィリピンの部隊で、これの試験を見学者の前で実施したところ、見学者に多数の負傷者が出たという不名誉なハプニングを吉永義尊中佐は『陸戦兵器総覧』に記している。

「元祖」の英国、ドイツでも小銃用擲弾は放物線弾道で発射することによる照準の難しさと、これ以上の口径増大が不可能なことから重視されず、成形炸薬の投射にはロケット砲に頼ることになるが、ロケットの研究では、かなりの素地を有していた日本だけが、なぜか成形炸薬とロケット技術を複合化した対戦車ロケット砲のアイディアに気づかず、その翌四三年に「師匠国」ドイツから対戦車ロケット砲の図面をもらうまでは開発に腰をあげようとしない。貧乏国の宿命もあって「一発必中主義」を採っていた砲兵関係者のお眼鏡にかなわず、命中精度の悪いロケット砲は永年日陰者のあつかいを受けてきた。さっぱり腰を上げなかったのはロケットすなわち命中精度が悪い、すなわちもったいない、という「ロケット・アレルギー」のためか、それとも四三年頃になって、ようやくロケット・アレルギーの呪縛が解け、直径二〇センチ及び四〇センチの「噴進砲（弾）」が制式化され、陸軍からの資料提供により海軍も戦闘機から敵爆撃機を攻撃するロケット爆弾を開発するなど急にロケット砲の研究が推進されたため、限られた優秀な技術者を対戦車ロケット砲の開発にあてることができなかったためかは不明である。それでいて陸軍は七五ミリの山砲用タ弾の開発には熱をあげ、小銃用擲弾と同じ頃には早くも生産に移行している。

ロケット発射方式で蘇った成形炸薬弾

一方、気前よく高価な成形炸薬弾の特許を買い取った米国陸軍も六〇ミリ口径の小銃用擲弾M10を開発したが小銃で発射するには重すぎて使いものにならず、試作した擲弾は倉庫に山積みされていた。これが歩兵用の軽便火器として肩射ちロケット砲を研究してきたアバディーン武器実験場のスキンナー大佐の目に止まり、ロケット砲に装填して目標戦車に発射したところ初弾から見事に命中した。成形炸薬弾は徹甲弾のような高速を必要としないし、速すぎると成形部が信管作動前につぶれてノイマン効果が発揮できないから、低速のロケットで発射するのは理想的であった。

軽量だから歩兵の待ち伏せ行動にも適しているし、将来、戦車の装甲が厚くなっても口径を増加させて対応できる。特許を導入した成形炸薬技術と陸軍で育成してきたロケット技術

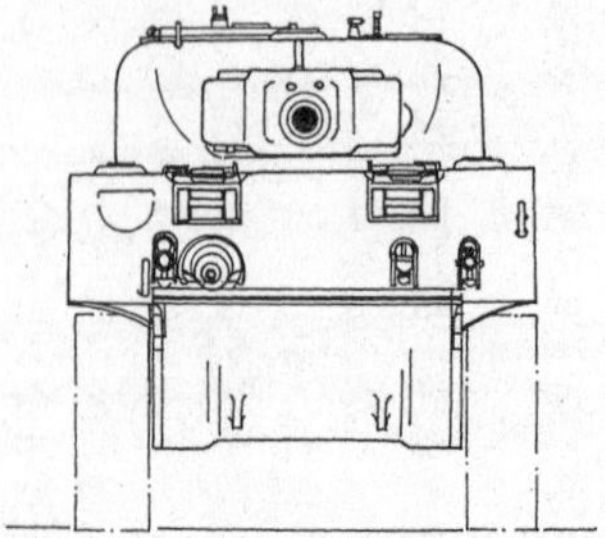

M4中戦車

全長	5.9m
全幅	2.6m
全高	2.7m
重量	30t
乗員	5名
最高時速	33km/h
最大装甲厚	75mm

75mm砲×1
12.7mm機銃×1
7.62mm機銃×2
400馬力

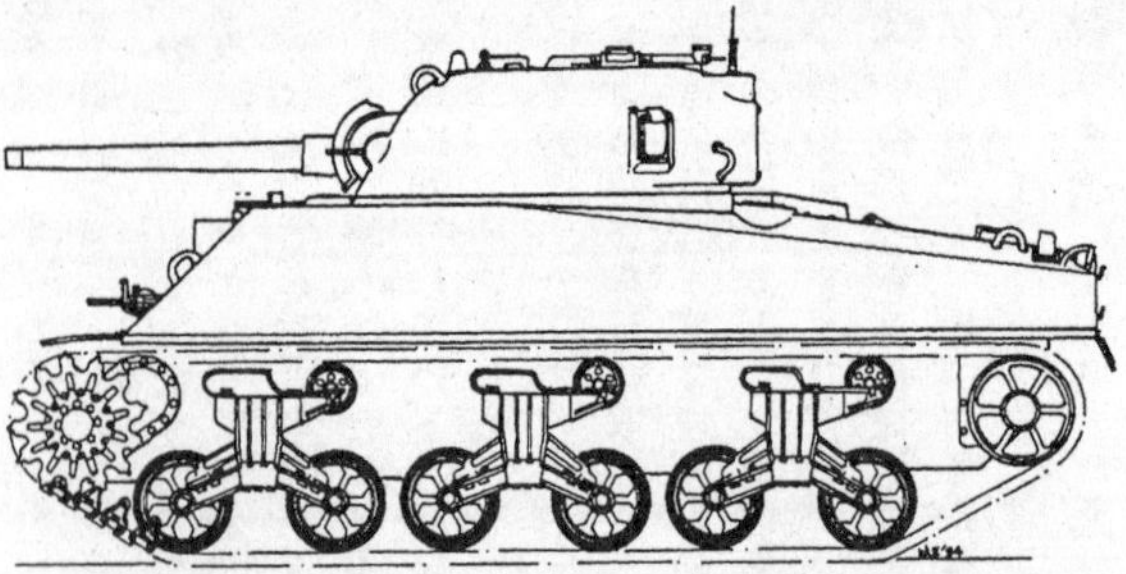

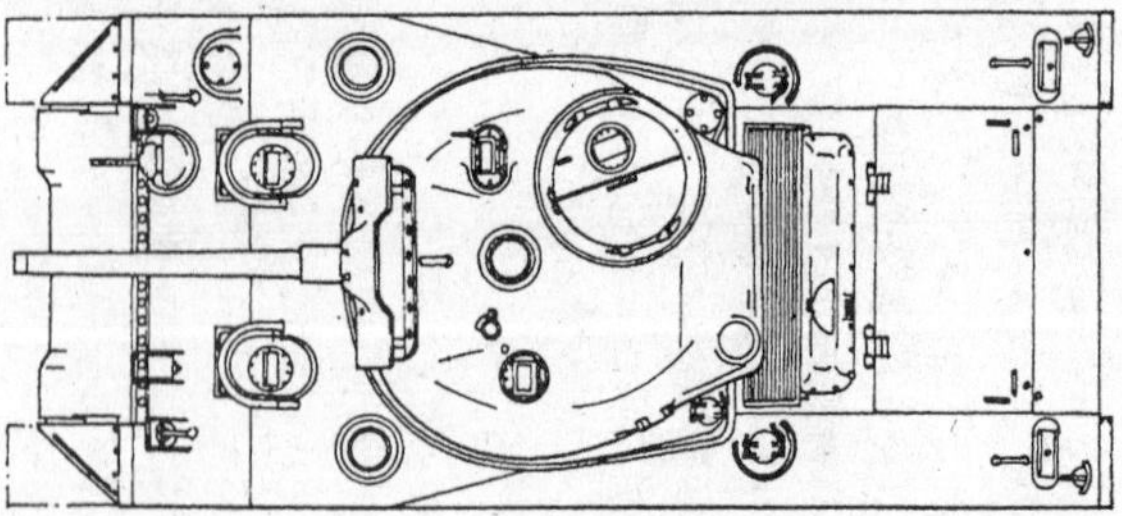

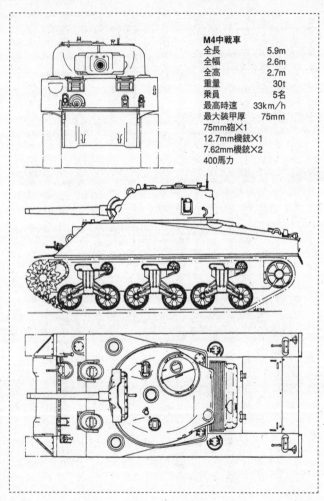

エンジンや車台はM 3 中戦車と同じで、旋回砲塔に75ミリ砲を装備した米軍の主力戦車M 4 シャーマン。1941年に試作が完成し、翌年から配備された。

との複合化が実を結んだのは一九四二年四月である。「間に合った兵器」を造るのが得意のアメリカ人だけあって、その場で試作設計命令が出た。後にバズーカと愛称される二・三六インチ（六〇ミリ）のロケット弾発射筒の誕生である。四月十九日、米陸軍は三〇日間で五〇〇〇門を生産するようGE社に発注する。

納入されたバズーカ砲は、まず北アフリカの英軍に送られ、つぎにムルマンスク経由でソ連にも送られたがドイツ軍に鹵獲されてしまう。すでに使い捨て兵器の先駆けとなる成形炸薬弾付き小型無反動砲、ファウストパトローネ、別名パンツァーファウストを開発して戦果を挙げていたドイツ陸軍は、この鹵獲品を参考にして、これよりも大きい八八ミリ口径のロケット弾発射筒、ラケッテンパンツァーブクゼ、別名パンツァーシュレックを大急ぎで開発して前線に送り出す。

どちらの新兵器の図面も、一九四三年四月、日本の伊二九潜とドイツUボートがマダガスカル島東部の南インド洋で合同し、機密技術を交換した際にインド独立運動の指導者、チャンドラ・ボースの身柄とともに送り込まれた。

ロケットとタ弾を結びつけ、「ロタ弾」という秘匿名称で日本版パンツァーシュレックの開発が早速開始される。同年五月、陸軍兵器行政本部技術部が火器弾薬担当の第一陸軍技術研究所と、ロケット弾やタ弾の基礎研究を行なってきた第七陸軍技術研究所の関係者を集めて「噴進弾に関する打ち合わせ会」を開催しているのは、時期的に見てまさにロタ弾開発の打ち合わせであろう。

開発というよりデッドコピーに近いから効率的に取り組めばインパールにもレイテにもサイパンにも間に合ったと思われるが、これが沖縄戦にも間に合わないのである。もともと、兵器の物理的基礎技術、「物理的兵器」の研究を所管とする第七陸軍技術研究所で研究されてきたロケット弾は、弾体を旋動させない有翼弾であった。

米国のバズーカも有翼弾であったから、旋動させない有翼弾の命中精度が必ずしも悪いとはいえないが、現在の対戦車ミサイルのように目標にホーミングする機能はないので弾道の安定が悪く、ドイツ製の手本に倣って火薬ガスの噴出孔を傾斜させて旋動を与える方式に切り替えた。デッドコピーばかりではなく日本独自の設計変更も行なわれ、ドイツのロケット弾は前方に推進部、後方に炸薬があるのに対して日本では前方に炸薬、後方に推進部を設けている。

「師匠」も遠ざけて

不思議なことに、このロケット砲の図面が到着するや、一年前に成形炸薬弾の図面輸送と製造指導のために来日したニーメラー大佐やメリケル技術少佐（来日後、昇任）に日本の関係者は教えを乞い、また質問を電報で本国へ取り次ぐよう依頼するなど、いろいろと便宜を図ってもらいながらも、二人が希望するような「最大限の活用」は行なわなかった。日本の兵器開発や生産にもっと協力したいという普段からの積極的な申し出に辟易していたためであろうが、造兵廠を視察してもタ弾の部門しか見せないという、ある一線を画した付き合いしか行なわない。

ゾルゲのスパイ活動が発覚した直後だったため、彼らの積極性が日本側を警戒させたのなら、じつに不幸なことであった。

その結果、二人が日本側の態度に相当の不満を持っているのを吉永義尊中佐は『陸戦兵器総覧』に記しているが、彼らの目には開発や生産が幼稚きわまる低水準にある日本が、せっかく伝えてやった誇り高いドイツのロケット砲を設計変更するのだから面白かろうはずがない。そこで「勝手にしろ」になったのか、この「技術顧問」を日本側が初めからロタ砲へ寄せつけなかったのかは不明であるが、日本のウルツブルグレーダーの製造関係者がフォダス技師に寄せたような献辞を、同じく危険を冒して来日したこの二人にはロタ砲関係者は誰も捧げていない。

そして逆に、「この頃には日本陸軍のロケット弾及びタ弾に関する技術は相当進歩し、ドイツから示唆を受けるだけでロタ砲を独自に開発できる程度になっていた」と誇らしげに述べる技術者の記録が多いのである。では独自に開発したロタ砲は、どのような性能だったのだろうか。

一九四四年夏に概成された砲身長一五〇センチ、口径七四ミリのロタ砲こと、「四式七センチ噴進砲」と「四式七センチ噴進穿甲榴弾」の技術試験によれば、射距離一〇〇メートルで約六割の命中率を示し、着角六〇～九〇度での貫通威力は八〇ミリであった。これならば強敵M4戦車に対しても側面、背面からは攻撃できる威力である。

陸軍兵器行政本部の「兵器生産状況調査表」では、終戦までに三千数百門生産されたとされている。これは計画数量であって実際の生産・配備数はごくわずかだったとも伝えられるが、いずれにせよ、硫黄島へも沖縄へも配備されず、ロタ砲で破壊された米戦車は一両もない。四五年を迎えてようやく試作が完了した、パンツァーファウストのイミテーション、八一ミリ及び四五ミリ無反動砲と同様に前線の将兵にとっては「間に合わなかった兵器」であった。

一九四五年三月上旬の硫黄島ではロサンゼルス・オリンピックの英雄「バロン西」への米軍の投降呼びかけが続く中で、戦車を失った西戦車連隊の将兵は、戦友の死体の間で横になり死体と見せかけて米軍の戦車を待った。巧みに隠蔽した銃眼

日本のバズーカ砲ともいうべき四式７センチ噴進砲と四式７センチ噴進穿甲榴弾(右ページ)。射程100メートルでＭ４中戦車の側・後面を撃破できた。

からの銃砲火は米軍を畏怖させ、戦車が先頭に立たないと前進しないからである。戦車がくると一人が対戦車地雷でキャタピラを破壊して擱座させ、もう一人が戦車に飛びのって乗員を手榴弾で倒し、戦車を分捕って、その戦車砲で別の戦車を撃つ。

これが戦車を失った戦車乗りにできる唯一つの対戦車戦闘だったという。

そして米軍は、わずか二三両の軽戦車しか守っていない硫黄島の攻略にもバズーカ砲を持ちこんだが、守備隊の将兵の中には、それを分捕る勇士も現われた。海軍兵装隊長の橋森勇技術大尉もその一人で、バズーカ砲を奪い取り、修理して西連隊の岸中尉とともに敵戦車を撃破したことを『海軍学徒兵、硫黄島に死す』は記している。

対戦車火器の不備による最前線の災厄は、陸軍も海軍も区別なく日本の将兵を見舞ったのである。

第二章　日本海軍が軽視した電波兵器

1　電子戦以前の状態

太平洋と大西洋

太平洋戦争の終結から半世紀が過ぎた今日、第二次大戦において日本はまず情報戦に敗北した、日本は暗号戦に無頓着だった、日本はレーダー開発に無関心だったと嘆く著作や評論は後を絶たない。だが日本が遅れていた、あるいは無頓着だったのは暗号戦やレーダー開発競争だけではなかった。バトル・オブ・ブリテン（英本土防空戦）の際の電波を巡る戦いやUボートと対潜哨戒機との電波探知と逆探知の死闘はついに太平洋では生じなかった。それはドイツのように対等に戦ったり死闘を演じるだけの水準に日本が達していなかったからであり、一方的な惨殺に近いのが太平洋の戦いの実態であった。

ニセの誘導電波やニセの電波反射体を用いたり、それを見破ったりする知恵の戦いは、日本とその主たる交戦国である米国との間には少ししか起こらなかった。それは、残念ながら日本がひろい意味での電子戦、科学技術と知性を活用した知恵の戦いを遂行するレベルに達していなかったからであり、運用の意識がまだ電子戦以前の状態だったからともいえよう。それも技術が遅れていた、運用者が科学技術に無関心だったという理由だけではなく、何か異常な、合理的な思考を妨げる精神的風土が原因となっていたように思われる。

技術院総裁を辞して間もない八木秀次博士が、終戦を迎えた八月十五日の午後、新聞記者に語ったといわれる、「科学力以前に、日本は既に思想と精神で負けていた、科学を培《つちか》う精神と思想がないのに応急的に道具として科学を使おうとしても、使いきれるものではない」という辛辣な批評も、この風土を物語っているのではないだろうか。開戦前に海軍技術研究所でレーダーを含む新しい電波兵器の開発管理者だった谷恵吉郎造兵大佐（のち技術少将）は、レーダーだけの力で敗戦を食い止めることはとうてい不可能であったと説くとともに、「日米両軍の兵術思想の差異、すなわち彼の科学的で進取的、我の確信的で守旧的な思想が勝敗を分けた」と述べているのが、この風土の表現にピッタリかも知れない。それらの問題点をレーダー開発の立ち遅れ以上に集約していると思われるのが、日本海軍における電波の逆探知装置、すなわちエリント装置の無視である。

こういったことを述べていく場合に注意していただきたいのが、日本海軍の用語である。そこでは電波兵器をつぎの二つに区分している。

①電波探信儀（電探、レーダー）　電波を発信して、その反射波から目標を探知する。

②電波探知機（逆探知機＝逆探）　①から発せられた電波を探知する。

レーダー運用を例とする電子戦の概念

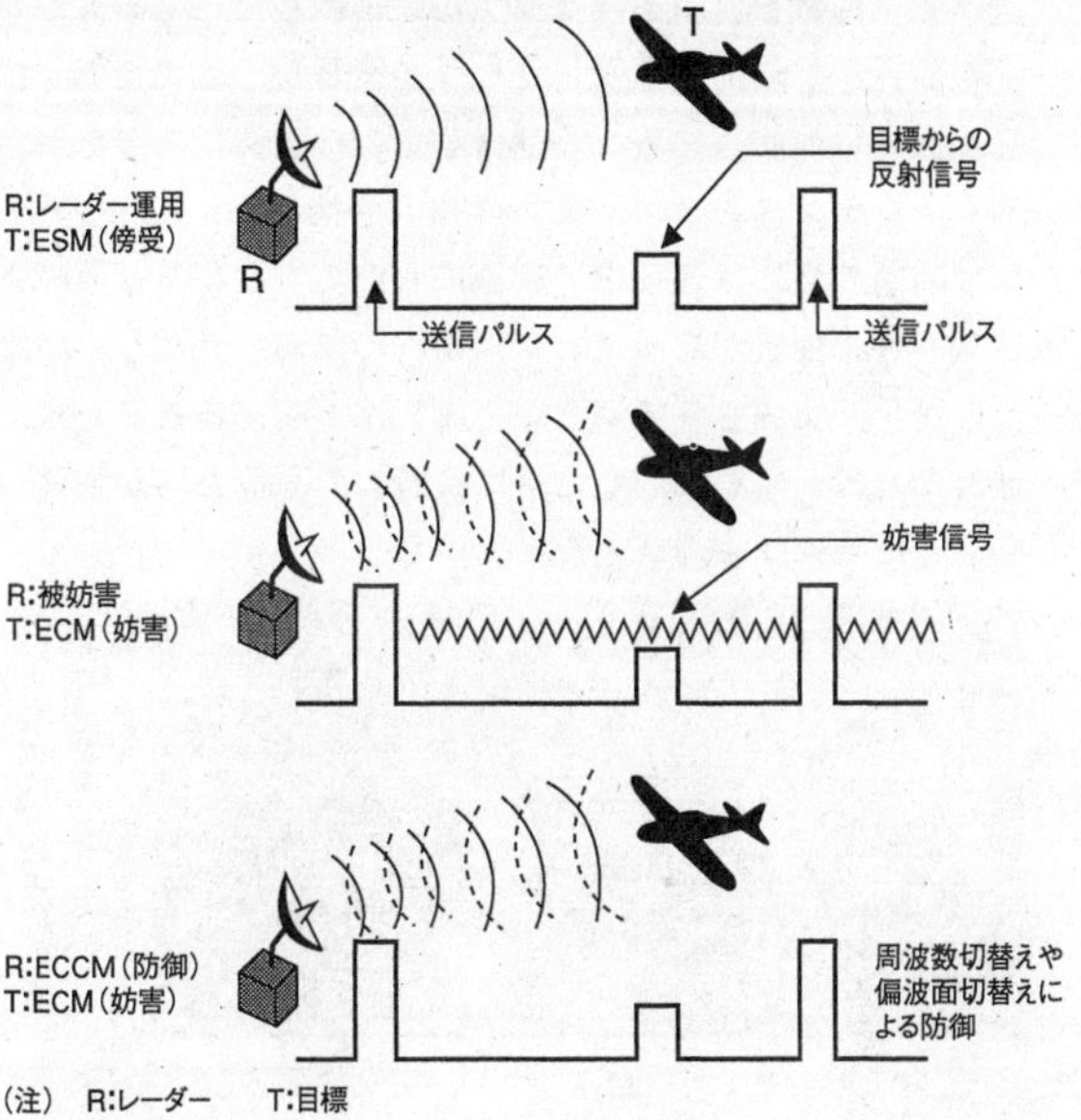

②は敵の電波探信儀（電探）を傍受する一種の方向探知機である。戦後は「レーダー」の日本語訳に電波探知機という表現が一般化したので混乱が生じてしまった。本書では基本的に①を「レーダー」、②を「逆探」に統一して表記している。

なお陸軍では、レーダーを「電波警戒機」と「標定機」とに分け、併せて「電波探知機」と称した。

「闇夜に提灯」論

技術を重視したと称される日本海軍であるが、技術サイドの提案するレーダー

は同盟国ドイツ製の、通達距離700浬という強力なスラヴィーアルコ無線電信機を仮装巡洋艦ウラルに搭載した。信濃丸からの「敵艦隊見ユ」送信を傍受したウラル艦長が、この世界一強力な無線機で電波妨害するよう進言したのは当然であったが、ロジェットウェンスキー司令長官に却下される。

長官の判断の裏には遠征中の訓練においてもたびたび故障する無線機への不信感があったとか、妨害の価値を認識していなかったとか色々憶測されているが、真相は不明である。たびたびの進言にも変わらぬ頑固な命令に憤慨した幕僚たちが独断で妨害を命じた時には手遅れとなっていた。

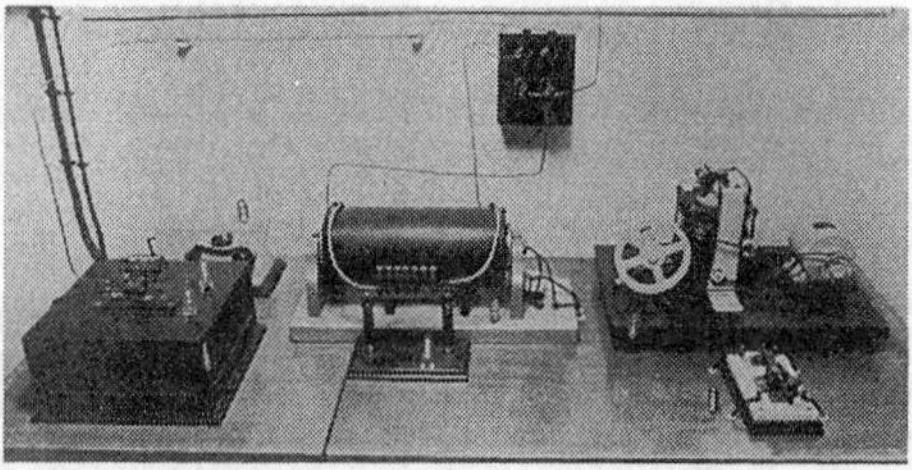

三六式無線機。哨戒艦信濃丸の敵艦隊発見電の到達により、効果が実証された。

の開発要求を、最終的な予算要求権を持つ用兵サイドが握り潰したとして悔やむ逸話には事欠かないが、その中で最も有名な逸話が「闇夜に提灯」論である。正確には、一九三六年十一月、海軍技術研究所電気研究部の組織改組で創設された第一科（基礎研究担当）の主任に任命された谷恵吉郎造兵大佐が、各技術分野の意見を総合して、「これまでの研究で確立された技術を集大成すれば新しい索敵兵器が実現する」と提言したところ、部長から、「敵前で電波を発射して索敵するのは闇夜に提灯で物を探すようなもの、探すより先に敵に逆探知

コラム③●世界初の電子戦、「敵艦見ユ」

日露間の風雲急を告げる1900年頃、マルコーニが1896年に空中線とアースを利用して1.5キロの交信に成功した無線通信は急速に普及し始めたが、陸上通信所ならともかく、動揺が激しく設置スペースも限られる艦船への搭載は困難とされていた。まず英国が艦載に成功したが同盟国への友誼よりも国家機密としての重要性を優先し、日本からの技術移転要求は拒否される。

やむをえず逓信省の協力を得て国産無線機の開発に着手した日本海軍は、日露の開戦前年の1903年、実用通達距離60浬の三四式無線電信機を完成し、さらに改良型の三六式を駆逐艦以上の全艦に搭載する。仮装巡洋艦信濃丸の歴史的な電信、「敵艦隊二〇三地点ニ見ユ、敵ハ東水道ニ向フモノノ如シ」も、これで発信されて日本海海戦を勝利に導いた。

ロシア海軍も開戦時にはロシア人ポポフの開発した無線機を巡洋艦以上の大型艦に装備し、バルチック艦隊の極東遠征の際

される、敵前で電波を発射するなど帝国海軍の伝統、奇襲攻撃には不適である、ノクトビジョン（暗視装置）の研究の方が重要である」と蹴られてしまう話である。

当時の陸海軍では指揮官職や部長、廠長以外の役職には、やたらに「長」を冠せずに「主任」と呼んだ。商社などでも、現在の課長職の呼称は主任であった。現在の自衛隊では第一係主任（人事・総務の首席幕僚）や第三係主任（作戦・訓練の首席幕僚）が民間人から「係長の下の職位」とまちがわれる悲喜劇がときたま起こっている。

上空で電波を反射するアプ

ルトン・ヘビサイド層、すなわち電離層が遠距離通信実験からのスピンオフとして偶然発見されたのは一九二六年であった。その後、日本陸海軍はともに電離層研究のパイオニアとなって内外地に観測所を設置し、大陸や南洋との遠距離通信を左右する電離層の日変化や季節変化をモニターし始めたが、この観測手段自体が基本的にパルスレーダーであった。谷大佐の提案は、この技術の集大成を図ろうとするものであり、英国もドイツも、同じ着眼で研究を開始していた。

この種の逸話は、往々にして後日作成されたり、VIPの軽い冗談が無理解な暴言として流布されるものであるが、当時の電波兵器開発関係者が揃って認めるエピソードであるから信憑性は非常に高いと思われる。身内をかばう日本人の美徳も作用して、蹴った部長が誰だったかは関係者の証言ではあえて伏せられているが、技術研究所の資料によれば向山造兵少将である。向山少将は頑迷固陋な保守主義者ではない。一九二四年の研究所創立以来、九年間も在職した前任者の後を継ぐや、大学や各種研究機関とも共通する各科研究室のセクショナリズムを断ち切るのに熱意を示し、兵器の試作や設計で多忙な各科から、将来、兵器に共通の基礎研究を引き抜いて第一科に実施させる改組を断行した改革者であった。

だから誤って伝えられるように、わからず屋の運用者が「闇夜に提灯」論を振りかざしてレーダー開発の提案を葬ったのではなく、同じ技術研究所の技術屋の上司が蹴ったのである。そして光学兵器を優先させる考えも述べたものだから、電波兵器の関係者が面白かろうはずがない。だが、「闇夜に提灯」論も本質的にはまちがってはいない。運用屋であれ技術屋であれ、当時の平均的な海軍軍人なら、同様に考えたのではないだろうか。ミッドウェーで対空警戒の不十分から虎の子の空母四隻が撃沈されたり、ソロモン諸島での海戦で米軍のレーダー管制射撃によって痛めつけられるまでは、電探開発を推進したり激励した運用者は非常に少なかったのも事実である。

レーダー開発関係者の手記において誰もが感謝するのは、開戦前に海軍軍令部第三部（作戦）に勤務し、「電探なくしては日米戦争遂行不可能」とまで言い切って電探開発を支援した後、空母「蒼龍」の艦長としてミッドウェー沖で艦と運命を共にした柳本柳作大佐の尽力ぶりである。あたかも、ほとんどの運用者が電探をサポートしなかったかのような謝辞が柳本大佐には捧げられている。

ドイツに対抗する米英連合

だが「闇夜に提灯」論の問題点は、ドイツも英国もレーダーを活用している、しかも艦船や航空機といった移動可能なプラットフォームにも搭載していることが判明してきた一九四一年になっても、「闇夜に提灯」論にもとづく逆探装置のコンセプトが運用者、技術者のどちらからも提出されないことである。レーダー方程式を持ち出すまでもなく、同じレーダー反射面積を持つ姉妹艦が同じ性能の空中線を用いてレーダーと逆探とで探し合えば、白紙的には逆探で探す側が約一・五倍の遠距離からレーダー電波を探知してしまう。だからこそ英国もドイツも、陸上の対空捜索レーダーだけでなく艦船や航空機にもレーダーが搭載され始めると、逆探装置も直ちに開発して艦船、とくに潜水艦に搭載し、さらにつぎつぎと改良していった。

一九四一年、一一〇～五〇〇ＭＨｚ（メガヘルツ）の周波数帯域でレーダーパルスを検出できる逆探装置メトックスを開発したドイツは、ただちにそれを潜水艦に積み、大西洋で通商破壊戦を行なっていた巡洋艦「ヒッパー」とポケット戦艦「アドミラル・シーア」に送り届けて装備させている。当時、英国海軍の水上艦艇に装備されていたレーダーは、一・五メートル波（周波数二〇〇ＭＨｚ）の旧型と五〇センチ波（六〇〇ＭＨｚ）の新型であり、新型の方はメトックスの及ばない高い周波数へシフトしているが、それでもメトックスはけっこう活躍している。

同年五月、通商破壊戦に参加するためデンマーク海峡を突破して大西洋に向かう戦艦「ビスマルク」には、波長八二センチの優秀なゼータクトレーダーと併せてメトックスが装備されていた。同海峡の出口で英国巡洋艦「ノーフォーク」と「サフォーク」がレーダーピケットを張っているのを探知したのはゼータクトレーダーではなくメトックスであり、巡洋戦艦「フッド」を撃沈した後、この二隻の英国巡洋艦の追跡を振り切るのに利用されたのもメトックスであった。

このドイツに対抗する米国と英国の大きな利点は、世界で初めて同盟国間での技術協力態勢が確立されたことである。両国は一九四〇年半ばまでは別々にレーダーの開発を進めていたが、九月に英国の技術使節団が情報交換のため訪米したのを機会に密接な技術提携が始まった。英国は、早くも三六年に一二メートル波（周波数二五ＭＨｚ）で九〇マイル遠方の航空機探知に成功したＣＨ（Chain Home 連鎖式）レーダーを装備化して、本土上空に襲いかかってくるドイツ空軍と熾烈な空の戦い（バトル・オブ・ブリテン）を繰りひろげていた。

また、三九年には一・五メートル波（周波数二〇〇MHz）を用いて航空機搭載対空捜索レーダーを開発し、これを水上艦艇や潜水艦の捜索に適用するのに熱を上げていた。このように英国はこの分野では「先輩」であったが、さらに波長の短いマイクロ波（波長三〇センチ以下）レーダーの開発に米国の支援を希望していた。マイクロ波が使用できれば航空機搭載レーダーや艦載レーダーは角度分解能が向上し、単なる捜索だけでなくより精密さが要求される射撃管制でも利用可能になる。

米国も海軍研究所で一九三〇年以来レーダーの研究を続けており、一九三八年には一・五メートル波まで波長を短くするのに成功していたが、マイクロ波レーダー開発に必要なマグネトロンがお粗末であった。そこへ英国使節団が持参して展示したのが一〇センチ波で出力約一キロワットという当時では強力な試作マグネトロンである。これを用いればレーダー出力が二桁は増大する。英国は、この量産を米国の工業界に期待したのである。

最も親しい国にも容易に打ち明けないのが自国の電子戦装備および運用の実情であるが、世界初の軍事技術協力を行なった米英両国は、電子戦の運用能力でも年々その成果を分かち合っていた。それに反して、兄貴分ドイツとの連絡が取りにくい日本が、わずかの技術者の交流による技術移転だけでは立ち遅れた電子戦能力を向上させるのは難しかった。こうして、手強い交戦国、米国との格差が年々ひろがっていくことになる。

アルカンジェリス提督の評価

今日の先進国と開発途上国との技術移転においても言えることであるが、受益者が口を開けて待っているだけでは技術移転は成功しない。積極的な意欲と、ある程度の技術基盤が必要なのである。種子島へはスムーズに移転された火縄銃の技術も、まだ鉄を知らない新石器時代や、戦国時代ではなく武器の生産を禁ずる絶対平和主義の社会では移転されなかったであろう。そしてなぜか日本海軍は、魚雷艇用エンジンやジェットエンジン、火器に比べると逆探には興味を示さなかった。

「電子戦入門」だの「電子戦概説」だのという題名の書籍は、平和大国日本では翻訳も含めてほとんど出版されたことがないが、欧米では「電子戦学会」という学会もあって学問の対象にもなっているほど関心も高いから、このような題名の本は少しも珍しくない。なかには「電子戦」という、そのものズバリの題名の本もいくつかある。無線通信の父マルコーニを生んだイタリアの退役提督マリオ・デ・アルカンジェリスが一九八五年に著したのもその一つである。日本海海戦からフォークランド紛争、レバノン紛争に至る長い電子戦の歴史を考察するこの著書で、太平洋戦争における日本の電子戦への対応がどんなにお粗末であったかがリアルに描き出されている。

ところが米軍は、日本の電子戦能力を滑稽なほど高く評価していた。自分と同レベルのレーダーを持ち、そしてエリント（ELINT＝電子情報）活動も行なっていると買い被っていたのである。

同提督は、「日本だけがなぜ、自衛用の逆探装置の搭載や積極的なエリント作戦を行なわなかったのか？」と開き直った問いかけはしない。だが、レイテ海戦の際にようやく装備されたレーダーで海上を捜索しながらやってくる日本の潜水艦に対して、待ち構える米潜水艦がエリントでこれらを探知してつぎつぎと三隻も沈めていく様子が淡々と描かれると、米国が単に物量だけで日本を圧倒したのではないことが読み取れる。

レーダー開発では一歩も二歩も先をいく米国側が自己のレーダーは電波封止したままで戦果を収め、後進の日本側が弱者の知恵ともいうべきエリントの利用も対エリントの配慮も怠った結果、損害を増大させていく姿は、戦後のイタリアから眺める第三者には皮肉で滑稽なものに写ったかも知れない。

実際には、レイテ海戦の際に損害を受けたわが潜水艦は一隻もいない。しかし、レイテに向かう栗田艦隊はパラワン水道で夜間浮上して待ち伏せていた米潜「ダーター」のレーダーに捕捉され、僚艦「デース」との連携攻撃で重巡「愛宕」「摩耶」が沈没、重巡「高雄」が大破という痛手を被っている。米潜は夜間浮上してマイクロ波のSJ対水上捜索レーダーで艦船や船団を探知して攻撃するのが常であったから、レーダー送信の前段としての逆探活用はあり得る戦法であったが、この場面での米側の戦闘詳報には記録されていない。

逆探を活用した戦果を正式に記録している米潜は「バトフィッシュ」であり、一九四五年二月九日の夜にルソン海峡で伊四一潜（呂一一五潜という説もある）、つぎの夜に呂一一二潜、呂一一三潜をレーダーで捕捉して沈没させている。呂一一二潜と呂一一三潜に対しては逆探を併用して追跡あるいは発見に用いた結果、呂一一二潜を午後十時四分に雷撃し、また間もない午前一時五十五分には呂一一三潜を探知するという連続戦果を挙げるに至った。犠牲となったわが潜水艦は、いずれも敗色濃いルソン島北部への輸送、連絡の任務についていたものである。

2 いきなりマイクロ波に取り組む

まず衝突防止装置として

日本海軍がレーダー研究を本格的に開始するのは一九四一年春であり、これについては多くの関係者の証言が一致している。だが、これのニーズとなったのは欧州戦線からのホットニュースであり、マイクロ波による「レーダーらしき装置」で艦艇からの反射波を確認した前年の実験成果が、この本格的な研究開始のシーズとしてどの程度寄与したのかは、残念ながら疑問である。

「闇夜に提灯」論によって、せっかくレーダー研究に育つ芽を摘まれた強力マイクロ波の応用であったが、一九三七年に夜間演習中の艦隊が衝突する事故が生じた余波で、闇夜でも衝突しないように近くの味方艦艇を標定(位置を知ること)する「暗中測距装置」の研究として復活する。いわば衝突防止装置であるが、関係者の最終的な狙いは、いうまでもなく敵艦隊の探知であり、そのためにも、まず近距離の味方艦艇を検出して見せねばならない。

だから海軍のやり方は、後に述べる陸軍のような超短波(VHF)領域での研究試作や実験は行なわず、出力では世界のトップレベルに達していたマグネトロンを用いて一挙に「マイクロ波レーダーらしき装置」を開発しようとするものであった。どの国でもやらなかった大胆なアプローチといってよい。たいていの国は、メートル波、あるいはデカメートル波(波長一〇メートル帯の電波)に近い超短波のレーダーを開発してからマイクロ波レーダーに移行している。最初からマイクロ波で挑んだのは日本海軍だけであった。

ドイツのGEMA社は一九三四年、五〇センチ波の連続波で約一一キロ先の船舶を検出し、三六年には二メートル波で五〇キロ先の航空機を検出したが、実用レーダーとしての生産は、二・四メートル波による「フレヤ」対空捜索レーダーが八〇センチ波の「ゼータクト」水上捜索兼射撃管制レーダーに先行して三七年から行なわれた。欧米では高出力の得られる超短波で、まず遠方の航空機という小目標の検知から開始したが、艦隊決戦への関心が高い日本海軍がめざした検知対象は、まず水上艦艇であった。

一九三七年に海軍依託学生として東大電気工学科を卒業した森精三造兵中尉（終戦時技術少佐、のちに防衛庁技術研究本部第一研究所第四部長）が艦隊実習を終えて海軍技術研究所に三九年に赴任するや、転出した谷大佐の後任である第一科主任、伊藤庸二造兵中佐の指導の下に、この暗中測距装置の実験を行なうことになった。二万円の研究費は現在の三〇〇〇万円に相当する、まずまずの金額であるが、これも伊藤中佐が若い新卒者に実施させる研究のために艦政本部と交渉してもらってきたというから、当時の英国やドイツほどの大掛かりな研究とは桁違いの地味なものであった。

「レーダーらしき装置」

伊藤中佐は、マグネトロン（日本名、磁電管）で学位を取得した屈指のマグネトロン専門家であったし、海軍技研と共同研究を行なっていた日本無線も三九年には一〇センチ波（周波数三GHz＝ギガヘルツ）で連続波出力五〇〇ワットという世界一流の水冷式M３マグネト

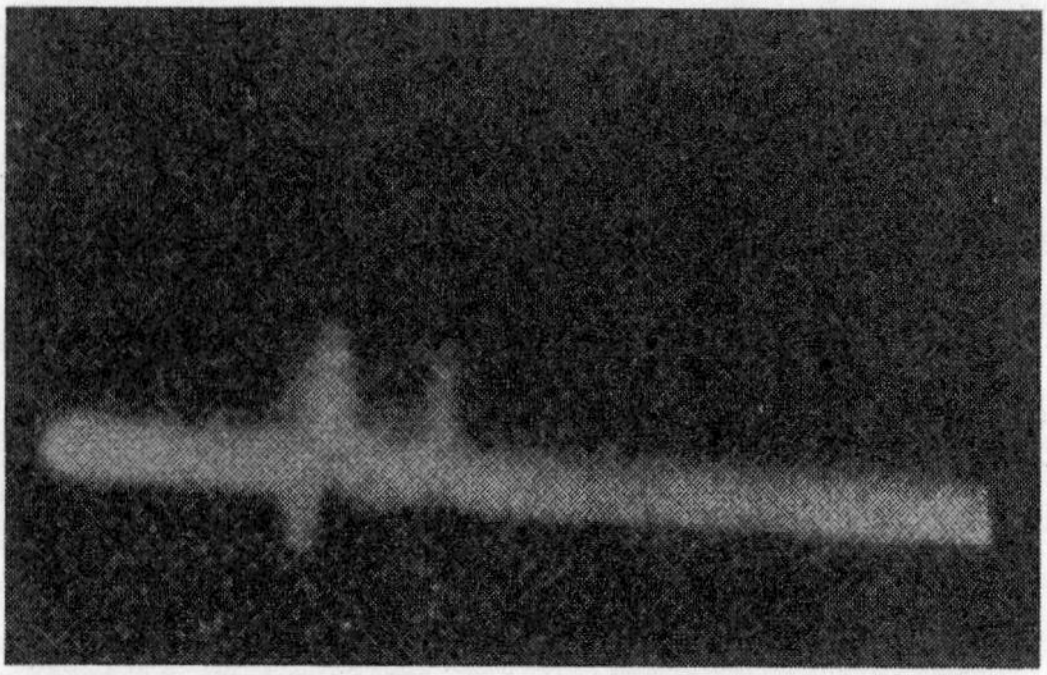

10センチ極超短波のエコーをとらえた映像。1940年10月、鶴見沖にて停泊中の空母「赤城」の反射波を受信機がキャッチした。

ロンを試作していたが、森中尉が九月に始めた実験は、三センチ波（周波数一〇ＧＨｚ）というさらに短い波長を用いるもので、連続波出力は三ワットに過ぎなかった。連合軍においても第二次大戦末期にならないと登場しないほどの短波長であるが、なにしろ弱い。森中尉が艦隊実習で聞かされてきた、四〇〇〇メートルほど離れた艦船を探知するという運用者の要望に応えるにはこの程度の出力で十分と、今の知識では判定できるが、当時はわかるはずもない。短波長による空中線の指向性向上と出力低下とのトレードオフから三センチ波を選んだというよりは、新しいマグネトロンを使ってみるというマグネトロン研究への指向があったことは否めない。

ところが当時の素子ではマイクロ波にパルス変調をかけるのが難しいために、パルスの幅が極めて広くなり、四〇〇〇メートル程度の「近距離」目標ではパルスの中に隠れてしまう。そこで、森中尉は連続波のまま周波数変調によって目標検知と距離測定を試みる。

これは超短波、あるいはマイクロ波の搬送波を連続的に送信しながら、周期的な三角波ま

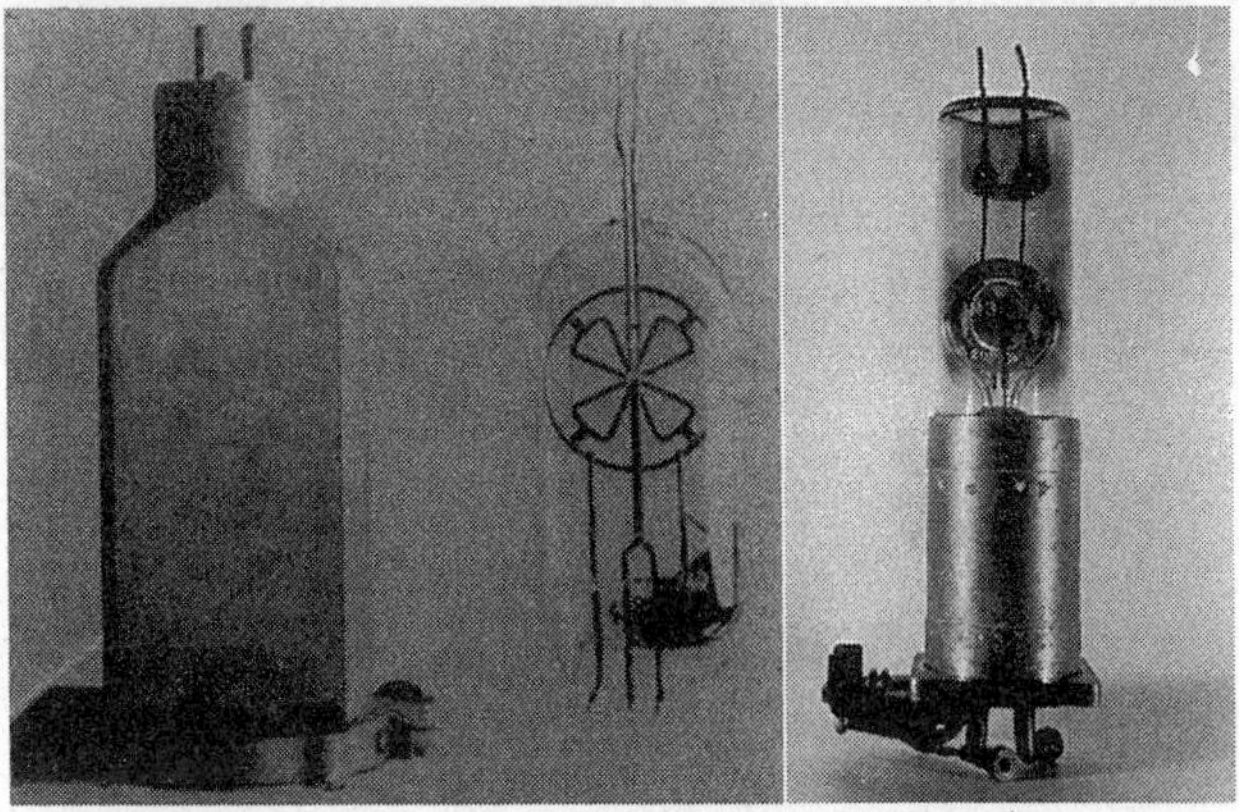

日本海軍が開発中のマイクロ波レーダーの実用化にはかかせなかった波長10センチ送信用水冷式マグネトロンM312(右)と受信用マグネトロンM60(左)。

たは正弦波による周波数変調（ＦＭ）を加え、送信される電波の周波数を刻々と変化させながら、受信波がどれほど「古い」送信波であったかを知って、目標までの往復に要した時間、ひいては距離を知る方法である。ＦＭＣＷレーダー、あるいは単にＣＷ（連続波）レーダーといわれるものである。

これによって森中尉は数キロ先の煙突を探知したといわれる。紀元二六〇〇年式典に参加するために連合艦隊が東京湾へ集結した翌四〇年秋、鶴見沖に停泊中の空母「赤城」に、海岸にそびえたつ四階建ての芝浦工作機械製作所の屋上から一〇センチ波を発射し、その反射エコーを近くの海面に浮かぶ小艇の受信機で確認したのも、この方式によるものであった。

これに使用されたのは前述の研究装置ではなく、一六センチ波による味方識別装置（ＩＦＦ）であったと伊藤中佐の実弟、中島茂日本無線研究開発部長（当時）は伝えているが、いず

コラム④●日本の軍用レーダーの種類

レーダーは同一機種でも用途や機能によって様々な表現があり、それらを並列して用いると別種であるかのような誤解を招くので、本書においてはもっぱら、捜索レーダーと射撃管制レーダーに二大別し、設置するプラットフォームによって地上・艦船搭載・潜水艦搭載・機上、目標の存在場所によって対空・対水上という語句を冠している。大型空中線を用いる超短波レーダーの場合は空中線が回転せず、一定の方向を指向することが多いので、本当は捜索よりも監視あるいは警戒の方が適切な表現であろう。

陸海軍で使われた表現や戦後に専門用語として多用される表現はつぎのとおりである。

軍種	プラットフォーム	用途
海軍	陸上、艦船、航空機	見張用、水上射撃用、対空射撃用、誘導用
陸軍	陸上（タチ） 要地用、野戦用	警戒用（見張用） 標定用（射撃用）
	機上（タキ） 船舶用（タセ）	
専門用語	陸上（固定、移動） 艦船搭載・艦載 航空機搭載・機上	（対空、水上、戦場） 捜索・早期警戒・監視、要撃管制、射撃管制

れにせよ、まだまだ「レーダーらしき装置」であってレーダーではない。

才能においてもポストにおいても海軍のレーダー開発に最適任であった伊藤中佐が、せっかくのマグネトロンの研究をレーダーへの応用に向けないでマグネトロンの発振メカニズムの究明に没頭していたと嘆く批判が、上司や後輩の手記ではなく遠慮なく物が言える同期生の手記や談話に散見される。東大電気工学科の後輩である田丸直吉技術中佐（終戦時）の記録もやや手厳しいが、それによると、海軍の公費で行なっている研究なので申し訳的に味方識別装置や出入港時の誘導ビーコンにマグネトロンを使ってお茶を濁していたと批判されているから、名称は味方識別装置であるが、実態は「レーダーらしき装置」であったと思われる。本物の味方識別装置は四二年夏に試作されるが、応答率一〇〇パーセントでないため実用化されなかった。

海軍のマイクロ波レーダーが「本当のレーダー」に近くなったのは、一〇センチ波のM312マグネトロンで送信し、受信機に局部発振管としてM60マグネトロンを利用する電波探信儀が四一年秋に試作されてからである。この年に急に開始された超短波レーダーの実験成果が、どう影響したのかは不明であるが、この秋になってマイクロ波レーダーもようやくパルスレーダーになったのである。十月二十八日に初めて反射エコーを受信し、十二月三日の実験では、横浜港を出た「浅間丸」が二三キロあたりで水平に没するまで船影を追い続けることができた。この快挙を聞いた伊藤大佐（当時）は、その夜、急遽、実験関係者を招いて慰労の宴を催したという。

欧州情報のインパクト

だが海軍の暗中測距装置はただちにマイクロ波探信儀へと発展はしなかった。欧州戦線からのホットニュースが強烈なニーズを掻き立てた結果、陸軍の研究と姉妹品のような超短波

センチ（厳密な境界ではないが）より短波長の電波をすべてマイクロ波と呼び始めた。これらの新しい領域では波長帯と周波数帯との厳密な対応はない。ちょうど、５つの国で構成される兵庫県を表現できる国名がないのと同じで、正確に表現するには周波数帯、それもＸバンド、Ｋバンドといった専門的な区分が利用される。

波長帯の名称と波長範囲	周波数帯の名称と周波数範囲
短波 10～100メートル	ＨＦ ３～30MHz
超短波 10～１メートル	ＶＨＦ 30～300MHz
極超短波 100センチ～10センチ	ＵＨＦ 300～3000MHz（３GHz）
マイクロ波 30センチ～	ＳＨＦ ３～30GHz

の対空捜索レーダーが試作・生産され、それにつづいてマイクロ波の水上捜索レーダーの原型機《プロトタイプ》が登場するのである。そして、この原型機がようやく実用機に進むのは、受信装置の受信方式を全面的に改修した一九四四年であった。

欧州戦線におけるレーダーの驚くべき活躍を日本へ最初に伝えたのは、電撃作戦であっという間に欧州を席巻したドイツ軍の戦略、戦術、そして現代風にいえば「ハイテク兵

コラム⑤●電波の分類

　山口県の東半分を、すなわち周防の国と判断できる旧人類ならば国名と県名が混在して用いられても平気であるが、新人類の多くは混乱する。電波は、その波長（たとえば２メートル波）、波長が属する波長帯（２メートル波の場合には超短波帯）、周波数（150MHｚ）、周波数が属する周波数帯（ＶＨＦ）と様々な表現で分類されるが専門家以外には分かりにくく、同じ電波でも異なった分類原理を用いられると別物と思ったりする。本書ではもっぱら波長帯のみを用いているが、極超短波といった専門家以外には馴染みのない用語を避けて100センチ以下の波長のものはマイクロ波と表現している。現在、レーダーに用いられている波長帯の区分は右表のとおりである。

　超短波より長い波長帯、すなわちＶＨＦより低い周波数帯では両者の範囲は一致する。奈良県すなわち大和の国といった対応である。だが、これらの比較的長波長の電波が愛用された今世紀前半では、利用度の低い100センチ以下の波長の電波はすべて極超短波という名称で括られてしまったが、第２次大戦前後から波長10センチ前後の電波使用が恒常化したので、ほぼ30

器」を学ぶため、一九四〇年暮れにシベリア経由で出発した陸軍の遣独視察団（団長、山下奉文中将）である。続いて翌四一年、特務艦「浅香丸」を仕立てて出発した海軍の視察団（団長、野村直邦中将）も三月に欧州へ着くや、さらに多くの情報を打電してきた。

　陸軍も海軍も五〇センチ波のウルツブルグ対空射撃管制レーダーに驚嘆し、またドイツが運用中の超短波対空捜索レーダーについて数々の情報提供を受けたが、海軍視察団には特別なスターがいたからである。大勢の火器、内燃機関、航空機等の専門家に比べて電波兵器の専門家は少数ではあったが、陸軍は佐竹金治工兵中佐、海軍は伊藤庸二造兵中佐というレーダー研究の各々の第一人者を送り込んでいた。なかでも昭和初期にドイツへ留学し、その後も電波に関する学会出張で再度ドイツを訪れている伊藤中佐は、人脈も豊富でドイツ語も達者だったためドイツ側には大もてで、その恩恵を受けて海軍視察団は陸軍視察団以上の情報を得ることができたという。

海軍技研やメーカーの関係者の談話では、この得難き調査員、伊藤中佐からの長文電報でパルス方式の超短波レーダーに開眼し、急遽、五月に同様の対空レーダーの研究を開始したことになっている。しかし、この頃、海軍技研の上級司令部である艦政本部第三部（電気、無線）の部員であった田丸直吉造兵少佐（当時）の記録では、これよりも英国からの報告が大きな衝撃を兵器行政の府や軍令部に与え、上級司令部の強力な指導で大規模な実験が開始されたことを示唆している。

一九四一年六月、在英駐在武官がバトル・オブ・ブリテンを戦い抜いた英国公表のレーダーに関する資料を、続いて七月、やはり英国駐在中の浜崎諒造兵中佐（のち技術大佐）がハイドパークで目撃した空中線の構造を長い電報で報告してきた。波長が一・五メートルであることも看破した、技術者ならではの立派な報告であるが、これを受けとった軍令部や海軍省の関係者も以前のように無視したりはせず、即座に行動した。すべての基礎実験を省略し、直ちにこれと同じものを海軍技研に試作させ作動させようというのである。

じつはそれ以前にも、四一年二月、英艦の測距儀上に装備された「ラジオロケーター」の写真を掲載した米誌『ライフ』を浜崎造兵中佐が艦政本部に送るなど数々の情報が寄せられているのに、中央が何も対応しなかったという批判が一部の記録には見られる。

兵器としてのレーダー開発

八月には海軍大臣から実験施行の機密訓令が発せられ、技術研究所の電気研究部全員が部を挙げて協力することになったが、奇妙なことに、「マイクロ波レーダーらしき装置」に何年も携わってきた第一科ではなく電波応用を主管とする第四科が主担当を命じられ、第四科主任の橋本宙二中佐が中核となった。緊急を要する課題なので、具体的な兵器システムを未だあつかっていない第一科には任せられないというムードがあったのかどうかは記録に残されていない。

また第一科主任の伊藤中佐が欧州へ派遣されて不在だったことが考慮されたのかもしれないし、「マイクロ波レーダーらしき装置」も長期的には本命であるから、この研究グループは緊急課題に巻き込ませずに仕事を続けさせようという高い見地からの判断があったかもしれない。とにかく、それまでレーダーの基礎実験には携わっていなかった人々が集まり、陸軍の超短波レーダー実験の中核となってきた日本電気（当時は住友通信工業と呼称）や、超短波研究の先駆者であった日本放送協会（NHK）技術研究所から海軍技師として招聘された高柳健次郎博士以下の研究陣の協力により、短期間の集中実験であっという間に超短波対空捜索レーダーのフィージビリティを実証してしまうのである。

そして「部を挙げて協力」の方針にもかかわらず、森大尉（当時）や水間正一郎技師のマ

コラム⑥●海軍レーダーの名称と用途

名称	用途
1号電波探信儀	陸上装備見張用（捜索）
2号電波探信儀	艦船装備見張用（捜索）
3号電波探信儀	艦船装備対水上射撃用（射撃管制）
4号電波探信儀	陸上装備対空射撃用（射撃管制）
5号電波探信儀	平面図形的指示機（ＰＰＩ）付きのもの
6号電波探信儀	陸上装備航空機誘導用

表を一目して分かることは、艦船装備対空射撃用という区分の欠落である。この号数は当初から必要性を予測して振り分けたものではなく、様々な新製品が完成しそうになり次第付与しており、艦船装備対空射撃用は残念ながら終戦時までものにならなかったから表われていない。

マイクロ波技術が発達した今日でも区分されている対空見張と対水上見張が別れていないのは、「狭い艦橋上に2種類も似たものを搭載できん、兼用させろ」という現場の「常識的な」意見を飲まされた結果である。

イクロ波研究グループは「レーダーらしき装置」の実験をつづけることができ、伊藤大佐（帰国時）が職場へ復帰する年末にはレーダーの原型機を作り上げる。

この緊急実験のために添えられた予算は一一〇万円、現在の二〇億円に相当する額である。超短波電話機の技術を基本として試作された三メートル波の実験装置によって、九月初旬には横須賀市野比海岸で対航空機実験が行なわれ、中型攻撃機を距離約一〇〇キロで探知できることが実証された。前年に、いわゆるワンワンレーダーからパルスレーダーへ踏み出した陸軍の超短波実験成果が日本電気の技術陣を通じて、どのように寄与したのかは不明であるが、ここでようやく兵器としてのレーダーをめざした開発が始まるのである。

もちろん大臣が実験施行の訓令を発しただけで直ぐ翌月に試作品が完成しているはずもなく、急に技術研究所や会社に「かかれ」を命じて動き出すものではないから、かなり以前から根回しが行なわれ、予算を配分して試作を先行させていたことはまちがいないが、とても技術研究所だけのイニシアティブで可能になったとは思えない。艦政本部、すなわち海軍省の御声掛り、そのニーズのおかげで経費、資材と研究人員を増額、集中し、さらには、この方法で成功した欧州の先達の存在を知った自信がもたらした戦果であった。そして、この段階では、「闇夜の提灯」を先に見つける逆探のコンセプトは未だ生じていない。

谷恵吉郎技術少将（終戦時）の記録によると、海軍の電波探信儀すなわちレーダーは、航空機搭載用のものを除けば、用途によってコラム表のように号数が定められ、同一用途の新製品については順次、型番号が付与され、たとえば二号二型と呼称された。だが、この正式呼称とは別に、二二号という簡便な略称も多用されたので本書もこれを用いている。

3　レーダー運用でわかった逆探の効用

「伊勢」と「日向」での実験

開戦直前に三メートル波、尖端出力四〇キロワットの陸上用対空捜索一一号電探（正式には一号一型）の試作が完成し千葉県勝浦に設置され（最終改良型の完成は一九四三年）、翌四二年には約三〇基生産（仮制式なので試製と表現）され、その大半は南方の要地（第一陣はラバウルとウェーキ島）に配置された。初期故障の続出だが海軍技研から技術陣が特派されて修理、再調整し、一応電探としての体裁は整い、どれも約五〇キロ以上の探知距離を保つことができた。量産品ではないので各電探ごとに性能、信頼性の差が生じたが、キスカ島のが一番良かったというのは熱帯の電探が不評だったからであろう。

ところで海軍電探の本命は、やはり艦載の二型である。一・五メートル波による艦船用対空捜索兼（限定能力ながらも）水上捜索二一号電探、一〇センチ波による艦船用水上捜索二二号電探が、ミッドウェーへの出撃準備で多忙な戦艦「伊勢」および「日向」におのおの仮搭載されて実験され、二一号は単機の艦攻を五五キロ、戦艦「日向」を二〇キロで検知して合格、二二号は戦艦「伊勢」を三五キロで探知したが、航空機を探知できないので不採用という評価決定が下された。

しかし、試作品の撤去を要請されながらも出航までに撤去する時間がないという理由で、どちらの電探にも海軍技研の技手《ぎて》が二名ずつ乗り込み、ミッドウェー作戦（洋上で本隊と分かれアリューシャン列島へ派遣）に同行する。ケチをつけられた二二号も霧中航海の多い北の海では「暗中測距装置」として大活躍し、「日向」艦長松田大佐も帰国後はマイクロ波電探の必要性を力説して回るほどであった。そのおかげで二二号の仮装備による実用試験は四四年七月にようやく合格するまで続くのである。通信出身である「日向」副長馬場中佐の強い口添えのおかげで搭載したまま出航することができたと松井少佐（後述）は述べている。
ミッドウェーで破れた傷心の連合艦隊と合流して帰国した「伊勢」「日向」を横須賀から呉へ回港する六月二十一日から二十四日を利用して両艦の間で電探実験がくり返されたが、「伊勢」から発射された超短波が戦艦「山城」で傍受された。偶然ではなく電界強度測定も行なう計画的な実験であるから、電探が最前線へ向かう戦闘艦艇へ搭載される時点になって、ようやく傍受されることへの恐れや、これを逆手に取る可能性が検討され始めたことがわかる。この実験の結果、やっと逆探装置、正式には電波探知機が開発されることになる。

1942年5月に撮影された戦艦「伊勢」艦橋上の二一号電探。ミッドウェー戦直前に搭載されており、海軍で最初に装備された。

逆探E27の登場

伊藤技術大佐によると、逆探の開発も電探と同様、超短波（七五～四〇〇センチ）とマイクロ波（三～七五センチ）に分けて実施された。超短波の艦船搭載逆探E27が最終的に完成するのは一九四四年四月であり、日本電気と七欧電気で二五〇〇台が製造されたと記されている。

当時、横須賀工廠の通信実験部長であった谷恵吉郎技術大佐（終戦時少将）の記録では、未だ操用性を欠くものであったが、現場からの強い要望で四三年秋から量産が開始され、まず戦艦、順次小艦艇に装備され、四四年春までに約八〇〇台が生産されたという。製作してみるとニーズが出てきたのである。

なお、従来、海軍の技術士官は造船、造兵、造機、水路の区分を階級につけるのであるが、一九四二年の人事制度改革により、単に「技術〇〇」と称するようになった。

空中線は、金網でできた円筒形全方向性のものと、ラケット形の指向性のものが使用された。高周波増幅部は、探知すべき七五〜四〇〇センチの波長帯（周波数帯）を四区分し、各波長帯ごとの増幅器を取り替えることにより探知電波の波長帯切り替えを行なった。操用性を欠くし、レーダーを運用する側も短時間しか電波を発射しなくなったので増幅器をモタモタ取り外しているようでは電波を取り逃がしてしまう。そこで四セットの高周波増幅部を一体に取りまとめ、ダイヤルの回転で切り替わるようになったのが四四年四月であり、夏に呉で実施された艦隊緊急整備には技研の技術者が呉へ出向いて既配備のE27を改造した。

だからレーダーほどには注目されていないが、同年十月の比島沖海戦に参加した各艦隊は改造されたE27を装備して南下したのである。九〇MHz（三三〇センチ波）から二二二MHz（一三五センチ波）までのVHFテレビ、あるいは四七〇MHz（六四センチ波）から七七〇MHz（三九センチ波）までのUHFテレビの受信チャンネルを無造作に切り替える今日では信じられないような苦労である。

レーダーを装備した日本の艦船はオズオズと電波を発射している。松井少佐（後述）の伝聞では、一九四二年十月の南太平洋海戦（米軍の呼称ではサンタクルーズ海戦）において第三艦隊の空母「翔鶴」にレーダーが装備されているにもかかわらず、夜半哨戒に来た敵PBY飛行艇から突然、空爆を受けた。艦隊の通信参謀兼情報参謀の中島親孝中佐が調査すると、敵に逆探知される恐れと使用時間に比例して故障しやすい電探を長持ちさせるために送信を停止していたということであった。

米軍にも同じ心理は働き、この二週間前のサボ島沖海戦においても、まだ配備されてもいない日本の逆探装置を恐れた米司令官は、旗艦「サンフランシスコ」の旧式SCレーダーで照射せず、もっぱら軽巡「ヘレナ」の新式SGレーダーだけに捜索を依存した。

だが、残念ながら改造型超短波逆探が配備された頃には、すでに時代遅れのものとなっていた。日本のマイクロ波水上捜索電探二二号でさえも完成に近づいていた時期である。米国の艦載レーダーが、主目的の対空捜索と併せて水上監視にも限定的に使用された超短波SCレーダーだけの頃であればサボ島沖海

1944年10月、ブルネイに集結した駆逐艦「磯風」。艦橋前面に取りつけているのは、敵レーダー波を探知する逆探E27である。

戦以来、一〇センチ波を用いたSG対水上監視レーダーが徐々に搭載され始めたため、米艦がSCレーダーを送信するときしか有効ではなくなった。量産を開始した頃にはマリアナ海戦に敗北し、日本海軍が対水上戦闘を実施する可能性はほとんどなく、主力艦船にも潜水艦にも最大の脅威は今や航空機となっていた。

日本の航空機搭載電探はその頃、まだ超短波であった。米国の航空機搭載電探も四三年頃までは超短波だったが、四四年以降になると、日本へ襲来して撃墜された航空機から発見されるPPI（目標を平面的に表示するスコープ）付きの新型レーダーにも見られるように、マイクロ波へ移行しつつあった。そのため、E27も敵の哨戒機にはまったく役立たずとなってしまった。なお、波長二〇〇センチのわが大型機搭載型電探H6は、一九四二年八月に完成し、実戦に使用されたが終戦まで手直しは続き、波長二〇〇センチの中型機搭載型電探FM1は、一九四四年九月に完成したが配備前に終戦となった。

「雪風」「青葉」の成果

一方、一九四三年、すなわちソロモン海域での戦闘の後段においては逆探が活躍したと記されている報告もある。たとえば伊藤正徳氏は『連合艦隊の最後』において、駆逐艦「雪風」に同年四月、日本で最初の逆探が装備され、同年七月のコロンバンガラ海戦で初めて逆探を活用したと述べている。すなわち七月十三日午前零時五十五分に敵艦隊を約一万メートルの距離で視認する三〇分も前に逆探で敵レーダーを探知したが、その殊勲者である通信長は海軍有数の名通信士で、この一戦後、空母「翔鶴」へ逆探操作の指導に赴いたとされている。数多くの著名な海戦に参加しながら終戦まで生き延びた「雪風」については、数多くの手記や聞き取った報告が発刊されているが、伊藤氏の記録ほど明確に逆探装置の搭載、運用と成果を記したものは少ない。

一部の戦記には、三番艦「雪風」のみが逆探E27を装備したと伝えられているが、海軍兵学校を卒業した後、大阪大学理学部に員外学生として学び、デッキ・オフィサー出身の技術者として太平洋戦争中、レーダー開発に従事した松井宗明少佐（のち防衛庁技術研究本部第五研究所長）の得た伝聞によると、その手柄は旗艦「神通」によるもので、「神通」は逆探E27により四〇キロ先の敵を探知、二〇キロでは方位もほぼ確認したとされている。

残念ながら「雪風」の所属する第三水雷戦隊の戦闘詳報にはこの発見記録がなく、また「雪風」が配属されていた第二水雷戦隊の戦闘詳報も、旗艦「神通」が探照灯で敵艦を照射して僚艦に射撃させるという犠牲的な役割を演じた結果、沈没したために残されていない。しかし『キルパトリック戦記』は、日本艦隊が方位と距離の判定は不正確とはいえ逆探装置（複数）を利用するのに成功したと述べている。この海戦は谷恵吉郎技術大佐が量産開始の時期として伝える四三年秋よりも早い時期であるから、「試製」された限定数の器材が最前線の艦艇に仮装備されて実用評価を受けていたと思われる。

また『キルパトリック戦記』には、旗艦「ホノルル」が一五浬先の日本艦隊をレーダーで発見したのは午前零時五十三分とされている。これでは日本側が肉眼で発見したのと大差はない時刻である。

そして空からの脅威を重視する米潜水艦が浮上時には超短波の対空レーダーを運用したこ

とも、E27に活躍の余地を残していた。その一例であるが、一九四三年十二月、内地からシンガポールへ向かう重巡「青葉」が、バシー海峡とシンガポール近海とで敵潜水艦の（恐らくはレーダーの）超短波電波を逆探し、変針して難なきを得た事例が「電波探知機を利用した敵潜回避」と題する「戦訓資料」として海上護衛総司令部から配布されている。測定諸元は、バシー海峡での探知電波が三一五MHz、シンガポール近海のは三一四MHzというだけであるが、高周波増幅部をつけ替えながらの短時間測定としては立派な技量であり、さらに驚くべきことは方向探知精度の良さである。

バシー海峡での触敵では「青葉」の進行方向に電波を探知したため、右へ転舵してまもなく、再び電波を探知すると共に左舷斜め前方約六〇〇〇メートルに浮上中の潜水艦が発見された。目標発見方向と逆探方向を比較したところ探知機の誤差は五度と判明したと報告されている。超短波（周波数が三〇〇MHzを越えているので厳密には極超短波）としては、じつに優れた方向探知精度といえる。皮肉なことに「青葉」は、SGレーダーが初登場して日本が完敗したサボ島沖の夜戦で、SGレーダーを用いた軽巡「ヘレナ」の一斉射撃によって大破された戦歴を持っていた。

潜水艦へのレーダー装備には、空中線への給電ケーブルからの漏水が大きな障害であり、米国海軍においても無指向性のSD対空レーダー（波長二六五センチ）が標準装備になったのは、ようやく一九四二年になってからである。それからマイクロ波のSJ対水上捜索レーダー、四三年になって味方識別装置、これにやや遅れて逆探装置が装備され、もともと航空機搭載用であったマイクロ波のSV対空レーダーが装備され始めたのは終戦前となっていた。

だが「青葉」が探知したレーダー周波数はSDレーダーのものからは大きく外れており、本来は水上艦艇用の新しいSB対空レーダー（一九四三年装備化、波長七五センチ）であった可能性がある。

弱かった運用者からの要求

米国の潜水艦までがレーダーを搭載している以上、水上艦艇に対する捜索も含めて日本の哨戒機が機上レーダーのみならず逆探を装備することはぜひとも必要であった。超短波とはいえ四五センチ波まで検知できる機上搭載電波探知機FTBとFTCは、E27に続いて一九四四年五月に完成し、富士通信と三菱電気によって量産準備中のまま終戦を迎えている。これほど遅れた理由を物語る記録は残されていないが、海軍の機上用電探H6、FM1、N6や陸軍の機上電波警戒機タキ一号が試作には成功したとはいえ、配備や戦力化の段階でつまずいたものが大半であったことからも、航空機搭載兵器に求められる高信頼性と操用性を満たせなかった可能性が高い。試作品の試験評価はパスしても量産ではボロが出たのである。

マイクロ波に比較すれば取り組みやすいはずの超短波の逆探装置に、なぜてこずったのだろうか。これも国産真空管（とくにエーコン管）の低信頼性による受信感度の不安定である。超短波電探の場合も同様のトラブルに悩まされたが、受信機はスーパーヘテロダイン方式なので三五〇MHz程度の安定した局部発振が必要であり、真空管メーカーにはこれが苦しかった。だから送信装置よりも受信装置が難しく、波長一・二メートルまでは安定して送信できるにもかかわらず、受信は一・五メートル以上でないとだめであった。したがって一三号電探（陸上用の号番号であるが、艦船にも潜水艦にも装備された）は臨界波長の一・五メートルを避け、安定した受信ができる二メートル波を選択した結果、非常に評判が良かった。ところがE27には波長七五センチまでの安定した受信を求められていた。

その要求も米軍の運用波長から見て一理あるものであったから、製作する側も苦しかったに違いない。だが不思議なことに、運用者、とくに最前線へ出ていく艦長や航空隊司令からの、一刻も早く信頼性の高いレーダーの配備を求める声は日増しに強くなっていったが、逆探の早期完成、配備を運用者が求める声は記録には見られない。潜水艦長たちも概してレーダーの装備化の方を切望している。結局、レーダーの場合と同様に、ある程度役に立ちそうな逆探が姿を現わすと、「現場の強い要望」が影法師のように現われるのである。

マイクロ波逆探の誕生

では、一九四四年の太平洋戦場に即したマイクロ波逆探はどうなっただろうか。

マイクロ波逆探は、「親元」にあたるマイクロ波の水上捜索兼射撃管制二二号電探の受信機の安定問題が解決するのと連動して目鼻がついた。二二号電探が試作されたとき、初期の「レーダーらしき装置」の頃の経験から受信装置には鉱石検波方式を使う提案もあったが、艦船で求められる耐振動性を満たせないとして不採用になり、送信装置のマグネトロンとは別に受信装置でもマグネトロンに局部発振させるスーパー再生受信方式を採ったため、不幸なスタートを切るのである。

この方式では高い受信感度が得られるものの、送受信装置、二つのマグネトロンの発振周波数をピタリと合わせる技術が求められる。実験室の技術者集団には適しても兵器には向いていない。だから海軍技研からの「侍医」がつき添わないかぎり二二号電探の運用は不可能であった。また、艦艇では電圧安定装置を投入しても追いつかないほどの激しい電圧変動があり、受信機の局部発振周波数も電圧によって変動した。日本海軍が採用した円形導波管にも問題があり、旋回させると方位によって受信性能が激変した。二二号電探に関するこれらのトラブルが、すべてマイクロ波逆探にもつきまとってくる。

ようやく一九四三年十一月、「頭脳動員」により海軍技研で研究中の東大理学部の大学院生霜田光一氏（のちに東大理学部教授）によって高性能の鉱石検波器が開発され、これによって四四年一月、二二号電探の受信装置をまずオートダイン方式に、ついで四四年七月、スーパヘテロダイン方式に改善することができ、やっと二二号電探は安定したマイクロ波レーダとなった。フィリピン沖海戦への出撃前に、「大和」や「武蔵」の二二号電探は対水上射撃が可能なように、緊急に改造されている。

この鉱石検波器の開発は、ストレートにマイクロ波電波探知機四七号を誕生させた。試作した探知機は、一〇ミリボルト／メートル程度の感度があるので兵器としての能力は期待されていたが、四四年一月、芝浦海岸から送信される二二号電探の電波を二三キロ離れた富津海岸で受信すると、信号対雑音の強度比（専門用語ではSN比）は一〇倍近くもあり、約一〇倍の利得を持つ受信空中線の電磁ラッパを取り除いても十分に受信感度があったと霜田氏が語ったのを田丸技術中佐は書き留めている。そして七欧電気に装置の試作が発注される一方、受信空中線の広帯域化や高利得アンプの性能改良が、つぎの研究者に引き継がれるのを霜田氏は確認している。

一方、谷恵吉郎少将は、波長二〇～三センチ帯域は電磁ラッパ型空中線で、七五～二五センチ帯域はラケット型空中線で受信し、ドイツのメトックス式の鉱石検波の後、真空管により増幅される探知機が四四年末から月産約七〇台ずつ生産され、艦船に搭載されたと記している。そして、これをメトックスのデッドコピーとみる手記も少なくない。おそらくは国産の鉱石検波器とメトックス式回路の混合だったのであろう。

「見張り用」を軽視する風土

伊藤庸二技術大佐も、電波探知機四七号が日本電気と七欧電気で約二〇〇台が生産されたことは記しているが、その制式化時期は不明であり、最後まで仮装備のままであった可能性も高い。また彼は、超短波、マイクロ波いずれの探知機についても開発に成功するまでの苦労や過程についての記述を一切残していない。マイクロ波電探についての熱っぽい描写とは対照的であるが、二二号電探の改善やつぎつぎと始まる機上電探、航空機誘導装置等の開発業務、頭脳動員された学者、専門家との調整作業、そして島田実験所での「悪名高き」強力電波の研究管理と、眠る暇もないほど多忙な伊藤大佐には探知機の開発をじっくり指導する機会がなかったのかもしれない。

専門のマグネトロンに凝り過ぎて、システムとしての兵器の開発に目を向けなかったという辛辣な評価も受けている伊藤大佐には、逆探よりも電探や強力電波の方に興味があり、またこれらこそ国家の命運を左右する重要技術と思われたことはまちがいない。日本海軍が海洋から追い払われ、軍港の浮かぶ砲台と化した頃には、これも正しかった。逆探が最も必要だったのは日本海軍が海軍として機能していた時期である。だが、運用者の間だけでなく技術者の間でも、伊藤大佐だけでなく電波兵器開発関係者全体においても、逆探は電探よりも軽視されていたのではないだろうか。

日本海軍の攻撃用兵器重視については、伊藤大佐は悔やしさを込めて書き残している。そもそも電探自体が「見張用」という防御的兵器のレッテルを張られていたため、「闇夜に提灯」論とは別にコンセプトの段階から足を引っ張られてきた。ようやく存在が認められてきた一九四二年春でさえも、潜水艦に対空見張り、すなわち対空捜索レーダーを装備する要望を検討する会議において、攻撃用兵器でないという一声に沈黙を強いられたという。また、現物ができ上がってくると要望するようになった艦隊の方でも、電探と逆探をどう使い分けるか、使いこなすかの運用研究は不十分なままであった。

「深海の使者」

ウルツブルグレーダーやジェットエンジンのように、ドイツからの技術移転を図ることは試みられなかったのであろうか。技術移転には、文字どおりのデッドコピー、あるいは問題点解決の一寸した示唆に至るまで幅がひろいが、受けとる側に情報要求の意欲があることが必須の条件である。遠く離隔した日独両国間の技術交流は、「深海の使者」、すなわち両国、時にはイタリアの潜水艦を利用して細々と行なわれた。最初の日本からの使者は伊三〇潜であり、一九四二年八月、日本を出航し、ドイツ占領地であるフランス西岸ローリアンでウルツブルグレーダの実物、設計図と同レーダーの操作、整備を研修した鈴木親太技手を数多いVIPとともに便乗させて帰国の途につくが、シンガポールを出航する際に機雷に触れて沈没する。続いて翌四三年四月、伊二九潜はインド洋上でUボートと合同し、インド独立の志士、チャンドラ・ボースと彼の随員の日本訪問を成功させる。この二件には逆探は登場してこない。

一九四三年六月、ドイツから日本へ寄贈されるUボート（呂五〇一潜と命名され翌年三月末、キールを出港して帰国の途中、アフリカ西海岸沖で撃沈される）受領に要員五〇名を乗せて呉を出発した伊三〇潜は、出港延期してまでも逆探を搭載していた。逆探がないとビスケー湾を突破できないというドイツからの助言によるものである。空中線の取り付け問題をどう解決したかは不明であるが、「雪風」や「神通」が仮装備した超短波逆探E27にちがいない。ところが八月二十日、アゾレス沖でエスコート士官を送り込むU161と会合するや、ドイツ水兵の手でドイツ最新式の逆探が装着された。

和製の数十分の一の大きさの簡単な空中線なので潜望鏡支基の上部にヒョイと取り付けられ、和製の空中線は艦内のハンドルで回転させるのに独製の空中線は艦内の受信機に直接接続させ操作も簡単と記述されているから、これはマイクロ波用の逆探で、浮上するや乗員がハッチの外へ飛び出して受信機からの給電線を接続したのかもしれない。内野艦長は日本の名誉のため和製の逆探を解体させ隠したというから、「今時、ビスケー湾を超短波逆探で通過するつもりか」と思われるのが恥ずかしかったのであろう。

帰国の際には、ドイツ側の好意で最新鋭の逆探を取りつけてもらうが、逆探の主要な真空管の予備は一本しかないためビスケー湾脱出後は使用しなかったので、アスンション島西方で危く撃沈されそうになり、便乗の陸軍武官ラインホールド少佐が厳しく抗議する一幕もあった。生命に引き替えても予備真空管を祖国の技術陣に届けようという心情は、いじらしいほどである。だが十二月初旬にシンガポール、下旬に呉へ到着した乗員は冷たい出迎えしか受けなかった。

何が理由であったかは『深海の使者』の著者、吉村昭氏も触れていない。これは祖国へ無事に帰港した唯一の貴重な「使者」であった。だからドイツの最新式の逆探が日本へ伝えられる唯一の機会でもあった。だが、その逆探はシンガポールで邂逅の後、ロリアンへ向かった伊二九潜に移し換えられ、ドイツへ向かっていた。こんなことなら、もう一つ寄贈してもらってくることはできなかったのかと思われるほどの無念さである。大西洋の戦局の変化から、「使者」はますます危険にさらされることはだれにも予見されていた。

翌四四年二月中旬、伊二九潜はアゾレス諸島南方で伊八潜と同様にUボートの出迎えを受け、さらに新しい逆探を取りつけてもらう。そして潜航ばかりでロリアンに辿り着き、四月に出航する際に便乗したVIPの中には、遣独派遣団員として渡独したままであった電波兵器の専門家、松井登兵技術大佐がいた。そして彼の懇願によってまだ二〇基しか試作されていない探知対象波長一・二〜一二センチの最新電波探知機「チュニス」が譲渡され艦に装着された。これが内地へ無事に届けば、時期的にはやや遅いとはいえ、伊八潜から伊二九潜へ移し換えた装置（松井大佐の記録によると、一二〜一二〇センチ波対象の探知機）以上の価値があったに違いない。明らかに英軍機の三センチ波レーダーに対抗する逆探であった。

七月にシンガポールへ帰港した後、最も機密度の高い兵器の設計図等と便乗者は飛行機で本土へ直行したが、他の資料、装備は搭載されたまま水上航走で出帆し、七月二十六日、ルソン島西北で米潜の待ち伏せで沈没するのである。結局、ドイツの好意で寄贈された逆探は、どれ一つとして日本へは到着しなかった。航空機で送られた「最も機密度の高い兵器の設計図」に最新電波探知機は含まれていなかった。公的な記録として残されている「技術交換の成果」にも、この最新の逆探については一言も触れられていないのである。

日本が求めたジェットエンジンやダイムラー・ベンツの魚雷艇エンジン、音響魚雷、数々の生産技術は、せっかく導入しても製造能力の差が大きくて実現しないものがほとんどであった。最新の電波探知機をもらっても同様だったかもしれない。だが、それがなければビスケー湾への到達、ひいては技術交流自体も不可能となる逆探技術に対する日本海軍の情報要求、あるいは、その優先順位はあまりにも弱く、低かったといえる。

米潜を探知できなかった「信濃」

一九四四年十一月二十九日早朝、横須賀から呉へ回航中に生じた幻の大空母「信濃」の悲運の最後は数々の教訓を残したが、電子兵器開発史の立場から観察しても興味深いものである。時期的にはすべての電子兵器が勢揃いしている「はず」であった。対空だけでなく対水上捜索にも有効な超短波一三号電探に加え、ようやく受信機が安定し、導波管の問題も解決したマイクロ波二二号電探、先に述べた「青葉」の経験が「戦訓資料」となった超短波E27探知機、それにマイクロ波探知機も加わり得る時期であった。

だが不吉な兆候もあった。誇り高く幸運な「雪風」をはじめ三隻の駆逐艦が護衛しているが、フィリピン沖海戦で散々な目にあって帰国してすぐの護衛任務である。全艦長が強行に昼間の沿岸航行を具申したうらには、駆逐艦の電探が良好な整備状態になかったという要因もあったといわれる。

そして前夜の午後八時四十八分、三宅島付近で浮上中の米潜「アーチフィッシャー」のSJレーダは、修理を完了して電波を発射してまもなく、南下する「信濃」を南々西から待ち構える形で捕捉していた。一八ノットしか出せない「アーチフィッシャー」であったが、一二基の缶のうち未だ八基しか使えないため二〇ノットしか出せず、さらにジグザグ航行であった「信濃」と常に並航し、翌朝午前三時十七分、わずか一三〇〇メートルの距離から魚雷を発射する。不幸なことに、この七時間近い追跡劇において、どの艦の電探も逆探も、レーダーを送信しっぱなしの浮上潜水艦を探知していない。

「信濃」の航海の細部については豊田穣氏の『空母信濃の生涯』と「アーチフィッシャー」艦長のJ・エンライト少佐とJ・ライアン氏との共著『信濃！　日本秘密空母の沈没』に集約されている観がある。が、電波兵器の運用については大きな食い違いがある。前者では電探が活用され、怪しい目標も探知したとされているが、後者では、「信濃」艦長阿部俊雄大佐の指導で、「信濃」も護衛駆逐艦もレーダーとアクティブソナーは使用せず、もっぱら逆探だけで航行したことになっている。また戦史研究専門誌『丸』もたびたび「信濃」乗組員の手記を掲載し、その中には逆探の運用を統制する通信長の記録も含まれている。これらの資料を総括すると、残念ながら電探は正常に運用されていない。電波封止のためというよりは、器材の未整備の方が大きな理由ではなかったかと思われる。そして新装備のマイクロ波逆探も、間近から照射する米潜のSJレーダーを探知することができなかった。

4　最大の犠牲を払った潜水艦隊

日本の潜水艦こそ逆探が必要だった

ソロモン諸島での諸海戦において、対水上捜索レーダーはなくても、せめて逆探があればと現場の将兵が願い、後世のわれわれが悔やしがるのは当然である。だが米海軍艦艇に装備されたレーダーも、開戦時期には超短波を用いた対空・対水上兼用の捜索SCレーダーのみであったが、ソロモン戦初期には一〇センチ波の対水上捜索SGレーダーが加わり、SCレーダーでは水上艦艇を一八キロ程度で発見していたのに対してSGレーダーは三五キロあたりから見つけてしまう。

ソロモン戦後期になると、この尖端出力は三〇キロワットから四〇キロワットという強力な値となり、パルス幅も二マイクロ秒から〇・三マイクロ秒に（距離分解能は一〇〇メートルに）、空中線の方位精度も二度から〇・七五度へと向上し、現代のレーダーと変わらないほどにアカ抜けしたものとなる。

ちなみに日本の対空捜索二一号レーダーの出力は約五キロワット、故障続出で苦労した対水上捜索二二号レーダーの出力は、マグネトロン技術が比較的進んでいたというものの二キロワットと一桁低かった。だが一九四四年初め頃にマイクロ波の対空捜索レーダーが登場するまでは、対空捜索にはSCレーダーが使用されたから、これが輻射する超短波電波を受信する意義はあったのだ。コロンバンガラ海戦において超短波用の逆探E27が捉えたのも、この対空捜索レーダーの電波だったと思われる。

とくに必要だったのは潜水艦である。米国やドイツの潜水艦がシーレーン破壊に投入されたのに対し、日本の潜水艦は来攻する敵艦隊の哨戒、触接、邀撃《ようげき》という、より危険な作戦が主任務であった。だからUボート以上に電探、逆探が必要だったのに、それが与えられていなかったのである。英国の対潜哨戒機に搭載された波長一・五メートルの水上捜索レーダでUボートの被害が激増したが、ドイツ海軍は「ビスケー湾の十字架」と称される簡単な空中線と「メトックス逆探装置」でこれを切り抜けた。しかし、英国の基地航空機からの行動範囲では船団攻撃は行なわなかったし、米軍のモロッコ上陸の際も主力艦隊への潜水艦攻撃は効果が少ないとして行なっていない。まさに日

潜水艦搭載用に製作されたマイクロ波レーダーを用いた二二号電探。送信と受信に分かれているが、後に送受信用共用ホーンとなる。

本とは対照的であった。

なお今日では、主として防空分野で「要撃」「迎撃」という用語が使用されるが、戦前は陸海軍を問わず、戦略的または戦術的な待ち伏せを「邀撃」と称した。要撃は当て字であり、自衛隊では要撃管制のように正式な用語となっているが、本書ではひろく定着している迎撃（戦闘機）を採用している。

『伊号五八帰投せり』の著者、橋本以行中佐の記録によれば、潜水艦乗りから見た日本の電波兵器は残念でならないものであった。一九四三年二月、水上艦艇捕捉用電探（橋本中佐の原文のまま）の実験準備中の伊一五八潜艦長として着任したが、成績芳しくなく、浮上潜水艦に対して前後方向から二〇〇〇メートルで存在が分かる程度であり、水上艦艇には装備されて好成績だったが、潜水艦なるがゆえに防水絶縁をしたパイプ内の水の排水等の問題が多く、能力発揮が阻害されて採用にならず残念であった由を記録している。伊藤技術大佐の乗艦も記されているから、これは二二号電探の実験にちがいない。

これが伊藤大佐にとって初の潜水艦乗艦であるのを驚いた橋本中佐は、技術研究所と艦隊の間に介在する艦政本部員の官僚主義的な妨害に遭いながらも運用者と技術者との間の障害を取り除き、大がかりな訓令実験のまえに技術者がもっと手軽に潜水艦を訪れて予備実験できる体制を作ろうと努力するとともに、レーダーに限らず、兵器の完全な発達を待たずに仮採用し、運用しながら改善していくことを強く主張した。しかし、聞き入れられない。水上艦艇ならそれも可能であるが、水上艦艇への仮装備でさえも、「すぐに故障する電探、武人の蛮勇に耐えられない（取り扱いが難しい）電探などはないほうがましだ」という声の方が強かった。潜水艦となると艦内は狭いし、防水や絶縁の問題がつきまとうから、仮装備させてもらう条件は水上艦艇よりも厳しくなるのである。

北方作戦の悲劇

橋本中佐の意見が葬られた審査委員会が開催中であった五月、米軍はアッツ島へ上陸した。霧の多い北方こそ電探装備艦が行くべきなのに、そうでない伊一五七潜がキスカへ向かって霧の中で座礁してしまう。電池や重油まで捨てたおかげで奇跡的に離礁し、水上航海で離脱したが、この頃、ようやく潜水艦についても「電探などないほうがまし」から「あった方がまし」に空気が変わるのである。

六月には潜水艦によるキスカ撤退作戦が始まり、北方潜水部隊所属一七隻中、一三隻が作戦に従事し、延べ一三回で八二〇名の輸送に成功したが、伊二四潜はアッツ島のチチャコ港へ退避した連絡員収容を六月上旬三回も試みた末、失敗し消息不明となった。伊九潜はキスカ向けの二回目の輸送中の六月十日、哨戒艇に霧中より砲撃を受け撃沈される。伊七潜は三回目の輸送で六月二十一日、キスカのベガ湾到着後、哨戒艇と交戦して司令も艦長も戦死した上、湾内で擱座し、翌日離脱したが霧中から駆逐艦三隻の不意の砲撃を受け、再び擱座したまま集中砲火を浴びて乗員の大半は戦死する。

この悲壮な最後を伝える伊七潜からの打電により、潜水艦による撤収は即日中止されたが、海軍軍務局長は電報をわしづかみに「なぜ電探を装備しなかったか」と潜水艦本部に怒鳴り込んだという噂が流れたと橋本中佐は記している。他にも三隻が霧中から不意に砲撃され、急速潜航で難なきを得たケースがあり、以後はさしあたって逆探を装備し、急速に対水上捜索電探を潜水艦にも装備することになった。

橋本中佐の記録では、敵に受信される恐れのある電探はなるべく使用をひかえ、安全な逆探を主用すべしという理論家の艦長もいたが、大多数の艦長は、受信率の低い逆探よりも電探を主用して積極的に完全な情報を取得する方を望んでいたという。電探推奨派の橋本中佐が、「逆探はキスカ作戦で落第ずみ」と酷評しているのは、マイクロ波のSG対水上捜索レーダしか使用されない霧中の戦いに、有効性の低い超短波逆探E27を仮装備した潜水艦が参加したことを物語っている。

間に合わなかった空中線の改良

だが松井少佐の談話によると、一九四三年末、第六艦隊（潜水艦隊）の要望する二二号レーダーの搭載は、水上艦艇にも共通する導波管（マイクロ波のための特殊な給電ケーブル）のトラブルに加え、設置のための防水壁の貫通や空中線の水流抵抗を低減し、かつ水圧にも耐えるものにする機構的な問題もあって難行した。空中線の諸問題は、探知機E27の取りつけでも同じであったという。しかも、こちらは浮上せずに受信したいと運用者がいうので、電探とは別の難しさがあった。電探にしろ探知機にしろ受信感度が低いのは、空中線の実効高が低く（空中線は妨害物がなく高く張り巡らせてあるほど効率がよい）、また海水に浸された空中線の絶縁性が著しく低下するためである。

谷少将は、性能不十分なのを承知で潜水艦乗員に精神的な信頼感を与えるために探知機を装備したと記している。技術屋としては堪え難い気持であったことが窺われる。松井少佐によると、導波管が不良なので代わりに高周波ケーブルを作って試みたが、やはり一〇センチ波になると有効ではなかった。一九四四年末になって呉工廠で伊五八潜に超短波の対空兼対水上捜索一三号電探を搭載し、短波マストと呼ばれる短波通信の無指向性空中線に接続したところ、約五〇キロ先の航空機を探知できることが判明した。

伊402潜艦橋に搭載された各種レーダー。ラッパ状のものは二二号電探、その右は八木式一三号アンテナ、左は逆探である。

航空機を探知した潜水艦は潜水して退避するだけだから、とりあえずは方向は不明でも差し支えない。他の記録では、一九四二年から提案されていたもので遅まきながら普及させることになったという。したがって、戦史関係の文献にたびたび現われる、「一三号電探と二二号電探を装備した潜水艦」という八木空中線と電磁ラッパ（ホーン空中線）を司令塔に取りつけた写真は、戦争末期の状況であろう。短波マストが正式装備だが、工廠に頼みこみ、八木空中線を取りつけて切り替え式に改造したという例も報告されている。伊五八潜による米重巡「インディアナポリス」の撃沈は肉眼で行なわれたが、その裏には、この二種のレーダーによる生存性の向上があった。

電探に関する事項は絶対に書き落とさない橋本中佐の記録では、短波マストの利用実験が一九四三年末には呉工廠で行なわれ、海軍技研は技術的な障害克服には楽観的だったが、呉工廠の技術員は落第点をつけたという。そして、この年末も電探がないままで橋本中佐の艦は南方へ出撃している。

逆探用空中線についても同様の方針が適用され、浮上すると空中線を持った水兵がハッチから外へ飛び出すという、一見原始的だが確実な方式が採られるようになった。マイクロ波逆探用に球型空中線が試作されたのは終戦寸前の一九四五年七月であり、完全に間に合わない技術になっていた。潜水艦用の電探や逆探の開発において、本体だけでなく空中線も開発のネックの一つだったことは案外知られていない。

潜水艦のマリアナ海戦

アリューシャン列島における霧中からの不意打ち射撃による沈没に劣らず悲惨なのは、「あ」号作戦においてマリアナ諸島海域で敵艦隊の哨戒および邀撃任務についていた潜水艦隊の運命である。米軍が対空捜索レーダーで早期に日本機の来襲を探知して待ち構える中へ、未熟な飛行技術のまま飛び込み、「マリアナ沖の七面鳥撃ち」によって雲の墓標を重ねていったパイロットたちの悲劇は比較的良く知られている。だが、ある程度の逆探機能があれば確実に損害が減らせたと思われる潜水艦隊への挽歌は十分に語られていない。

米機動部隊が意表をついてマリアナ諸島へ来襲した一九四四年六月十一日、マリアナからマーシャル群島にかけて哨戒、在泊あるいは輸送任務についていた稼働可能な潜水艦の数は一八隻であり、第一機動艦隊が完敗した六月二十日までにさらに三隻が呉から出撃している。サイパン方面の哨区を変更する作戦命令が打電される六月二十二日まで一〇日あまりの間に、呉から駆けつけた伊一八五潜を含めて八隻の潜水艦が失われたが、その半分の四隻は水上艦艇からレーダーで探知されて沈められている。米哨戒機の攻撃で沈没したのは二隻であるが、これも機上搭載レーダーで発見されたと仮定すると、なんと八隻中、六隻がレーダーによって失われたことになる。

この米軍マリアナ来攻前の五月二十二日頃、トラック島南方海上で南東方面から進行すると予測される米機動部隊を遮るように約一〇〇キロ間隔で直線に散開していた七隻の日本潜水艦が、つぎつぎと米駆逐艦のハンターキラー・グループの餌食となって一週間の間に五隻が沈められてしまった。米軍側は哨戒機の発見、潜水艦の無線発信を利用した方位測定、日本側の意図の推測等によって散開線を割り出し、後方投下型である従来の爆雷に代わる前投型の新兵器「ヘッジ・ホッグ」で止めを刺しているが、すべてレーダーで探知している。発見時刻はいずれも深夜、あるいは早朝であるから浮上航行中を探知されたことはまちがいない。

さらに南寄りの海域で五月十九日にソナーで探知され沈められた一隻を加えると、「あ」号作戦中、戦闘行動で失った潜水艦は一三隻（その他に二隻が離島への輸送中に消息不明）に上り、そのうち一一隻が哨戒機または艦船のレーダーで発見されて攻撃されたと推定される。

その後もサイパン周辺で作戦中の五隻の潜水艦が未帰還となり、「あ」号作戦に参加した潜水艦三六隻のうち二〇隻が失われ、しかも戦果は皆無であった。

前年のギルバート作戦で潜水艦六隻が未帰還となったのを反省して第六艦隊司令部がまとめた教訓の一部に、

「三、敵の対潜警戒がとくに厳重となる海域に比較的多数の潜水艦を集中した。

四、敵情変化に応じて配備位置を変更するのは当然だが、あまりにも過敏で無駄な移動を強いた結果、位置を敵に暴露したおそれがある」

という箇所があるが、マリアナ海戦においても上級司令部は同様の誤りを犯し、危険海域に直線で散開させたり、たびたびの配備変更を指令して結果的には損害を多くしている。とくに米軍が、「電波探知優勢」の態勢にある中で水上走行を強要して新しい指定場所へ移動させるのは、まともな逆探装置を配備してでも危険であるのに、マイクロ波レーダーに対応できる逆探装置もないままの配備変更などは自殺行動に近いといえる。

また、前述の教訓の最後に

「五、敵の対潜兵器の進歩は予想されるが、その具体的状況は得られていない」

という表現があるのは米軍のレーダーについてコメントしたものである。もはやレーダーは雲をつかむような漠然とした概念ではなく、われの対水上捜索マイクロ波レーダー（二二号電探）の実験も進んでいたし、間一髪でセーフとなった具体的状況も報告されているのだから、もう少し強くレーダーの脅威を警告するとともに対レーダー戦法を真剣に検討する必要があったと思われる。

コラム⑦●日本潜水艦喪失の原因別内訳

開戦時保有した62隻、開戦後建造の117隻にドイツから譲渡あるいはドイツ降伏後に接収の８隻を加えて戦時中に日本海軍が保有した潜水艦は187隻であり、老齢のため除籍された２隻と終戦時まで残存した58隻を除く127隻を失った。その原因別内訳はつぎのとおりである。

事故	６隻	水上艦艇の攻撃	67隻
原因不明	24隻	航空攻撃（航空機との協同を含む）	10隻
潜水艦の攻撃	17隻	触雷	３隻

大西洋におけるUボートの損害内訳と比較すると航空攻撃による犠牲は少なく、大半は水上艦艇の攻撃である。被発見から攻撃を受けるまでのリードタイムは航空攻撃の場合よりも長いだけに、信頼性の高い逆探が搭載されておれば残存性が大幅に向上したのにと惜しまれてならない。

当時、ドイツ潜水艦隊では、米英の対潜哨戒機搭載レーダーが同じマイクロ波でもＬバンドからさらに波長の短いＳバンドに更新されたにもかかわらず、それに適合する逆探装置が開発されないので、自衛手段として以前の夜間浮上に代えて日出没時に浮上充電する戦法に切り換えていた。夜間だと哨戒機はレーダーで潜水艦を探知できるのに潜水艦側が敵機の接近に気づかないからであるが、この戦法は訪独潜水艦にも伝えられていたのである。ところがマリアナ海戦でレーダー探知の犠牲となったわが潜水艦のほとんどが夜間走行中に発見されたのであった。

「早朝に発見」と米軍資料に記録されている例も三件あるが、撃沈時刻から逆算すると、これは英語の「早朝」、すなわち夜半過ぎのニュアンスである。呂一〇六潜だけが明け方の午前六時五分に発見されている。米艦隊のハンターキラー・グループの中でとくに猛威を振ったのは駆逐艦「イングランド」であるが、五月二十日から三十日までに上記の呂一〇六潜も含めて五隻のわが潜水艦が犠牲となった。潜水中にソナーで探知されたのは一隻だけで、他の三隻は彼女のレーダーに、一隻は哨戒機の、おそらくレーダーによって深夜あるいは明け方に浮上中を探知されている。

第三章　知られざる本土警戒体制

1　世界にもまれな日本陸軍の電波バリアー

木製飛行機を捉える

日本海軍の電波兵器開発関係者の証言には、「陸軍の方がレーダー研究ではるかに進んでいた」という書き出しが少なくない。一見、謙虚と礼節に満ちた外交辞令に受け取れるが、対空監視を旨とする陸軍の場合には「闇夜に提灯」論の呪縛がなく、少し早目に堂々と着手していたのは事実である。だが、最初から最後まで日本の電子部品、とくに電子管の製造技術の低さに泣かされたのは海軍と同様であり、また研究の途中で発見された電波干渉現象を利用して、ワンワン方式と俗称される世界にもまれなバイスタティック・レーダー（英国も一時期は研究したが不採用）を開発し装備化にまで進んだ結果、オーソドックスなパルスレーダーの本格的な開発のスタートは二年ほど遅れ、海軍とほぼ同じ時期になっていた。

送信装置と受信装置を意図的に離隔する最近のバイスタティックレーダーとやや異なるが、連続波の電波ビームを横切る移動体が生じる反射波と直接波が干渉することによる唸り（ドップラー音とも表現）現象を探知に適用した簡単な電波バリアーで、航空機が近くを飛ぶとテレビ画像が乱れる現象と同じ原理である。計画的に開発したものではなく、テレビジョン開発の一環として超短波の伝播実験中だった日本電気の技術陣が、偶然発見した現象への好奇心から発展したと伝えられる。

陸軍科学研究所が電波を通信以外の用途に利用する研究を開始したのは一九三二年、さらに航空機探知を課題として研究を促進し始めたのは三八年春で、研究の中核となったのは佐竹金次工兵少佐、補佐役は新妻清一工兵大尉（いずれも当時）である。海軍技術研究所のレーダー研究の中核、伊藤庸二造兵中佐が東大工学部を卒業した生粋の電気工学者であるのに対し、この二人は兵科ではあるが士官学校を終えてからおのおの京大工学部と東大理学部に員外学生として学んだ俊才であった。

のちに佐竹大佐は、レーダー開発に直接責任を負う、新設の陸軍多摩技術研究所第三科長となり、海軍における伊藤技術大佐に対応する地位を占める。満州の電離層観測施設の整備を終えて帰国した新妻中佐（のちに防衛庁技術研究本部第一研究所第一部長）は、多摩技術研究所で再び佐竹大佐を補佐する巡り合わせとなるが、昭和の技術史は、むしろ新妻中佐を原子爆弾研究のコーディネーター役として登場させることが多い。

彼らが抱いていたコンセプトを実証するのに必要な、航空機からの反射波が明瞭な電波干渉として初めて確認されたのは一九三九年二月、官民の研究者が協力して栃木県那須の金丸が原演習場で実施した伝播実験においてであった。山の上に鉄板製の反射板を置き、それによって三メートル波（周波数一〇〇MHz）の電波が反射するのを確認しようとしたところ、何と金丸が原の飛行学校分校から舞い上がった練習機からの反射電波が先に確認されてしまった（機体は木製である！）。

ワンワン方式の「甲」登場

これに勇気づけられて、その夏から大規模な実験が始まった。五月に完成した強力な試作送信機によってまず日本電気の玉川研究所から、つぎは場所を登戸近くの生田分所（現在は専修大学キャンパス）に移して、わざわざ建てた高さ一五〇メートルの鉄塔から送信するというものである。立川飛行場付近を飛びまわる陸軍機の反射波はすぐに確認されたが、受信可能な範囲を確定するため、信州の赤倉や箱根の十国峠、沼津の香貫山などへ出向いて受信試験が行なわれた。

日華事変の勃発で中止となったが翌四〇年には東京オリンピックの開催が予定されていた。その際には、すでに米国で実験放送が開始されているテレビジョンを日本でも独力で放送し、日本人が、もはや「東洋の黄色い猿」ではないことを世界に示そうという意欲的な計画があったから、NHKや日本電気、東京芝浦電気（東芝）といった放送・無線機メーカーは強力な超短波送信機の製作や伝播実験に熱を入れていた。だからこの実験も、テレビ開発に携わる関係者にとっては軍事・非軍事共用の「汎用研究」だったといえる。

新妻中佐の記憶では、十国峠よりも香貫山の方が成績が良く、それは十国峠では直接波が強すぎるため干渉による唸りが得られないためと解釈された。佐竹大佐の記録では、一九三九年の暮れに香貫山へ阿南陸軍次官（終戦時に陸相、自決）の視察を受けたものの、前夜の風雨で天幕は吹き飛びアンテナは切れて惨憺たる状況であったが、羽田から大阪へ向かう旅客機が接近するや、その反射波が見事な干渉音を発してくれたのでホッとしたという苦労談がある。「翌年の研究は一段と強化され」と付け加えられているが、次官が沼津まで視察に来るのだから海軍のレーダー研究者には羨ましかったにちがいない。

だが、この後の陸軍レーダー発展の状況は、開発に携わった技術者たちの記録と『戦史叢書』ではやや異なる。『戦史叢書』の方は性能や実用性について、かなり控え目な評価となっている。電波管理委員会が戦後まとめた『陸軍無線史』によると、この研究は一九四〇年四月には科学研究所から開発の実務機関である技術本部第四部に移管され、本格的な兵器化研究に入った。開発段階へ進んだといっても全面開発ではなく、現代の用語を用いるとフィージビリティの研究からテクノロジー開発に移行したというのが実態であろう。だが、海軍よりも積極的な姿勢であったのは確かである。

運用の場で必要な信頼性、耐久性を付与して量産する兵器（あるいは商品）と同じものを試作するのが全面開発あるいはエンジニアリング開発であるのにに対し、その一歩手前の、兵器（商品）としての可能性をめざす試作がテクノロジー開発であり、これを研究段階の最終と見るか開発段階の立ち上がりと見るかは国によって区分が異なっている。当時は明確な境界が定義づけられていないが、戦局の関係でテクノロジー開発程度の段階であっても仮装備し、現場で手直ししながらエンジニアリング開発に漕ぎつけることが少なくなかった。

「電波警戒機甲」の原理

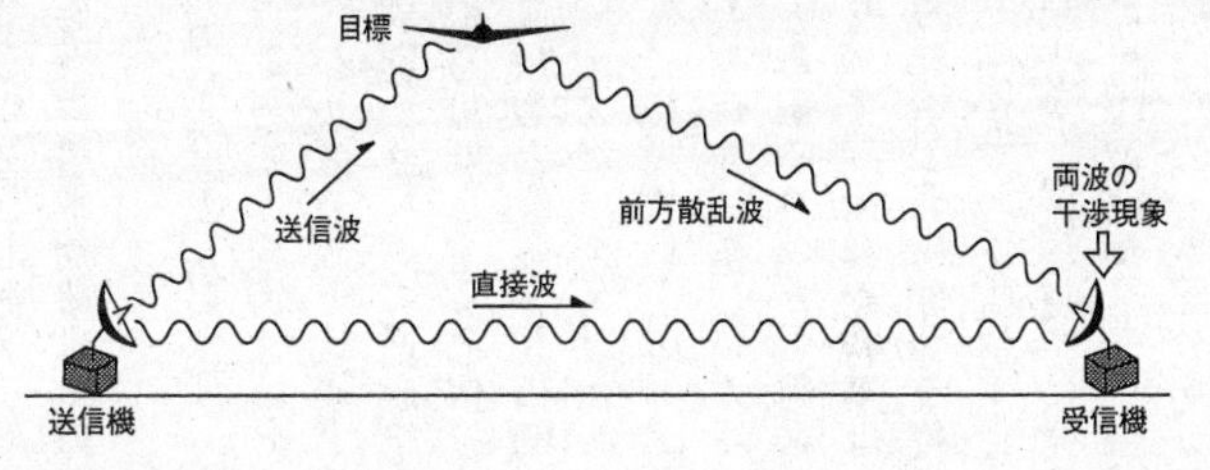

技術本部へ移管されたこの干渉式電波警戒機の実験は、それまでの高出力（一〇〇ワット以上）のものだけでなく低出力のものについても翌年、翌々年に積極的に行なわれ、これと並行するように、早くも一九四〇年十月には実用試験を兼ねて一〇ワット二台と三ワット二台とが中国派遣軍に配備された。正式名称は「超短波警戒機甲」である。そして開戦の翌日である四一年十二月九日には一〇〇ワット二台、一〇ワット八台、三ワット四台が南方軍に交付されているが、当然のことながら仮装備と考えて良いであろう。

どの出力においても四五ＭＨｚから七五ＭＨｚ間（波長七～四メートル）の一波を選択し、これに可聴音である五〇〇Ｈｚの変調をかけて送信するので、干渉現象が生じると五〇〇Ｈｚの音が唸りを生じるのである。この唸り音が「ワーンワーン」と聞こえるので、「ワンワン方式の警戒機」と俗称された。

四〇〇ワットの出力で浜田と朝鮮の浦項、萩と朝鮮の蔚山を結ぶ実験（浜田―蔚山、萩―浦項とする記録もある）が行なわれ、対局が見通し線以下でも電波の回析現象により受信可能で、かつ探知可能という良好な成績を収めた。また新妻中佐は、能登半島と北海道、朝鮮を結ぶ雄大な電波バリアー構築構想があったことを認めている。明らかに警戒対象はソ連から発進する爆撃機である。

「ワンワン方式」の弱点

ワンワン方式は経済性はあるが、パルス方式の「電波警戒機乙」が登場すると急に影が薄くなる。パルス方式と比較すれば明らかに使いにくい。探知した目標の数も不明だし、移動方向も判別できない。通過する友軍機が、そのつどキチンと通報してくれなければ、そして、その通報を可能とする通信システムが備わってなければ、敵味方識別は不可能でありアラームは鳴り放しとなる。技術的には合格でも実用的には不合格となる兵器の好例であろう。

だが、ダメだ、ダメだとケチをつけないであっさり仮採用するのが、陸軍の面白いやり方でもある。パルスレーダーが登場するまでの「つなぎ」と考えたか、ないよりはマシと考えたかはともかく、新しい火器の性能や戦車の重量に対して示してきた厳しさに比べると、海のものとも山のものとも判らない電波兵器に対してはかなり鷹揚ともいえる。兵器らしからぬ兵器なので、火器や戦車ほどにはうるさく審議されなかったのかもしれない。

開戦翌年の二月に開発を終了した超短波警戒機甲は、四〇〇ワット一二台、一〇〇ワット一四台、一〇ワット五五台、三ワット四八台、総計一一九台が日本電気（一九四三年二月、住友通信工業と名称変更）に発注され、同年秋までに一応の配備を完了する。焦点となるべき南方軍には小型ばかり一三台、中国大陸にはまったく配備されず、主力は内地に、そして満州には約三分の一も配分するというアンバランスぶりは、やはり外地向きではなかったためと、依然としてソ連の長距離爆撃機の襲撃を警戒していたためである。

よくもこんな低出力で探知できるものだと呆れてしまうが、十国峠の例にあるように、直接波が強すぎると干渉現象を検出するのが難しいから弱電波でちょうど良かったのかもしれない。ちなみに新妻中佐の記録では、一九三九年、日本電気の試作させた送信機の出力はほぼ三〇キロワットという物凄い出力であった。日本電気の社史に、電波警戒機甲開発の一環として強制空冷真空管を用いた波長三メートルで出力二〇キロワットの連続波送信機が試作され、しかも発電機と併せてトラック二台で一組となった野戦用であったことが記されているのも、これを裏づけている。

現代の早期警戒レーダーでも尖端出力こそ一メガワットに達するが、平均出力は二〇キロワット程度であるし、当時開発中のパルス式レーダーだと尖端出力でさえ五〇キロワットであるから、連続出力二〇キロワットというのは放送局や国際無線局なみで、野外では大変な出力である。そんな出力は不要で、わずか一〇ワット程度でも干渉現象が検出できるということが判明したことも研究の大きな成果であろう。

出力と警戒線の有効長の関係は、『陸軍無線史』によると一〇ワットで八〇キロ、二〇ワットで一二〇キロ、一〇〇ワットで二〇〇キロ、四〇〇ワットで三五〇キロ（三ワットは記載なし）とされており、重量〇・一トン〜一トンという軽便さである。警戒線を目標が横切るだけでなく、沿うように飛行しても検知できるし、目標の移動方向を知るにはネットワークを増やせばよい。問題は探知率と誤探知率である。残念ながらこれを伝える記録は残っていないが、この数値こそ最大の機密だったのかもしれない。

日曜日の朝となるであろうと推定し、十分な迎撃処置を当日は取っていなかった。しかし通信や連絡にオチはなかった。横須賀海軍工廠の通信実験部長であった谷造兵大佐は、当日登庁して横須賀鎮守府から伝達された警報を知り、3月に衣笠防空砲台へ配備されたばかりの海軍で2番目の11号対空捜索レーダーが初の実戦を体験する好機であると判断、工廠から技術員を派遣することにしたが、その時間も夕刻後と考えていた。そして来客と水交社で会食中に爆撃に遭う。房総の勝浦に設置されていた1番目のレーダーは役立たなかった。また、これを補完するための海上警戒線もつくられないままであった。奢りにもとづく「まさか！」である。

首都防空に責任がある東部軍（東京以北担当）は、古い九七式戦闘機2個飛行隊を持つだけだったが、機種を双発夜間戦闘機屠龍に交換中であった。当日は、なけなしの6機を柏飛行場から発進させて高空で待ち構えていたが、日本にも当然レーダーがあると思った米軍側が超低空で侵攻したため会敵できなかった。

ことが再発しないよう、中国大陸では浙江省の飛行場を占領する浙贛作戦がさっそく開始されたり、ミッドウェー作戦に反対であった陸軍が、東方海上に哨戒基地を確立する意義を認めて同意するなど、ドーリットル爆撃は爾後の作戦にも大きな影響を与えた。

コラム⑧●ドーリットル空襲

東京から1100キロ余り東方の日本近海に進出した空母ホーネットから発艦したドーリットル米陸軍中佐指揮の日本本土爆撃隊（特殊な改造をほどこした陸軍のB25双発爆撃機16機）は、日本海軍機の真珠湾攻撃やイタリアの実験機ＳM75による日本への無着陸飛行と並ぶ第２次大戦で最も劇的で勇敢な飛行の一つを実施した。この中距離爆撃機は任務終了後に元の空母へ着艦することはできず、航続距離（白紙的には2200キロ）ぎりぎりの中国南部、浙江省の玉山、麗水飛行場等へ無線航法支援もないまま自力で到着しなければならず、しかも、日本への接近は燃料消費の多い低空侵攻であった。もちろん１機の護衛戦闘機もいない。

だが、東京、横須賀、名古屋、神戸等への分散爆撃は、1957年のスプートニック・ショックが米国人に与えたのに劣らない衝撃を日本人に与えた。これは「勝って兜の緒を締めよ」と国民に呼びかけていた国家指導者にとって、またとない教訓であり、精神面のみならず本土防空システムや指揮統制通信の弱点を明らかにする絶好の機会でもあった。

それにしても、迎撃に十分な時間的余裕が日本側にあったことは案外知られていない。４月18日払暁、わが哨戒艇「第23日東丸」が西進中の敵機動部隊を発見、警報を打電したが（その直後に撃沈）、関係者は艦載機の航続距離を考慮して空襲は翌、

日本の首脳部が、この警戒機甲に最も期待をかけたのは、一九四二年四月十八日のドーリットル空襲によるパニックのあとである。一〇日後の天長節（天皇誕生日）に再攻撃でも受けては大変と、東条首相は陸相として警戒機の緊急配備を東部軍司令官中村孝太郎大将に示達し、ようやく前日の四月二十八日に下田、大島、白浜、勝浦、銚子、磯崎、小名浜の七ヵ所での緊急配備を完了させている。このワンワン方式への「道草」が、どれほど人的資源、物的資源、そして時間を浪費したか、あるいは英独ともにレーダー開発に国運を賭ける欧州の厳しい防空情勢と併せて電波警戒機の必要性を首脳部に示す功があったかを論じるのは難しい。だが陸軍は、超短波警戒機甲にだけ関心を注ぐのではなく、それを配備しながら、四一年にはオーソドックスなパルスレーダー、「要地用超短波警戒機乙」を開発して翌年六月には銚子に配備した。性能はともかく、米国に二年足らずの遅れであった。

2　マイクロ波レーダーには手を出さず

パルスレーダー開発の進展

陸軍のレーダー開発の特徴は、途中で道草は食ったものの、一応、パルスレーダーのコンセプトを正しく確立し、まずメートル波の対空捜索レーダー開発から始め、最初から難問のマイクロ波に挑まなかった点があげられる。当時、日本の電子管技術では波長が短くなるにつれ送信出力も受信感度も不安定になり、波長一・五メートルあたりが限度であったから、技術の壁に挑むという挑戦意義はないが、着実なレーダー開発を行なったといえる。だが米英やドイツとのちがいは、最後までマイクロ波レーダーに到達できなかった、正確に表現すると、到達できたときには終戦となっていたという点である。

もっとも陸軍の誰もが最初からマイクロ波レーダーに興味を持たなかったのではなく、火器管制器材の能力向上を図るグループ（技術本部第二部）は、海軍と同様、世界一のマグネトロンに着目し、これで発振させた二〇センチ波を用いた対空射撃管制レーダーを対空捜索レーダーと併行して開発したいという希望を持っていた。金丸が原の実験においても、超短波だけでなく二〇センチ波についても電波伝播の実験が行なわれていたのである。

幸か不幸か二〇センチ波では、例のワンワン現象は起きなかった。これは、波長が短いので直接波が見通し線外へはまったく回折しないのと、なにしろ出力が低いので反射波はおろか直接波を検出するのがやっとであったからであろう。

道草も食わなかったが、「目標を発見するだけではダメだ、やはり火力と直結させて撃破しなくては」と火力に結びつける思考は、海軍だけでなく陸軍でも有力であった。だから、超短波を用いた対空捜索レーダー開発が一段落すると、直ちに超短波利用の対空射撃管制レーダーや機上射撃管制レーダーの開発が開始された。

超短波では高性能の射撃管制レーダーは得られないことが予測されたが、地上型にしろ機上型にしろ、陸軍技術陣はマイクロ波の応用は研究段階に止め、超短波の波長を少しずつ短縮する方針でこれに挑んだ。しかし、試作はしたものの実用性を欠いたり、精度が不十分で量産に移行できないまま、あるいは生産工場が戦災にあったりしているうちに終戦を迎えるのである。海軍とやや異なる、この陸軍のパルスレーダー開発状況を概観してみよう。

『陸軍無線史』によると、陸軍のパルスレーダーの研究は一九四一年初めに開始され、秋には試作が早くも完成し、十月から開始した試験の結果も良かったので試作第二号を銚子に設置することにして直ちに工事を始め、翌四二年六月に設置を完了している。また、陸軍科学研究所が日本電気に試作させた四・四メートル波（周波数六八MHz）、尖端出力五キロワットのパルスレーダー実験セットが、四一年七月、生田分所から送信し約一五キロ離れた立川上空の航空機を探知して、日本で初めて対空捜索パルスレーダーのフィージビリティを実証したという別の記録もあるから、この研究試作の高出力化を図って開発試作としたのかもしれない。

少しずつ上がる探知能力

日本電気へ入社してまもない森田正典技師（のちに同社専務）は、開戦寸前には波長四メートル、尖端出力五〇キロワットで二〇〇キロ先の航空機を探知できるようになったことを、また、日本無線の中島茂技師（当時、開発部長）も、まもなく尖端出力が五〇キロワットに向上されて三〇〇キロ先の航空機探知が可能となった警戒機が五台実戦配備され、さらに三・七メートル波（周波数八〇MHz）による改良型が開発、配備されたことを書き記しており、少しずつではあるが波長が短くなり、そして出力は大幅に伸びているのが分かる。

海軍の超短波電探が野比でフィージビリティを確認するのが四一年九月、勝浦の電探一一号が兵器として航空機を探知し始めるのも開戦寸前で完全な運用状態に入るのが四二年夏（ドーリットル爆撃隊探知には失敗）であるから、日本電気の技術に支えられた日本のレーダー技術は、陸海軍の差はなく、ほぼ同じペースで進んでいたといえる。

陸軍は海軍に比べるとはるかに「民主官従」的傾向が強く、航空機や電波兵器を開発した陸軍の試作や試験は、もっぱら受注企業の研究所や工場で行なわれた。もっとも海軍においても、勝浦電探のような軍のサイトで技術試験や運用試験が開始したとはいえ、実質的には日本電気の技術陣によって試験が行なわれていた。陸海軍ともに火器弾薬、戦車、艦艇の開発では「官主民従」であったが、製造技術や量産は民間に依存せざるを得なかった。

奇妙なことに、パルスレーダーの実験に移行しても依然としてバイスタティックレーダーの名残があり、日本電気玉川から送信して生田で受信したり、生田から送信して白子（宇都宮から一〇〇キロ遠方）で受信して宇都宮付近の航空機からの反射波を確認したりしている。放電管を利用した送受切り替え装置がまだ登場していないので、送受別々のアンテナが必要であるとはいえ、二〇〇キロというのは離れすぎる。これは、航空機で反射されて前方へ散乱する「前方散乱波」の方が、後方へ散乱して発射源の方へ帰って行く「後方散乱波」よりも高感度と考えたためであろう。

現在でこそ、小型機を断面積の小さい前方から照射しても十分検知可能な「後方散乱波」を得ることがよく知られているが、このような場合に、はたしてまともな「後方散乱波」が戻ってくるのか、当時は疑問視されていた。日本の電気学会でレーダーのコンセプトの可能性についてたずねられたある専門家が、「大海のたくさんの魚の中から特定の魚を選び出すような難事業だ」と比喩したのは、この検出の難しさを示すものである。メートル波で航空機を照射した場合には、機体や翼の長さや幅が波長の半分、あるいは四分の一であれば電波に共振して比較的強い反射信号を送り返す。この現象に着目して、あえて「難事業」に挑んだ者だけが、後方散乱波を検出することができた。

国産技術の結晶「警戒機乙」

日本無線の設計部次長であった津田清一氏の『幻のレーダー、ウルツブルグ』によれば、この「要地用超短波警戒機乙」の周波数は六八、七二、七六、八〇MHzの四波切り替えという凝った方式であり、送信空中線は高さ一八メートルの固定式、受信空中線は探知した目標の方位を知るために手動回転式となっている。四二年五月、フィリピンのコレヒドール島要塞で発見された米陸軍のSCR525型ラジオロケーターを参考にして仕様変更されたとつけ加えられているが、米軍や英軍の鹵《ろ》獲《かく》品を参考にしたのは警戒機乙よりも、それに続く電波標定機であろう。

日本電気の玉川研究所副所長（のち所長）、小林正次氏が東芝の電子

陸軍タチ六号送受信アンテナ。左は巧妙に樹木に隠された送信用、右は受信用で複数の機器で方位を決定した。陸軍の代表的な対空捜索レーダーで最大感度法で方位精度は５度に達した。右ページは送信機電子装置。上写真左は電源装置、右は運転ユニット。下写真は実際に使用された状態の操作盤上。

工業研究所長、浜田成徳氏とともに、シンガポールで二月に英軍から図面を入手したＳＬＣ（サーチライト・コントロール）レーダーや、これより高性能のＧＬ（ガン・レイイング、射撃照準）レーダーの残骸を視察するよう陸軍から要請されたのは五月十九日、帰国して部長会議に報告するのが七月二十八日である。当然、陥落してまもないコレヒドールのＳＣＲレーダー（これは高射砲とは直結しないので日本側は警戒機と表現）も調査しているが、この南方視察の間に、すでに銚子の警戒機乙は運用開始され、量産も始まっている。

だから、少なくとも固定式の「要地用超短波警戒機乙」については、日本だけの技術、正確には日本電気のシステム設計と東芝の電子管技術で造り上げたと自負してよいであろう。そして、これをグレードアップする改修は完成後も続けていられるが、本土空襲の際は大いにあてにされ、終戦のときも増設中であった。「日本のレーダーは遅れていた、お粗末だった」というだけでなく、たった一年でフィージビリティ検証から運用開始へ自力でこぎつけた快挙を、技術史の上でもっと評価するべきではないだろうか。もっとも運用状況は満点ではなく、電子管の寿命が短く補給も乏しいので連続運転は行なえなかったし、四五年三月の東京大空襲の際も、北風が吹き荒れて警戒機は満足に作動していない。

一番打者であるのに、なぜか大きな冠数字、「タチ六号」という秘匿名称で日本電気に生産させた台数は、津田氏によると四一年四台、四二年九〇台、四三年四八台、四四年一一七台、四五年五〇台と約三〇〇台にのぼったが、これは完成台数ではなく着工台数であり、一九四一年の四台も試作と並行して先行生産に着手した数であろう。銚子に配備された第一号が運用可能となるのは四二年六月であるが、ドーリットル空襲の際、敵機は試験中の一号機の真上を通過したといわれる。

四二年八月には、この銚子レーダーに続いて五〇キロワットと一〇キロワットの二種各四台が納入されており、一〇キロワット型二台はスマトラのパレンバンへ発送されて翌年一月には運用を開始している。だが、すべての「要地」からの要求に応じるのは難しく、ラバウルでさえ五〇キロワット型が配備されたのは四三年五月となっていた。ドーリットル・ショックで本土を優先させたのである。

四三年八月にニューギニアのウエワク基地が集中攻撃を受け、わが第四航空軍の約五〇機が大破・炎上、約五〇機が中・小破の損害を出したときも、乙型警戒機は未配備であった。ガダルカナル撤退の後も、海軍が中・北部ソロモン諸島に未練を残していたのに反し、陸軍はさっさと見切りをつけ、その代わりニューギニアの確保に全力を挙げたというが、これほど重要な最前線に四三年になっても配備できなかったのは技術よりは運用の問題、優先度決定の問題であろう。なお、日本の電子戦能力を買い被っていた米軍の航空機は、ウエワクにも当然レーダーがあると思って超低空で侵入し攻撃している。

ＯＴＨレーダーもどきの大アンテナ

戦後来日した米戦略爆撃調査団の報告書の一部である「日本本土における写真情報の評価（七）電子関係」では、日本陸軍の唯一の固定式早期警戒レーダーとして「タチ六号」が紹介され、周波数は六〇〜八〇ＭＨｚ、送信室の小屋の屋根上に二八フィートの回転アンテナが取り付けられ、この小屋から五〇フィート以内に高さ六〇〜七五フィートの柱を利用した送信アンテナが張られ、これから一〇〇〇ヤード以内の距離にある数個の受信室は一部を重複する形で扇形区域を捜索できる形で配列してあると述べられている。

この描写で想像されるのは、敵機の予想到来方向へ幅広いビームで電波を放射し、さらに狭いビームの受信アンテナと受信機を数個並べて目標位置の概略を知る方式である。これは、戦後に米国やソ連で開発された、もっと波長の長い短波を利用するＯＴＨ（超水平線）レーダーに似た大がかりなシステムといえる。送信室の回転式アンテナは、追尾用の送信アンテナか、あるいは通信用アンテナであろう。開戦時の警戒機乙も終戦前にはかなり改造されて

表2　対空捜索レーダーの比較

レーダー	尖端出力 (kW)	波長 (m)	航空機探知距離 (km)	測距精度 (m)	測角精度 (m)
日本「要地用乙」(1942)	50	4	300	7000	5
ドイツ「フライヤー」(1939)	8	2.4	130	150	0.5
「マムート」(1941)	200	2.4	300	300	0.5
英国「CD-CHL」(1939)	350	10〜15	130	3000	0.5
米国「SCR271」(1941)	200	1.2〜15	240	5〜15	1

いることを示す記録である。

警戒機乙の性能を諸外国が最初に運用した対空捜索レーダーと比較すると表のとおりであり、パルスを発生させる素子の品質が低いため測距精度は低いが、これは運用上の支障にはならず、問題は諸外国よりも約一桁低い角度の測定精度であった。送信アンテナは約九〇度、各受信アンテナは約三〇度という広いビームに悩みながら、最大感度方式により受信電波の方位を決定するからである。同一目標についての三ヵ所の警戒機の報告を、防空作戦室で三個の目標と誤認することもあった。

高度測定の問題

同じ頃に運用を開始した海軍一一号電探と異なる悩みは、迎撃戦闘機を発進させる陸軍航空部隊からの、反射信号の仰角、すなわち目標の高度をくわしく知りたいという強い要求であった。そこで高度測定、すなわち仰角測定のための付加受信機「タチ二〇」が安立電気で、高度測定専用の警戒機「タチ三五」が日本電気で試作され、どちらも一九四四年末には垂直面での測角精度約一度、測高可能距離約一〇〇キロ、測高精度約五〇〇メートルという成果を挙げ、前者は銚子、白浜、下田に、後者は松戸、越谷、御前崎に配備されている。彼我の航空機の高度差が五〇〇メートル以内だと会敵できるが、これ以上の差があると見逃すことが多かったという。拠点防御の海軍では捜索用電探に高度測定機能の要求はなかった。

当初は六甲山のような山の上に設置したが、これだと海面の反射波が強く、手近の目標が見えないので海岸へ降ろしてしまった。この理由は、マイクロ波とちがって超短波ではアンテナのビーム特性に周辺の地形が大きく影響するからである。アンテナビームは、アンテナの足元に当たる地面からの反射波と直接波との合成であり、足元に反射すべき地面も海面もないと合成ビームの仰角は小さくなるから水平線の照射にはよいが、頭上に近い手近の目標は照射できなくなる。そこで土壌よりも強い反射が得られる海面の近くへ移設し、アンテナビームを頭上へ向けようとしたのである。

射撃管制レーダーの試作成る

超短波レーダーは、開戦まで陸海軍ともに日本電気、海軍のマイクロ波レーダーは日本無線が開発、さらには生産も行なってきた。しかし開戦となって猫の手も借りたくなるとそうはいかない。日本を代表する電子管製造業者であり、早くも一九三九年、電波高度計の実験に成功し、この逆原理から指向性アンテナを用いて航空機を探知する実験（おそらくFMCW方式）を行なってきた東芝も戦列に加わり、日本電気とともに高射砲用の射撃管制レーダー、陸軍用語では「電波標定機」の試作を一九四二年七月に緊急開始した。

九州地区の電波警戒機甲・乙のネットワーク
（1944年6月）

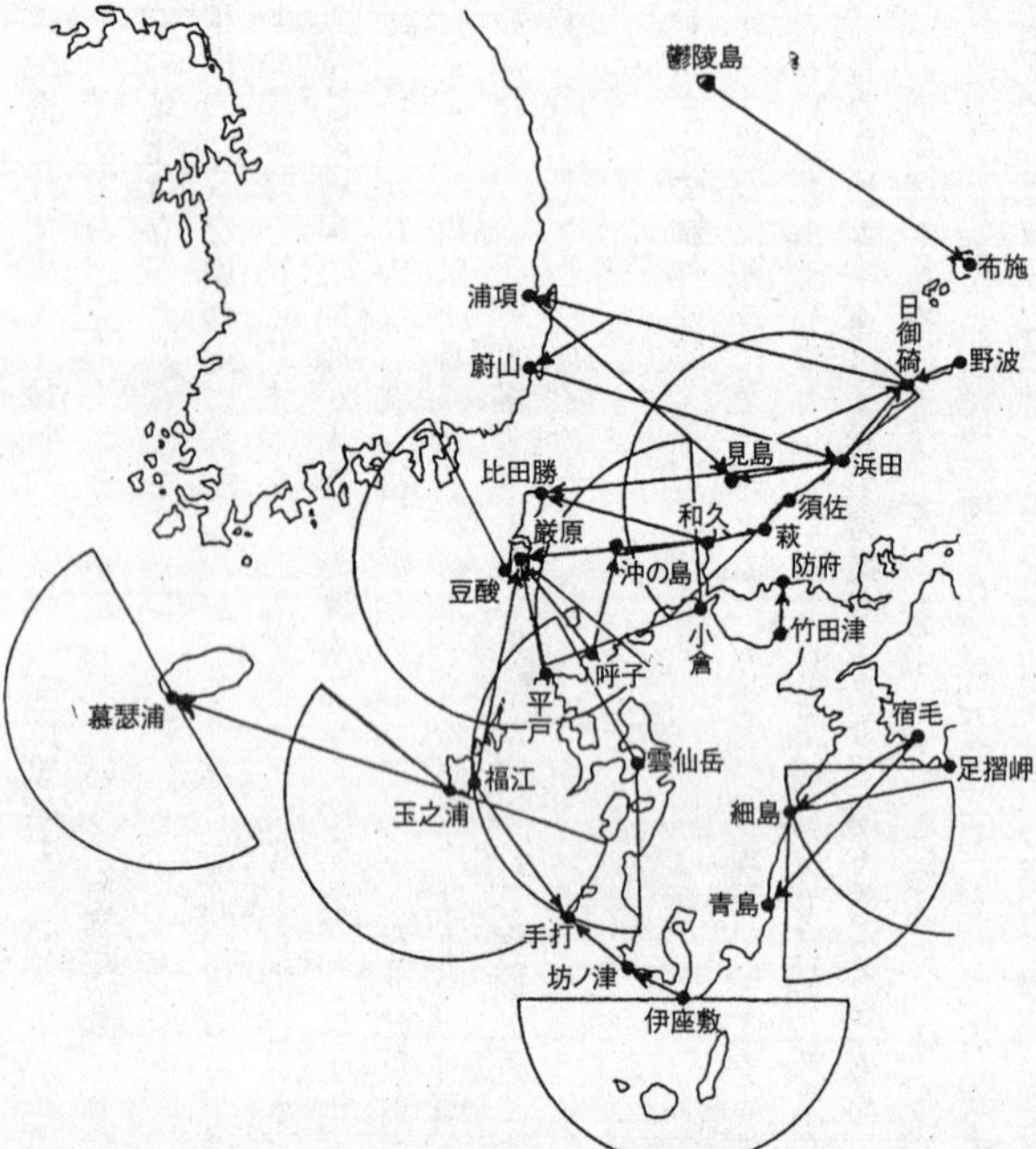

1 ● は警戒機のある地点（目視監視隊をのぞく）。
2 —— は警戒機甲の警戒線を示す。
3 ⌓ は警戒機乙の警戒範囲を示す。

コラム⑨●敗戦まで使われていた「警戒機甲」

海軍も警戒機甲の海軍版といえる３号電探（５～７メートル波）を数十台試作し、哨戒艇に装備して海上警戒網を構成する計画であったが、艦艇の動揺により受信強度が変化してワンワン現象に似た変調が生じ、また11号電探の装備化が確実になってきたので1942年10月に中止した。ところが陸軍は、警戒機乙が配備されても、そのサイトを甲の送信局か受信局に兼用して「ワンワン警戒線」を八丈島・勝浦→銚子、勝浦・下田→白浜（千葉県）、相良（静岡県）→潮岬、鞆典（徳島県）→白浜（和歌山県）のように張り巡らせている。樺太と朝鮮を除く日本本土の外周だけでも28線もあり、さらに岡山→和歌山、伊香保→日光といった内陸にも設けられた。

これが有効に機能した例は、1944年６月15日夜のＢ29本土初空襲の探知である。中国の成都から侵攻したＢ24とＢ29混成（と誤認されたが実際はすべてＢ29の62機）の爆撃機編隊は、まず済州島の警戒機乙に、つづいて厳原→福江、平戸、さらに沖の島→呼子（佐賀県）の警戒線に探知され、目標の小倉、若松上空へ到達した時には37ミリ砲と斜上向20ミリ砲２門をを装備した二式複戦屠龍８機と照空灯、高射砲が待ち構えていた。だが雲仙岳や小倉の警戒機乙がこれを探知できなかったのは、当時の稼働率や信頼性を反映しているといえよう。済州島の警戒隊長斉藤中尉は、２機を撃墜したパイロット木村准尉とともに東条陸相から表彰された。

陸軍は、レーダーを用途別に電波警戒機と電波標定機とに使い分け、両方合わせてレーダー全体を「電波探知機」と表現した。この呼称は戦後、海軍の「電波探信儀」よりも広く世間に定着する。佐竹少佐（当時）が、ある会議で「電波（による）航空機探知機」と述べたのが簡略化されて普及したのである。研究の秘匿名称も、多摩陸軍研究所の頭文字にもとづく「タ号」研究であり、地上レーダーは「タチ○号」、機上レーダーは「タキ○号」と称した。船舶搭載用は「タセ○号」と呼ばれ、一号は対空捜索、二号はマイクロ波による対潜水艦捜索を目的とするものだが、どちらも装備化は中止となっている。

問題は標定機であり、捜索レーダーよりも精密な距離、角度情報、そして簡単にグルグルまわることが求められる射撃管制レーダーにマイクロ波ではなく、波長の長い超短波のままで挑もうというのである。明らかにドーリットル・ショックの影響が見られるし、シンガポールで存在が明らかになったSLCレーダやGLレーダーがマイクロ波ではなく超短波を用いていたのにも刺激されたと思われる。日本電気への発注は一型、東芝へのは二型と名づけられたが、どちらも手本はサーチライト、すなわち探照燈（陸軍は照空燈と呼んだが、海軍式の探照燈の方が語呂もよくて定着）を差し向けるだけのSLCレーダに距離測定回路を追加したものである。

五月に命令を受けた試作が七月にスタートするのは、ギリギリ必要なリードタイムというよりは小林・浜田両氏に官側の陸軍技術本部第二部第三科長、小林軍次大佐を加えたシンガポール・コレヒドール調査団の帰国を待ってから開始したとみてよいであろう。

両社とも使用する波長は一・五メートル、出力約数キロワット、そして敵に教えてもらったばかりの八木空中線を九〇式大空中聴音機の架台に載せ、似かよった「夕号一型」と「夕号二型」の試作を七月上旬に開始し、十月にはどちらも完成する。さっそく九十九里浜の飯岡町にある射場へ運び、実際に飛行機を飛ばして試験評価を行なったが、どちらも大地の反射ばかりが受信され、目標機からの反射信号がなかなか見つからない。

日本無線の津田技師は、空中線の副ビーム抑制が不十分であるのと、直接波と大地からの反射波の合成で決定される送信ビームの方向が、大地反射波の影響で上方を向いてしまうのが原因と記している。一型（日本電気）、二型（東芝）ともに試作品の改修を続けた結果、「目標機の高度二〇〇〇メートル、距離二～数キロにおいて方向精度±二度、仰角精度三度」という超短波利用のレーダーには、やや過酷な要求性能をなんとか満たすのに成功し、兵器として、おおむね実用になると判定された。

学士さまが動かす装置

ふつうだと、ここで仮制式してドッと量産するのであるが、まだ量産は開始せず、どちらも九台ずつ増加試作が発注された。翌四三年の年明けに合計二〇台が千葉市小仲台の陸軍防空学校へ納入され、運用試験が続けられる。平時であれば量産開始までに実用（運用）試験をじっくりと続け、操作員を減らした場合の問題や新しい戦法の開発、整備上の問題点を出しつくすのであるが、一刻を争う戦時中にゆうゆうと増加試作するのは正攻法とはいえ、やや奇異な感じである。

現在のように技術試験（エンジニアリング・テスト）に合格してから実用試験（オペレーシ

ヨナル・テスト）へ移るのではなく、当時は工場で基本的な技術試験（領収検査に近い）をすませて野外へ持ち出してから、両方を合わせたような評価試験を実施することが多かったが、戦局をかんがみると、いまさら落第にはできないものの、もう少し信頼性や整備性を向上させるための試験を続けるべきだと関係者が判断したのかもしれない。

なにしろ、センチ波ではなくメートル波を使っているから空中線のビームも鋭くできないし、ビームの仰角を減らすには空中線を高くするのが便法であるが、トラックで牽引されるトレーラーに搭載した移動型であるから、それも限度がある。そして一番の弱点は、試作に携わった技術屋がついていれば作動するが、いなくなると故障が続出するという信頼性の低さ、これは海軍の二二号電探と同じ悩みであった。東芝電子工業研究所の副所長は、電子管の品質管理では日本で屈指の専門家、西堀栄三郎氏（のちに第一次南極越冬隊長）であったが、当時を回顧して、陸軍との評価会議ではつねに「被告席」に座らされたと苦笑している。

近いうちに本土空襲が予想される状態になってきたので、各標定機に一人ずつの専従整備員を張りつけ、修理と改修を加えながら東京周辺の防空陣地に試作機一八台を配備（二台は研究用に防空学校へ残置）することになり、大学、高専の電気工学科出身で応召の見習士官を選抜し、防空学校で専従員としての特別教育を施すという騒ぎになった。海軍や米軍であれば技術に優秀な下士官をあてるであろうに、陸軍は将校をお守り役にあてたのだから、まるで小艦艇なみのあつかいである。トラックや戦車も初めて部隊配備されたときは初期故障でゴタゴタしたはずだが、一台ずつ将校のお守り役がついたりはしなかった。

学士さまの「お付き」まで連れて電波標定機を部隊配備するのは、上層部が「当分は厄介だけれど、これは粗末にできない重要な兵器だ」と評価していたからであろう。陸軍の電波兵器開発関係者が恵まれていたのは、このように故障続出でも、「役に立たないレーダーの開発なんかやめてしまえ」という声が正式には起こらなかったことである。個々の例としては、「電波標定機など無用、訓練だけでB29を撃ち落とせる」と予算担当官に罵られたり、レーダー開発に不可欠な会社の技術者が、常駐する監督官の抗議も無視されて招集されてしまうというトラブルはあったものの、本土防空に直結する電波兵器の重要性を認めるお墨付きを開発関係者は首脳部からもらっていた。

鹵獲品を模倣し直す

陸海軍を問わず弱者日本の御家芸であった奇襲や夜襲が封じられ、逆に、強者の米国がどんどん奇襲や夜襲をかけてくるのも、欧州戦線で枢軸側が制空権を確保できそうにないのも、すべて電波兵器の優劣に起因するということを、陸軍省や参謀本部の実務者たちも一九四二年秋にはすでに認識していた。戦局の悪化につれて、やむを得ず精神論を振りまわす者もいたが、戦時下の社会状況を伝える一部のドキュメントや告発物が指摘するほどには彼らは非科学的でも神がかりでもなかった。

だが周囲の理解だけでは性能はよくならない。一九四三年には二五台ずつ製造して高射砲部隊に納入し、同年六月には皇居内馬場で天覧に供したと伝えられるから、開発関係者の感激はひとしおであったと思われるが、一型も二型も稼働するのは一日のうちほんの数時間に過ぎず、専従員は修理に明け暮れ、それを支援する会社の巡回修理チームは工場へも家へも

地上型のタチ四号電波標定機。移動用の標定機で台車上に設置された。米軍の鹵獲品を参考にしたといわれている。

帰れないのが実態であった。

手直しだけでは、どうにもならないことが理解され、一型も二型も造り直しとなった。日本電気は一型の代わりに三型を、東芝は二型に換えて四型を試作する。そして理解し難いことであるが、もう一九四三年にもなっているのに英軍と米軍の鹵獲品の調査成果をもっと取り入れることになった。関係者はだれも明記するのを避けているが、どうやら「一型や二型は日本独自の設計を取り入れて試作したがうまく作動しなかった、今度はデッドコピーに近いものを造ろう」という筋書きのようである。一型と二型の手本は比較的簡単な英軍のＳＬＣであったから、今度はやや難しいＧＬとＳＣＲ286である。

日本電気は英軍のＧＬを、東芝は米軍のＳＣＲをまねて、分業体制での試作となる。どの記録も「鹵獲品そのままの模倣ではない」と力説しているのでよけいに怪しみたくなるが、アンテナ系は、かなり改められたようである。東芝は波長一・五メートルのままであるが、

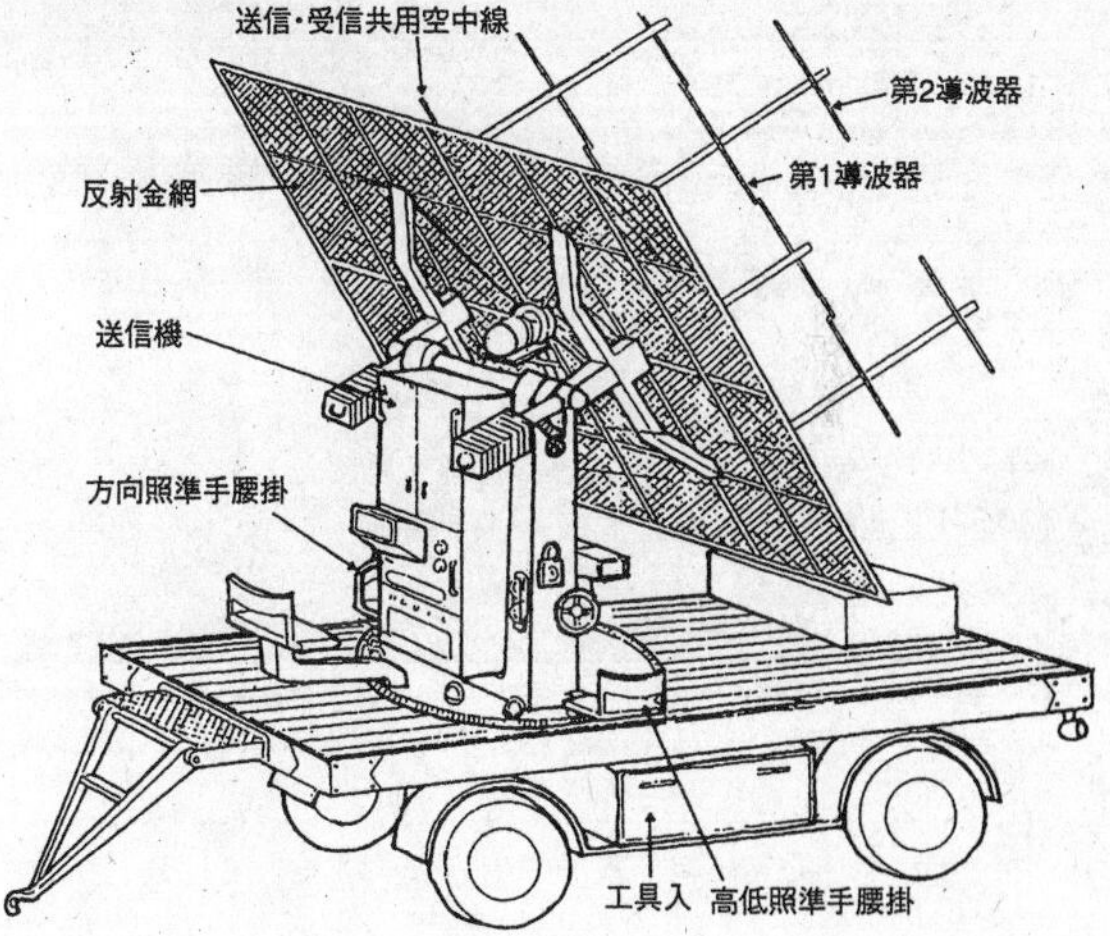

日本電気は事実、波長を三メートルに変更している。海軍の一三号電探と同じ理由で電子管の安定度が高い三メートル波を選んだのであろう。それでも開発関係者以外の手記の中には、「鹵獲品とまったく同じだ、デッドコピーにちがいない」と無遠慮に記したものも少なくない。

実用試験の結果、三型の性能が非常によくなり、二〇キロあたりで目標を連続的に追尾照準できるようになった。三メートル波を選択したのもよかったのであろう。各高射砲大隊に一台の装備を目標に、一九四四年半ばから月産二〇～三〇台のペースで終戦までに一七〇台生産され、一二センチ高射砲に連動して、ある程度の効果をあげたが、故障続出であった。

陸軍のタチ二号対空射撃レーダー。金属反射板を背後に置いた4素子のダイポールが回転コンデンサーで受信器と結合されている。右は背面の制御盤。

測角精度一ミルに達した改四型

東芝の四型は、まだ完全なものではなかったので、東芝技術陣に東北大学通信研究所が全面協力し、また日本高周波や日本ビクターの技術陣も加わって改四型（タチ三一号）の試作が始められた。

日本無線の津田技師の手記によると、ドイツからウルツブルグ射撃管制レーダーの資料とともに潜水艦で一九四二年秋に帰国した佐竹大佐は、日独の工業水準がちがいすぎるためにデッドコピーが難しいウルツブルグレーダーの回路や設計思想をこの改四型に大幅に取り入れたい意向であったが、一部の回路にとどまった。

配備開始直後に終戦となった改四型の設計主任を務めた岡本正彦砲兵少佐の記録によると、ウルツブルグレーダーを参考にしたのは指示測距回路、すなわち目標から反射して戻ってきたパルスの遅れから距離を判定する回路程度である。イミテーションするのも技術の差が大きい

表3　陸軍レーダーの性能比較

名　　称	波長 (m)	尖端出力 (kW)	標定可能距離 (km)	測距精度 (m)	測角精度 (度)	測高精度 (度)	重　量 (トン)
一　型	1.5	10	20	100	1	2〜3	2.5
二　型	1.5	10	20	100	1	1	2.5
三　型	3〜4	50	20	100	1	1	4
四　型	1.5	10	40	100	1	1	2.5
改四型	1.5	10	40	40	1/19	1/19	2.5
ウルツブルグ型	0.5	10	40	40	1/8	1/9	1.5

と難しい。そして、タチ二四号の被匿名で一九四四年秋に開始されたウルツブルグのデッドコピーの方は、工作技術から改善しないと必要な部品が得られないので難行した。佐竹大佐とともに来日したテレフンケン社のフォダス技師の宣教師さながらの熱情と日本無線の技術陣の努力にもかかわらず、四四年末に完了した試作品は、安定度と性能を向上させるための「調整中」のまま終戦を迎える。

表3は、これら移動式標定機の性能一覧である。改四型の測角精度一九分の一度という高性能は、静止標柱に対して一ミル（一キロ離れて一メートルのズレを示す砲兵用語）という岡本少佐の記録によるものであり、少佐自身もコニカル・スキャニングによって一〜二ミルにまで精度が達したのを確認している。いまでこそ、モノパルス方式やビームスイッチングといった高度なテクニックで、この程度の精度を得ているが、この時期にウルツブルグのイミテーションではなく、独力でこれほどの高精度のアンテナを開発した意義は大きい。なお、アンテナの測角精度はビーム幅とは別であり、最大感度方式や等感度方式によってビーム幅よりも狭い精度が得られるが、練度にも左右されるので、角度変化が激しい近距離目標を追尾する場合は一度

表4　陸軍レーダーの対空射撃管制精度

名称	実施結果				訓練目標			
	測角精度（ミル）	測高精度（度）	標定可能距離（km）		測角精度（ミル）	測高精度（度）	標定可能距離（km）	
			単機	編隊			単機	編隊
一型	52	1.8	8	15	20	1.0	13	18
二型	26	1.3	16	23	18	1.0	15	20
三型	16	2.1	24	31	10	1.5	20	30
四型	32	1.3	14	16	20	1.5	13	18

表5　超短波防空兵器の生産計画

機器	1942年度追加	43年度	44年度	45年度
要地用警戒機乙	50	140	200	230
野戦用警戒機乙		60	40	70
船舶用警戒機乙		60	60	70
標定機	50	200	390	460
*無線平行誘導機		50	50	50
機上用索敵友軍識別装置		400	700	700

（注）　*標定機が高射砲からかなりはなれて設置された場合、離隔度合いに応じて射撃諸元の修正を行なう無線装置で、従来の有線装置に代わるものであった。

以上だったと思われる。

つぎの表4は、八個高射砲連隊からなる東部高射砲集団がまとめた実際の平均精度と訓練目標値を並べた貴重な記録であるが、生産に至らなかった一型や二型の試作品も同集団で預かってダマシダマシ使っていたことがわかる。

陸軍のお墨付き

陸軍のレーダーは対空捜索（当時は対空監視と表現）からスタートし、不完全ながらも射撃管制に進み、さらに移動型、（陸軍管轄の）船舶搭載型、航空機搭載型と進んでいく。海軍の技術者が、やれ防御的だ、やれ電波は出すものではないと運用者からいじめられたのに比べると、あたたかい目で見守られたといえるだろう。

その好例は、一九四二年十月二十二

日に陸軍省が決定した超短波防空兵器の緊急増産計画であり、表5に示されている。それは、当時最も重要視された航空機増産に準じて優先的に超短波防空兵器を生産するもので、それに充当する予算と資材も四五年分まで見積もられた。まだ南方海上輸送路、すなわちシーレーンが潜水艦攻撃で脅かされながらも何とか維持されている時期だったとはいえ、非常に重視されている。

ところが、要地用警戒機乙と標定機以外はまだ開発に着手さえされておらず、十月初旬頃に決定した「兵器（航空兵器を除く）研究方針」で開発要目が定まったばかりの「未出生」兵器である。それも兵器行政本部担当の機種が決定しただけで、航空本部担当の機上用索敵友軍識別装置（現在のIFF）などは、その開発要目さえ未決定であった。それでも予算と資材とが三年先まで準備されているのである。

3　「バトル・オブ・ジャパン」を不可能にしたもの

開発の無統制と重複

現在においても、戦闘機や戦車のような既存兵器の更新であれば技術的可能性や量産単価も開発前にある程度予測できるが、まだ要素技術も確立していないニューフェイスの兵器の場合は、最初の試作がすむまでは性能も価格も製造に要する日数もメドが立たないのが普通である。また陸軍は所帯が大きいので、新兵器を配備する場合もどの部隊（地域）を優先するのか、配備された部隊も一部に集中して保有するのか、薄くとも広く交付して普及効果を狙うのか、パイの分け前というよりはパイの切り方を巡って大議論が起こる。

このような宿命を持つ陸軍の兵器行政本部（一九四三年に技術本部を改編）が、他の兵器開発や生産の必要性も勘案し、また開発が非常に困難であることを承知の上で未知の技術に予算と資材を配分して開発グループの尻を叩こうというのだから、これは『戦史叢書』が指摘するように画期的なことであった。だがビジョンを持った開発管理者は不在であり、電波兵器の研究開発をまとめて行なう多摩研究所が発足しても、電波兵器の開発は無統制に近かったといわれる。

資源も官民の技術者も乏しいのに必要性や技術的可能性を十分検討せず、やみくもに何でもかんでも手がけた結果、敗戦までに多摩研究所で研究（当時の「研究」には「開発」も含まれている）された主要な電波兵器は、地上用・機上用各一七種類、船舶用七種類、その他四種類の合計四五種類という多さで、その中には海軍と重複するものも少なくない。そして当時は二次兵器と表現された派生的、付加装置的な兵器も、ほぼ一四種類にのぼる。さらに第三次兵器と呼ばれる緊急性のやや低い兵器も三種類あり、これらの総計は六二種類という多さである。今でいうシステムスタディなどは、まったく行なわれなかったと決めつけても酷ではないであろう。

このレーダー生産計画が示す強力な推進態勢に応えたのは、すでに先発していた要地用警戒機乙と、これに続く野戦用、すなわち移動型警戒機乙だけであったが、超短波ですむ対空捜索レーダーならばバトル・オブ・ブリテンに遅れること二年で日本でも整備できたのだ。

要地用の開発が一段落した一九四二年十月、野戦用の移動式警戒機と船舶用警戒機の開発が始められた。

同年十月、岩崎通信機に試作を命じた野戦用タチ七号は翌四三年四月に完成し、五月まで評価試験が続けられ、合格となった。大型トラック四台に装備するシステムであったが、これは数台製造されただけで、もっと軽量にした改造型タチ一八号の開発が直ちに開始され、送受信機が一体となりながらも全周捜索が可能というコンパクト（重量四トン）な移動用警戒機として四四年一月に完成し、量産に移行する。だがニューギニアの戦いには間に合わなかった。

陸軍のタチ一八号対空捜索レーダー。米国のＳＣＲ-270に相当する移動式レーダーで、大戦末に実施部隊に配備された。

船舶用は陸軍の輸送船に装備するというセクショナリズムの見本のような警戒機で、一九四二年十一月、東芝に試作を命じ、翌四三年二月に完成する。海軍の艦船搭載対空捜索レーダー、二一号電探や一三号電探からの技術移転もあったのか、これは短期間に完成した。陸軍省と海軍省とが別の官庁であるから制式制定をおのおのが行なう必要があるにせよ、なぜこのような重複開発が必要なのか、後世のわれわれだけでなく当時も多くの青年技術将校が不思議に思い、高官に意見具申を試みている。ところが、このタセ一号も、一五センチ波利用の対潜水艦捜索タセ二号も実用化および装備化されたが、トラブル続出で陸上へ揚げてしまう。輸送船にまで回せる優秀な整備屋がいなかったためであろうが、じつにもったいない話である。

重くて不安定な機上レーダー

標定機、すなわち地上の射撃管制レーダーがだめなら、もう一つの手段は戦闘機による迎撃である。そのため、陸軍はさまざまな機上電子兵器を開発した。地上および航空の電子兵器の研究開発を統合する多摩研究所の発足に対応して制定された「電波兵器研究方針」の内容と時期は不明であるが、一九四三年九月三十日付の「案」によれば、有効距離一〇〇キロの機上警戒機を四三年十二月までに、有効距離三キロの射撃用機上標定機を四四年三月までに、さらに迎撃戦闘機を所望の方向に誘導する電波誘導機（有効誘導距離五〇キロ）や電波妨害機、電波探索機（海軍の電波探知機に相当する逆探器材）、必要に応じ簡単な通信もでき、海軍と同一方式とするよう努めるという友軍識別機等を四四年三月までに装備することをうたっている。

だが、これらの中で終戦までに配備が間に合ったのは大型機用の機上警戒機タキ一号だけである。これは四三年一月、日本無線に試作が命じられ同年三月に完成するが、手直しが終わって実用化するのは翌四四年初頭であった。超短波でありながら大型艦船を一〇〇キロ、浮上潜水艦を二〇キロの距離で探知でき、機首と両翼に取り付けた指向性アンテナの切り替え使用により等感度法で方向探知も行なえる優れた機上レーダーであった。

双発の九七式重爆撃機（三菱キ二一）にしか搭載できないというタキ一号の大きな制約は、一五〇キログラムという重量のためとされているが、白紙的には他の大型機にも積める重量である。海軍で唯一つ有効であったH6機上電探（重量一一〇キログラム）も搭載機が二式大艇（日本海軍が世界に誇った飛行艇）以外だと故障が続出して使えなかったというから（戦争末期には零式水上偵察機でも運用）、どちらも振動や電圧変動に余裕のある大型機でないと安定しなかったのかも知れない。

このタキ一号の性能については、手放しで礼讃した記録もあるが、完全に期待を裏切った例も『戦史叢書』に記されている。一九四四年、英蘭インド洋艦隊によるパレンバン空襲に手を焼いた飛行五八戦隊が、夜間の洋上哨戒能力を得るために内地へ派遣した一個飛行中隊（九七式二型重爆撃機九機）は、タキ一号の配備および教育を受けて八月にパレンバンへ帰隊するや、情勢が緊迫したフィリピン方面へ早速、派遣される。しかし、機上警戒機ならではの捜索成果を挙げることはなかった。

原因は、タキ一号の信頼性欠如と要員の教育訓練不十分、敵の制空権下での鈍重な重爆による運用、戦況悪化による輸送機としての運用、などの悪条件が揃ったためだが、翌年二月の事実上の解隊まで人員、器材の補充、補給がまったくなく、また八月に海路で南方へ向かった地上整備員と十一月下旬にフィリピンで合流するまで整備を受けられなかったといった、新兵器に対する考慮を欠いた運用が一番大きな原因であろう。

それにしても、一応実用化できた超短波の機上電波警戒機に続いて、有効標定距離三キロを目標とする射撃用機上電波標定機の開発はどうだっただろうか。この研究は一九四三年四月に着手され、同年十月、日本電気によってタキ二号として試作一号機が納入されたが、戦闘機に搭載するには重量過大であった。その手直しに約一ヵ年を要し、ようやく四五年一月、中型機を三キロ、大型機を四キロまで標定可能という高性能を実証したが、確度は不安定であり、目標の捕捉には使えても射撃には不十分であった。超短波の限界を示すものである。また、合わせて開発された電波誘導機も、タキ二号の標定可能な位置まで地上から誘導することができなかったため、ついにタキ二号は実用化されぬまま終戦となった。

パイロットが嫌った機上無線電話

これらの記録を見て痛感させられることは、陸軍の電波兵器も決して海軍に遅れていたわけではなく、なかには凌駕するものもあったが、システムとして完成されていないものが多かったことである。あるいは個々の兵器の性能は不十分でも、システム全体として能力を発揮させようという工夫があれば何とかなったと思われるものもあったということである。

たとえば戦闘機の迎撃誘導において、まず必要なのは信頼性の高い無線電話の搭載である。二人以上が搭乗する中型機以上だと空電や混信にも強い無線電信（モールス信号による通信）を使用できるが、一人乗りの戦闘機だと無線電話でないと使えないからだ。ところが陸軍機、海軍機を問わず、戦闘機への無線電話搭載がなされなかったのは、貧乏国なるがゆえの予算不足ではなく、現場のパイロットたちの拒否反応によるところも大きいのである。

拒否する理由は、「雑音がガーガー鳴るばかりで信頼性が低く、こんな代物なら降ろして身軽になった方が格闘戦に有利だ」というものである。珊瑚海海戦において、わが空母群の上空直衛にあたった二個戦闘機中隊一六機が無線電話で適切な任務分担を行なって見事な艦隊防空を実施する場面を報じた記録もあるが、これなどは非常にまれなケースであろう。編隊長が編隊を指揮するには無線電話が必要であるが、たとえ一歩譲って個人芸で戦うにしても、点目標のような空母や船団を直衛する場合ならまだしも、少なくとも五〇キロ四方程度の要域を守る陸軍機の要撃管制には無線電話は必須のサブシステムであったはずである。

もちろん南方拠点の防空だけでなく、B29の戦略爆撃から本土の要域を守ってバトル・オブ・ジャパンを成立させるには、二式複戦「屠龍」の後継となった陸軍の双発戦闘機、川崎キ一〇二（一五〇〇馬力エンジン二基、上昇限度一万三〇〇〇メートル、最高時速五八〇キロ、三七ミリ砲一基、二〇ミリ砲二門）、海軍の「紫電改」（一九九〇馬力エンジン一基、上昇限度一万七六〇メートル、最高時速五九四キロ、二〇ミリ砲四門）といった高高度迎撃戦闘機のもう少し早い開発と、ある程度の「量」の完備が必要であり、また、了解度が高く信頼性も高い無線電話の装備化も必要条件であった。対空捜索レーダーだけは陸海軍ともに実用に値するものを配備できたが、後の二つの必要条件が満たされないまま、終戦を迎えてしまう。

したがって、日本がそうなる四年も前に英国が手本を示したような防空戦が日本で実行できなかったのは、電波探知機や電波標定機の不備だけではなく、迎撃戦闘機、搭載無線電話、誘導システム、対空火器といったサブシステムにも欠陥があったためである。だが、それらを防空システムとして統合するコンセプトやデザインを欠いていたことが最も大きな悲劇であり、各サブシステムの開発においても、グランドデザインを欠いていたことが、これらを間に合わない技術にした根源であったと指摘するのは、当時、員外学生として東大工学部へ派遣されながら通信部隊での勤務経験を買われて実質的には多摩研究所へ常勤し、友軍機の位置を判定するタチ二八号（当時の表現では味方機誘導無線装置）開発とサイパン爆撃のための電波航法装置タチ三九号開発とのプロジェクト・マネジャーとなった佐竹工兵少佐（現姓大河原、のち防衛庁技術研究本部陸上開発官、陸将）である。

同氏は、たまたま陸軍のレーダー開発の総元締めである佐竹大佐（氏の実兄）の部下として勤務することになった。しかし、軍の顧問をお願いしていた象牙の塔の物理学、電気工学の大先生や技術官界の実力者からのシステム的助言、指導はほとんどなく、また陸（海）軍の上層部にもシステム全体の完成像をつくり上げ、それに向かって全組織を引っ張っていく

管理者がいなかったのを悔やしい想いで回顧している。これには新しい技術、新しい戦法の登場を前にしてうろたえる年配者の指導に飽きたらない青年の覇気も加わっているかもしれない。だが著者には、通信に頼らないのを一種の美風とする気質のあった陸軍が、通信システム、とくに移動通信システムの不備に馴れてしまった結果、その運用要領も未熟のまま、過去

電波誘導機タチ一三号。1943年春の撮影で、アンテナを倒した移動姿勢にある。上は1号機、右ページは2号機で調布飛行場へ実験に行くときのもの。

になかった防空システムという高度な兵器システムを構築しようとしたことに一番の問題点が存在したと思われる。

バッジシステムの萌芽

なお、自分の位置を誤認しがちなパイロットの位置を防空センターの側で掌握するための最初のシステムがタチ一三号であり、地上からの一五〇センチ波長のレーダー照射に反応すると機上から電波を送り返すレピーターがタキ一五号であった。これを装着するのをいやがった先輩の乗機に、佐竹少佐が松戸飛行場でこっそり取りつけたところ、江の島上空にいるのに「われ富士上空にあり」と通報してきたこともあったという。

ところが多数機で運用すると信号が干渉してしまう。各機ごとに異なった変調をかけて送り返せば味方機同士の識別にもなるのだが、それがうまくいかない。おそらく連続波なら可能で

もパルス波だと難しかったのではないだろうか。そこでレピーターよりも、戦闘機から連続波をたえず輻射させて地上で位置を確認し、無線で敵機の方へ誘導するタチ二八号の方が有望になってきた。

各機ごとに異なった三六種の変調周波で変調した超短波を常時輻射し、それを地上の複数の「方探所」で受信して松戸の中央指揮所へ方位情報として送り、各機の位置を数キロ程度の精度で判定するとともに、各機ごとブラウン管に表示しながら誘導するものである。現在のバッジシステムに近いものを、手動ではあるがつくろうとしたのである。各編隊に輻射機が一機いれば関東上空で三六編隊の邀撃管制が可能となる。

佐竹少佐によれば、三六もの振幅変調波を選択するフィルターの製作が難しく、最初は一八機を中間目標として始めたが、国際電気通信（現在のKDDと国際電気）の神代研究室（多摩陸軍技術研究所の発足にあたり、他省庁研究機関、大学、企業の協力を仰ぐため、その所在地名を冠した「研究室」が多摩研の分室として各地に誕生した）における難波捷吾博士以下の努力によって終戦前には三六機の分離受信が可能となったという。

方探所の受信機や松戸へ送信する通信回線の開発を担当した国際電気通信の中野收氏によると、各サブシステムの個別試験は成功し、最終のシステム試験の結果を待って実働する予定であったが、その寸前に終戦となってしまった。全装置のために五〇〇万円（現在の約一〇〇億円）が投じられ、システムの運用にあたる一個大隊がすでに編成されて各装置に配置されていたという。

4　洋上版「バトル・オブ・ブリテン」

絞り込まれた決戦場

日本の戦闘機には無線電話がなく、爆撃機や攻撃機も無線電信機だけで無線電話を搭載していなかったのに対し、米軍の方は、戦闘機だけでなく爆撃機や攻撃機にも超短波の無線電話を搭載して編隊指揮、あるいは基地や母艦との情報交換に有効に使用していたことはミッドウェー海戦やソロモン海域での航空戦の資料からも明らかであるが、それによる優劣が最も顕著に現われたのは、史上最大の海上航空戦となった一九四四年六月のマリアナ海戦である。

負けてもよいという会戦などあるはずがないが、日本海軍にとっては、これはとくに重要な海戦であり、絶対に負けてはならないものであった。はるばる太平洋を越えて攻めてくる米海軍を西太平洋で迎え撃つのは、昭和初期からの伝統的な作戦構想であったし、前年九月三十日の御前会議で政府と大本営が決定した新作戦構想においても、千島列島、小笠原諸島、マリアナ諸島、西カロリン諸島、スンダ列島、ジャワ島からビルマに至る圏域を「絶対国防圏」と名づけ、翌四四年中期を目途に連合軍の反撃を阻止する態勢を確立することになっていた。

米軍のつぎの攻撃目標がニューギニア西端かマリアナ諸島なのかは、大本営も連合艦隊も判断に苦しんだ。ニューギニア西端のビアク島を取られると油田地帯やフィリピンが爆撃を受け、マリアナ諸島が陥ると日本本土は早期警戒が困難な南方海上からの航空攻撃にさらされることになる。事実、一九四三年八月にルーズベルトとチャーチルが両国の軍首脳を引き連れてカナダのケベックで会合した際、対日戦略爆撃の基地を確保するためにマリアナ諸島を占領することが決定され、その後、両国の各軍参謀長が構成する連合幕僚会議では四四年六月十五日という作戦開始の日取りまでが決められた。

一方、暗号解読による米軍の待ち伏せ攻撃によって機上で戦死した山本五十六大将の後任となった古賀峯一連合艦隊司令長官も、マリアナ諸島・西カロリン諸島の戦備を完成するタイムリミットを、五月下旬と定めていた。航空戦力をともなわない海上戦力は無意味であり、空母の多くを失ってしまった連合艦隊にできる唯一つの反撃作戦は、陸上航空基地の活用しかないと考えていた古賀長官は、マリアナ諸島・西カロリン諸島を、絶対に確保しなければならない日本の生命線として位置づけ、予想される艦隊決戦の場所をマーシャル諸島の最前線から、内南洋とも称されたマリアナ諸島へ後退させるのである。

「あ」号作戦発動

陸軍が三個師団からなる第三一軍（軍司令官、小畑英良中将）を創設し、それまで海軍の管轄だった中部太平洋の島々に展開して防備を強化するなかで、これらの島々に展開する基地航空部隊（五月十五日現在で六五三機を保有）を統一指揮する海軍第一航空艦隊司令長官、角田覚治中将は二月にはテニアンに司令部を進出させ、潜水艦部隊を指揮する第六艦隊司令長官、高木武雄中将も六月六日、サイパンへ進出して約五〇隻の潜水艦作戦の陣頭指揮を開始する。

「大和」「武蔵」を含む五隻の戦艦と一一隻の重巡洋艦、九隻の空母を指揮する第一機動艦隊司令長官、小沢治三郎中将は、新鋭空母「大鳳」に座乗してフィリピンとボルネオの中間にある泊地タウイタウイで待機する。これら三人の主要な海軍指揮官とグアムに司令部をおく第三一軍を指揮するのが、この作戦のために新設された中部太平洋方面艦隊の司令長官、南雲忠一中将であり、サイパンから指揮をとった。この力の入れ方から見ても、海軍としては絶対に負けられない、負ければ政府にも陸軍にも、そして天皇や国民にも顔向けのできない重要な海戦であった。

サイパン上陸部隊の七隻の護衛空母、グアム上陸部隊の五隻の護衛空母とは別に、ミッチャー中将が指揮する高速空母機動部隊の空母一五隻に搭載された九〇二機という莫大な機数は、小沢治三郎中将が指揮する九隻の空母が保有する四三九機と戦艦、巡洋艦に搭載された水上偵察機三六機の二倍に達したが、周辺の基地航空部隊を合わせれば数の上ではなんとか日米のバランスは取れていた。

前日からの艦砲射撃に続いて米海兵隊二個師団がサイパンへ上陸を開始した運命の六月十五日朝、「あ」号作戦が発動され、ミッドウェー海戦の攻守ところを替えたようなマリアナ海戦が始まる。まず日本軍に降りかかった予期せぬ災厄は、期待を一身に担った基地航空部隊が、硫黄島も含めた各基地で六月十一日から始まった空襲と艦砲射撃によって壊滅し、小沢艦隊を有効に支援するどころか、まともな偵察活動さえ実施不能となったことである。米国の輸送船団はサイパン上陸の朝まで発見されなかった。

三月に空襲を避けてパラオからダバオへ移動中の古賀連合艦隊司令長官が行方不明となったとき、福留参謀長の飛行艇がフィリピンで不時着水し、「あ」号作戦計画の前身であるZ作戦計画がゲリラに奪われて米軍の手に渡ったのに日本側は気づいていないというミッドウェーと変わらぬ情報戦の敗北も、日本を不利にしていた。

「マリアナ沖の七面鳥撃ち」

だが艦隊決戦の滑り出しは悪くはなかった。日米両艦隊の距離が三五〇浬程度に近づいた六月十九日早朝になっても、ミッチャー艦隊のレーダー搭載哨戒機TBF15はまだ小沢艦隊を探知できなかったのに、小沢艦隊の索敵機は、すでに前日正午にミッチャー艦隊を発見している。

「先制攻撃」が勝利の決め手となる海と空の戦いである。勝利の女神は、脚（航続距離）の長い日本機の特徴を利用して、遠くから相手を叩くアウトレンジ戦法をとる小沢艦隊へひさしぶりに微笑みかけ、出撃していく搭乗員たちが、「ミッドウェーの仇を」と勇み立ったのは当然であった。だがミッチャー艦隊の対空捜索レーダーは、四波からなるわが攻撃隊を早い場合には一五〇浬、遅くても四五浬の距離で探知し、洋上版のバトル・オブ・ブリテンともいえる完全防御を成し遂げる。

第三航空戦隊の「千歳」「千代田」「瑞鳳」の三空母から発進した第一波六九機のうち四二機が、第一航空戦隊の「大鳳」「翔鶴」「瑞鶴」の三空母から発進した第二波のうち発動機故障で引き返した八機を除く一一九機のうち、味方の前進部隊の上空で誤射された犠牲も含めて九七機が未帰還となるなど、出動総数三七三機のうち、未帰還機が二四三に達する大きな犠牲を払ったのに、米空母には軽微な損害を与えたに過ぎなかった。H6機上電探を搭載した艦上攻撃機「天山」も出撃したが、全機が無帰還となった。「天山」が敵艦隊を発見し、すぐ近くに来ている攻撃隊に伝送できたか否かは不明である。

敵艦隊の早期発見に成功したものの攻撃隊が到着するまでの触接、すなわち追尾にほとんどの索敵機が失敗したし、攻撃機の方もタウイタウイに一ヵ月も在泊したため磁気羅針盤の誤差修正が不完全で遠距離飛行での航法誤差が大きくなり、予測した海域に見当たらない敵を求めて捜索中を、四五〇機もの米空母直掩機に襲われてしまう。米軍は、これを「マリアナ沖の七面鳥撃ち」と誇った。

ある意味では不思議な戦いだった。ミッドウェー海戦や、この後で起こるフィリピン沖海戦のように、日本艦隊が米軍の航空攻撃で大打撃を受けたのではない。先制攻撃にすべてを賭けて投入した航空戦力が、全戦闘機を直掩（直接エスコート）にあてるという米海軍の徹底した防御第一主義の好餌となってつぎつぎと壊滅した結果、戦場から退却したのである。

「時計仕掛けのような集団迎撃戦法」

アウトレンジ攻撃だから、わが空母は傷つかないであろうという目論見は、攻撃隊を発進させた直後の海中からの攻撃で、就役して一〇〇日にしかならない「大鳳」と歴戦の「翔鶴」が沈められたことで消し飛んでしまう。そして翌二十日、燃料補給中の小沢艦隊に、今度はミッチャー艦隊が果敢なアウトレンジ攻撃をかけ、空母「飛鷹」を沈没させた。

米軍の勝因として、一般には彼我の航空機の優劣、わが搭乗員の低練度、VT信管と呼ばれる近接信管の登場などが挙げられているが、米主力艦の副砲や駆逐艦の主砲の射撃管制装置MK37GFCSと無線電話が迎撃に大きく貢献したことは見落とされがちである。無線電話は空母からの指揮管制だけでなく、編隊指揮官の効率的な指揮や各パイロット相互間の連携にも大きく役立った。

わが方の記録でさえ、これを「時計仕掛けのような精密な集団迎撃戦法」と高く評価し、逆に「日本機の編隊は分裂しがちで連携攻撃が下手である」と米側の搭乗員が冷酷に記している。単なる戦技だけでなく、今日では「戦力倍増機」と表現される通信システムを有効に用いた戦法の開発においても日本が劣っていたことを示している。

もちろん米軍の優位は無線機だけによるものではなく、根本的には太平洋戦争初期のように格闘戦に巻き込まれるのを避け、相対的に有利な高速性を利用した「一撃離脱」戦法の徹底にあった。これは簡単な戦法で、学徒兵を中心とする経験不足のパイロットでもすぐに錬成できる長所があるが、これを裏づけたのも、またもや技術、すなわち戦闘機の質的優位であった。

開戦時に米軍戦闘機の主力を占めた海軍のF4F「ワイルドキャット」、陸軍のP40「ウォーホーク」は零戦や「隼」と同程度の速度であったが、四三年後半になると馬力でも速度でも一回り上位にたつ海軍のF4U「コルセア」（二〇〇〇馬力、最高時速六八四キロ）、F6F「ヘルキャット」（二〇〇〇馬力、最高時速六〇五キロ、レーダー搭載）、陸軍のP38「ライトニング」（一四二五馬力・二基、最高時速六六六キロ）などが登場し、「一撃離脱」戦法をさらに確実なものにした。

なぜ日本でできなかったのか

日本の電子技術は、量産体制や品質管理システムを確立するほどには進んでいなかったにせよ、質的にはさほど遅れていたわけではない。西洋諸国に遅れることなく一九二五年にはラジオ放送を開始したし、真珠湾上空の無線電信機から打電された「トラ、トラ、トラ」が六〇〇〇キロ離れた日本の複数の受信所で見事に受信されるなど、個々の技術ではなんとか先進国と肩をならべる業績も挙げていた。

戦車の場合もアンテナを立てると敵に見つかるというので、無線電話を搭載せずに敵弾の下で車長が身体を乗りだし手旗によって意思疎通を行なってきたが、ノモンハン事件で文字どおり「鉄の嵐」を経験し、また砲塔の周りにアンテナを張り廻らしたソ連戦車を見て、急遽、無線電話を搭載することになった。最初は不具合だらけだったが、運用者の厳しい要求

電波警戒機乙に探知され、撃墜率も高く、戦果も低かった。猛威を奮い始めるのはサイパン、グアム、テニアンに大規模な基地を建設した同年秋以降である。

爆撃行の距離が3000キロに及ぶので戦闘機は随行できない。爆撃機の周辺から護衛戦闘機が離れた時だけ攻撃しながら6パーセント程度を撃墜してきたドイツの防空戦闘機隊から見ると、日本での迎撃は彼らより楽なはずだった。欧州では彼我の基地が2～300キロしか離れていない。その結果、ドイツ本土への爆弾投下量は、1943年だけでも22万6500トン、1944年になると118万8577トンに達していた。

日本の場合、米軍が戦闘機を随行させるのは硫黄島を占領してからであり、それは1945年3月10日の東京大空襲の後であった。また、B29がいつも高高度で侵入したのではない。日本側に中低空防空火器が少なく夜間戦闘機にもレーダーがないのを知った結果、都市を焼夷弾攻撃する際は高度2000メートル程度の低空で夜間侵入するようになった。だから飛燕や月光にも、まだまだ活躍の余地があったし、高性能の標定機があれば、もっと低空防空に寄与できたのである。

で逐次改善され、南方作戦の頃には手旗による指揮は見られなくなった。だから強いニーズさえあれば航空機搭載の無線電話でも、ある程度の水準に達したであろうことは、単なる強がりではなく、後の朝鮮特需においても日本の電子工業界が米軍の厳しい要求に応えるだけの技術的な対応を直ちに示したことからも実証できるのである。

しかし、戦闘機の無線電話については、それが見られなかった。戦後になって、米軍機の搭載無線電話の整備を委託された機会に、米軍の電話がなぜ雑音に悩ま

コラム⑩●対日戦略爆撃

米軍の沖縄侵攻という、わが国土への上陸作戦が、両軍将兵と住民の大きな犠牲の下に行なわれたにも拘らず、日本の継戦能力を破壊し、そして国民の継戦意思を挫いたものは、最初は潜水艦、ついで航空攻撃と機雷敷設によるシーレーン破壊と長距離爆撃機Ｂ２９による戦略爆撃であったとされている。なかでも戦略爆撃は大きな効果を物心両面に与えたといえるだろう。ドイツは日本よりも過酷な戦略爆撃を受けたにもかかわらず、地上軍の直接侵攻を受けるまでは滅亡しなかったから、ほとんど戦略爆撃だけで敗戦に追い込まれた日本は、極めて珍しい例であった。

日本本土に投下された爆弾総量16万トンのうち14万7000トンがＢ29によるもので、延べ出撃数３万3041機に対して撃墜できたのは485機という戦果は、ソーティ（出撃機数）当たりの撃墜率が１パーセント強、被損傷機2707機を加えても10パーセント弱に過ぎなかったことを示している。中国の成都を基地とするＢ29の日本爆撃が開始されたのは1944年６月であるが、途中で

されないのかを探った日本の技術者は、それが受信機の巧妙なアースの取り方にあるのを知って愕然《がくぜん》としたという。だが、戦時中でも鹵獲したり撃墜したりして入手した米英側の無線電話を調査する機会はいくらでもあった。

ソ連やドイツの航空機を使用し、軍事顧問から訓練を受けていた中国軍の航空機も立派に無線機で交信していたから、その気になっておれば、太平洋戦争以前にも改善できたはずである。ところが整備部隊レベルでも生産会社サイドでも、それを真面目に追及していな

い。それは格闘戦、巴戦、〇〇サーカスといった個人芸を基本として空中戦を行なってきた戦闘機パイロットには、無線電話へのニーズがなかったからである。もちろん、「あればないよりはまし」とは思ったであろうが、性能と身軽さとのトレードオフになると「ないほうがまし」になってしまうのである。

ぜひとも使う必要があるものなら、運用者と技術者、官と民が一体となって改善されていく。よしんば故障がちであっても、だましだまし使っていくと、当初予測された運用方法以外の効果も見つかって必要性はますます高くなる。一般に新兵器は、航空機も戦車もレーダーもこうやって発展していった。ニーズとシーズの結合性が強い場合には両者は鶏と卵の関係となり、どちらが先に現われたかさえも不問となるほどである。

兵学校出身の戦闘機パイロット、真木成一氏は、九五式戦闘機時代までは戦闘機隊の規模も小さく、行動半径も短いので地(艦)上との連絡もあまり必要なく、またパイロット同士では手先信号で意思が通じ、また以心伝心の気風を誇っていたのでパイロットに電話使用への関心が薄かったことを『海軍戦闘機隊史』で述べている。零戦の時代となってもこの気風は守られたままであった。陸軍の戦闘機は概して脚(航続距離)が短いから、陸軍でもこれは変わらないままだったであろうと推察される。

だから時代の趨勢を読み取り、巴戦から「一撃離脱」戦法へ、少数の名人や「神様」が活躍する時代から多数の即席養成パイロットたちによる集団戦法の時代へと変わりつつあることを認識できる用兵者であれば、航空戦でも苦戦したノモンハン事件の後や、少なくとも南方作戦開始の頃には、信頼性の高い無線電話を厳しく要求してよいはずであった。しかし現場の名人たちからも、陸海軍の要職を占めていた「陸（海）軍航空育ての親」からも、航空機増産や電探の配備を求めるほどには、無線電話への強い要求は挙がっていない。

整備能力の不足

真木氏によると、性能の悪い当時の電話機を整備すべき専門の整備員は配置されておらず、通信科員の手空きが片手間に点検する程度であった。また音声が不明瞭なので電話として使用するのを諦め、電信符号の略号で使用した母艦部隊はあったが、陸上基地から出撃する部隊では活用された例を聞かないと記されている。太平洋戦争になってからは、数十機の集団で行動するようになり、電話機への要望もぞくぞくと提出されたが、技術側は、これに応え得なかったという不満も書き記されている。しかし、原因が艤装、すなわち取りつけ方の粗雑さによるトラブルであれば、電話機本体の検査しか行なわない工場側へ文句をつけても、いい解決策は得られなかったであろう。

艤装あるいは現場の整備不良による故障や性能劣化を改善する決め手は、整備隊や工廠の整備員の能力向上である。無線機にしろ機上レーダーにしろ、海軍の場合は横須賀航空隊と第三四三航空隊の航空機に装備した器材は、たいていうまく作動していたと伝えられるのは、それらの部隊には練度の高い整備員がいたからである。日本電気でレーダーを開発していた技術者であったが陸軍に召集され、その腕を買われて柏飛行場で帝都防空の任務にあたる飛行第五戦隊（のちに東部第一〇五部隊と改称）整備隊で航空機無線の整備にあたった杉浦護氏は、上官にあたる無線班長が通信屋といっても運用者であり、整備のまともな教育は受けたことのないド素人だったのに驚いたという。

かなり上位の職となると、この職につくのは将官でなければならないといったような条件に束縛されてド素人がつく場合も少なくないが、上位の職となるほど立派な幕僚機構があって素人の指揮官でも立派に支えてくれる。ところが、そんな贅沢な補佐機構は何もなく、それどころか先頭に立って部下の整備員たちを指導すべき立場の整備隊の班長にド素人が納まっているのは、適材がいない悲劇と運用者なら一応は何でも分かるという思い上がりが複合作用した結果であろう。

航空機技術の中核と見なされる機体設計技術、材料技術、発動機技術に比べると一般に軽く見られる周辺技術、艤装技術の中でも、航空無線は戦力向上の点で無視できない技術である。それを軽視、いや無視し続けたのが日本の戦闘機関係者であった。その実証としては、一九四三年四月、ラバウルで山本五十六連合艦隊司令長官出席のもとに開催された「戦訓による戦闘機用法の研究会」の概要を横須賀航空隊の小福田租少佐がまとめた記録が残されている。反省事項や将来戦闘機への要望が盛り沢山に列挙され、防御能力の向上や現状と変わらぬ格闘戦性能の維持を訴えているが、無線への苦情、要望はまったく記されていない。

無線がないと新戦法開発も頓座する。陸軍航空の上層部も、いつまでも「神様」の格闘技術に頼ってはいられないと判断し、四三年後半には、二機が組となり、僚機の掩護の下に攻撃するというドイツのロッテ隊形を取り入れたが、やはり無線の不通がネックとなって、結局は単機の戦闘になってしまったという。

無線なき悲劇

一九四二年の南太平洋の上空で、零戦のエース坂井三郎中尉は、前方の笹井編隊長の背後から米軍のP39「エアラコブラ」が迫って行くのを発見するが、無線機を降ろしているので危険を知らせる術がない。そこで、やむを得ず曳光弾を発射して危機を知らせた、というエピソードを語っている。この他にも、無線電話が搭載されていなかったために危険を通知できなかったという例は枚挙に暇がない。レイテ作戦の頃、戦闘機が偶然、敵機動部隊を発見したが基地へ帰投するまで報告できなかったので好機を逸したこともあるし、敵の航空攻撃を受けている基地が、帰投中の戦闘機に警告できず、着陸中にムザムザ破壊されたという悲劇もある。

複座機についても編隊間の無線電話は不通であった。空母「隼鷹」の飛行隊長、阿部善次大尉はマリアナ沖海戦で艦爆「彗星」九機を率いて敵空母に首尾よく爆弾を命中させるが、味方はわずか三機となる。四〇日間訓練なしの状態から急に四〇〇浬も飛行して疲労困憊した部下の二機が、味方と錯覚したグラマン戦闘機の方へ向かっていって撃ち落とされるのを、この歴戦の勇士は知らせる術もなく、ただ見ているより仕方なかった。

遭難者の救助に際しても無線なき悲劇は多い。陸軍の海上輸送で最悪の損害を被った「ビスマルク海の悲劇」がそれである。ニューギニアのブナを放棄してもラエは絶対に死守するという方針にもとづき、一九四三年二月二十八日、第一八軍は約七〇〇〇人の第五一師団将兵をラバウルから八隻の輸送船で西進させた。海上には駆逐艦八隻、上空からは零戦と「隼」が交替で援護したが、九ノットの悲しさ、直ちにB24重爆撃機に発見され、三月三日にニューギニアのフォン湾へ入りかけた船団は猛攻を受けて全滅する。

そのときの直衛は零戦であったが、ラエおよび北方のマダンに所在する陸軍航空隊には危急を知らせる無線は届かなかった。もともと陸軍機と海軍機では加入している通信系（具体的には使用周波数）も別だから、零戦からの生の声を陸軍側が受信するチャンスは小さかったが、十一時三十分からの直衛交替のためにマダンから飛来して惨事を発見した「隼」一四機からの急報の無線さえも司令部には届いていない。フカの多い南海を漂う遭難者を一刻も早く救助しなければならないのに、「隼」が基地へ帰投するまで悲報は伝わらなかったのだ。彼らが所属する第一二飛行団と上級司令部の第六飛行師団との間の通信も悪く、海軍から陸軍への連絡も不十分であったため、第六飛行師団が漂流者の位置を完全に掌握するのは、翌四日に一〇〇式司偵が捜索してからであった。

モノはあったが

だが、感度が悪かったりパイロットが搭載しなかったりしたが、モノはあったのである。陸軍は一九三六年に無線機の制式、周波数配当をいっせいに改定し、戦闘機用としては九四式飛三号（短波利用、通達距離五キロ）をあてた。三一年の計画においてさえ戦闘機用無線機は一六号無線機として書類の上では登場し、短波あるいは超短波を用いる計画になっていた。編隊内通信が目的とはいえ、アンテナが短くてすむ超短波に目をつけていたのはさすがであるが、残念ながら陸海軍ともに超短波の航空無線を終戦までに開発できずじまいであった。

現在ではエレクトロニクスの発達の方が、機体の発展よりも激しいが、当時は逆であったから、機体の進歩に合わせて無線機の更新が行なわれ、四〇年の審査資料によると九九式飛三号無線電話の出力一〇ワットとなっている。パイロットに「重い」と毛嫌いされた肝心の重量は記録されていないが、要求性能の記録では対地通達距離一〇〇キロ、重量一五キログラム以内とされている。受信機のレシーバーからガーガーと雑音が出るのは、受信機だけではなく、航空機の発生する電気雑音、とくにエンジンの点火系統や発電機にも原因がある。陸軍は、これらの機器にシールドを施して受信機固有雑音の五倍以内に抑制するように航空機製作会社を指導していた。

海軍においては、一九三二年、横須賀に航空技術廠が設置されて航空関係の研究を目黒の技術研究所に代わって実施するようになったのを機会に、航空無線の名称も変更された。空一号と称するのは単座機用であるが、ここで九六式空一号無線電話機という出力一五ワットの戦闘機用短波無線電話機が登場する。これが一応実用化されるのは、後に「改一」という接尾語がくっつけられてからであり、重量は一八キログラム、対地通達距離は五〇浬となっているが、その実態は先に見たとおりである。陸海軍ともに受信機の性能が悪く、それも取りつけ方に左右されるのだ。

戦史家が「第三段作戦前期」と呼んでいる一九四三年になると、三式空一号無線電話機改一に更新され出力一〇〇ワット、重量三〇キログラムと強力になって対地通達距離は三〇〇浬を誇るが、こんなに重くなるとますます嫌われたであろうし、性能どおり三〇〇浬も通達したという話も伝えられていない。せっかく一〇〇ワットの高出力で送信しても受信機が不調だったのでは、どうしようもない。不思議な一致であるが、海軍の二二号マイクロ波レーダーの不調原因も、送信機よりは受信機にあった。

無線機の軽視は航空機の運用を困難にしただけではない。システムとは、簡単にいえばいくつかの縦に連なったものを横に連ねることである。その手段となるのは通信網だ。それによって航空機、レーダー、高射砲、艦艇といったサブシステムが、防空や救助というシステムの中で機能し始める。陸軍の師団などは典型的なシステムで、砲兵や歩兵、工兵といったサブシステムが効率良く機能してこそ、最大の戦力を発揮することができる。

ところが通信、とくに無線に頼らずにサブシステムだけで目的を達成するのを誇り、また、不幸にして無線機も不具合が多いという環境では、大きなシステムの運用も、新しい兵器システムの設計も今日想像する以上に困難であった。そしてシステム思考のできる開発指導者も不在であった。陸軍の防空レーダーも例外ではなかったのである。

第四章　ドイツの空は戦闘機か爆撃機か

1　音の壁

プロペラ機の限界を越える

第一次大戦で空の勇者に愛用された複葉機も、一九三〇年代後半になると特殊な用途を除いては安定性を重視する練習機ぐらいにしか使われなくなり、高速性に優れた単葉機が主流となる。時速は数百キロを越え、さらにスピードアップが続けられた。実験機では早くも一九三四年にイタリアのマッキMC72が、フロートのついた水上機でありながら縦列に配置された二重反転プロペラによって時速七〇〇キロの壁を破っている。また、三九年にはドイツのハインケルHe100V8が七四六・五キロ、ついでメッサーシュミットMe209V1が七五五・一キロで追い抜いている。一方、実用機の記録向上に熱心だったのは航空機王国の米国であり、のちにロッキードP38「ライトニング」となるXP38や、のちのチャンスボートF4

U「コルセア」となるXF4Uが相ついで時速六四〇キロに達している。

だが、速度が上昇して音速を越えようとすると、そこで「音の壁」と表現される大きな障害に直面することが判ってきた。音速と同じ速度をマッハ数一というが、航空機がこれに近い速度（亜音速）で飛ぶようになると、翼のまわりでは空気の圧縮性によって超音速流と亜音速流の二つの空気の流れが形成され、その衝突から衝撃波が生じることが知られている。衝撃波が生じた足元では急激な圧力上昇が起こり、翼表面の空気の流れに顕著な剝離現象が生じて揚力がいちじるしく減少する（いわゆる衝撃波失速）。しかも、この発生する場所が一定していないため、飛行機全体が激しく振動して操縦が困難になるのである。

プロペラでも翼とおなじように音の壁がある。プロペラにあたる気流の速度は、飛行機の前進速度とプロペラ回転速度を合成したもので飛行速度よりもかなり大きく、ここでも高速飛行時に衝撃波が発生する。そして、翼が衝撃波の発生で揚力を失うように、プロペラも充分な推力（前方向の「揚力」）がでなくなる。こういった原因でプロペラ機の速度は時速八〇〇キロが限界と考えられていた。

この音の壁を打ち破ったのがジェットエンジンの出現である。のちに英国のジェットエンジンの父といわれたフランク・ホイットルは早くも一九三〇年にジェットエンジンの特許を申請した。獲得した特許を武器としてパワージェット社を設立した二年後の三七年四月、彼は世界初の航空機用ターボジェットエンジンの試運転に成功し、その後もエンジンという要素技術では世界をリードし続ける。

ところが、複雑な加工技術や貧弱な耐熱材料に悩みながら世界最初のジェット機を作り上げたのは、じつはドイツであった。ジェット――すなわち高速の流体（噴流）を噴出口から送り出して、その反動で飛行するジェット推進エンジンは、

①圧縮機で高圧化された空気に噴射ノズルから燃料を吹き込んで燃焼させて得られた高温高圧のガスによってタービンローター（羽車）を高速回転させ、この回転で生じる噴出ガスを推力とするターボジェットエンジン（一般に、これをジェットエンジンという。この発展型のターボファンジェットも含む）。

②圧縮機とタービンのないラムジェットとパルスジェットエンジン。

③燃料と併せて酸化剤を備えた、空気不要のロケットエンジン。

の三種類に大別される。

驚いたことに、ドイツは、これらをすべて実用化して、メッサーシュミットなどのジェット機（ターボジェットエンジン）、V1（パルスジェットエンジン）、V2（ロケットエンジン）を戦場に送り出すのである。

船舶の推進においても、ピストンの往復運動を回転運動に変えてスクリューを回すピストンエンジンより、蒸気で直接回転力を生じさせるタービンの方が効率がよく、とくに高速を必要とする軍艦に適していることは以前からひろく知られていた。したがって、ピストンの往復運動をプロペラの回転運動に変換するピストン（レシプロ）エンジンよりも、燃焼ガスでタービンローターを直接回転させて噴出するガスを推力として利用するジェットエンジンの方が、仕組みが簡単で高速が得られそうだと理論的には認められていた。のちに製作されてから判明した事項も含めると、ピストンエンジンと比較したジェットエンジンの利点はつ

ハインケルHe178

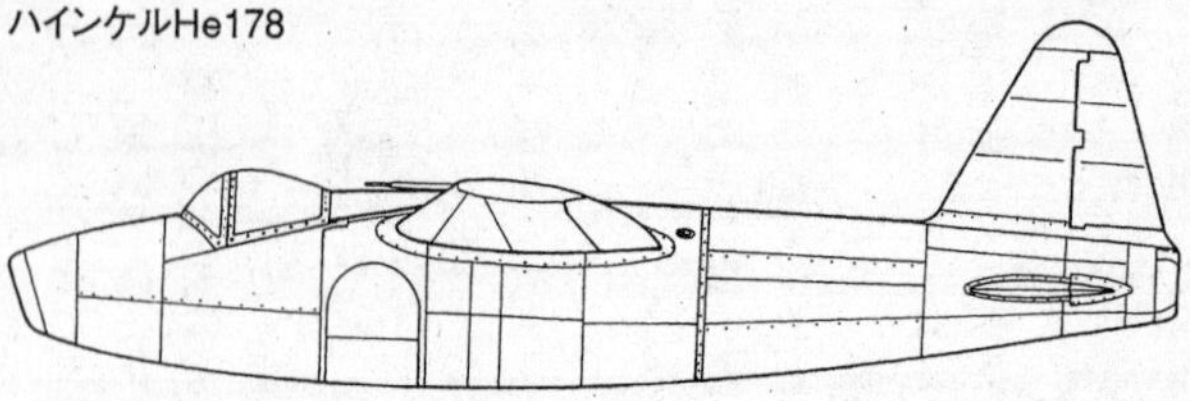

ぎのとおりである。

①エンジン重量あたりの出力が高い。

②ピストンの往復部分がないので振動が少なく、プロペラがないので時速八〇〇キロの壁が突破でき、設計の際も一方向に回るプロペラが発生する回転モーメント（トルク）を無視できる。

③大気圏外ならともかく、高度一万メートル程度の高空では出力はプロペラ機ほども低下しない。

④軽油、灯油のような低質の燃料でも運転でき、始動も容易である。

理論的には結構づくめであったが、実際には高温に堪える材料や適切な設計技術がなかなか得られなかった。ところが、航空省（空軍省）の技術指導も財政援助もないまま一九三三年頃から自社研究をスタートさせていたドイツのハインケル社は、三七年九月、ホイットルには五ヵ月遅れたものの、ドイツ初のジェットエンジンを独力で完成させたのである。

この研究チームの指導者、オハイン博士はもともと物理学者であったが、無線電信の発明で有名なイタリアのマルコーニに招待されて出席した三五年のローマでの第五回ボルタ会議が彼の人生を変えた。その年の会議の主題であった超音速飛行の可能性について、世

1939年８月24日、世界最初のジェット飛行に成功したハインケルHe178 。プロペラの不要な画期的な時代の幕開けは２次大戦勃発の７日前であった。

界の空気力学者たちと検討する機会を得てから、この課題に取りつかれ、請われてハインケル社に入社し、ターボジェットエンジンHeS3と取り組むのである。

He178の初飛行

ドイツ軍のポーランド侵攻の一週間前、一九三九年八月二十四日午前三時三十分、バルト海に面したロシュトック市郊外のマリーネーエ飛行場から、世界で初めてのプロペラのない奇妙な飛行機が尾部からオレンジ色の炎を吐きながら急上昇して早起きの市民を驚かせた。天才的設計者ハインケル博士が前年に設計を開始した試作機ハインケルHe178の初飛行である。胴体はジュラルミンだが主翼は木製で、燃料に普通のガソリンを用いるターボジェットエンジンHeS3Bの推力は約五〇〇キログラムであった。世界の技術史に残る記念すべき飛行である。

一九三八年夏に設計を完了し、三九年春できあがったHeS3Bエンジンの性能と、四〇年にユモ004

表6　英独のジェットエンジンの比較

	HeS3B	ユモ004B1	W1
静止推力(kg重)	450	910	431
タービン入力温度(℃)	697	775	不明
燃費(kg/kg重/時)	1.6	1.4	1.37
空気流量(kg秒)	12	21.2	10.0
圧縮機	軸流単段+遠心単段	軸流八段	遠心単段
回転数(回/分)	11600	8700	17000
重量(kg)	360	750	236

として試作され、メッサーシュミットMe262に搭載するため四三年から納入が始まるユンカース社製ユモ004B1量産型エンジンおよび四一年五月に初飛行する英国のグロスターE28／39実験機に搭載されたホイットルのW1エンジンの性能と比較すると表のとおりである。

これを見ると、HeS3は小型であるし推力も弱いが、基本的には、まずまずの性能を持った試作エンジンといえる。面白いことに、軸流式か遠心式のいずれかが採用される圧縮機の設計において、前方に軸流式、後方に遠心式を置いたハイブリッド方式が採られている。

放っておかれたジェット機

この後もテストは順調に続けられ、十一月一日には航空省次官のミルヒ上級大将や同省技術局長兼航空兵器総監ウーデット中将といった高官の前で展示飛行を行なったが、彼らは興味をいっこうに寄せなかった。当時、ドイツ軍の電撃作戦はすべて順調に進展しており、まもなく英国も和を乞うから長期戦にはならないとする軍首脳部の楽観的な思いこみが不確実な新兵器開発を不要とする理由であったが、もともとハインケルが空軍に毛嫌いされて

コラム⑪●圧縮機の方式

①軸流式　換気扇のような送風機を回転軸に沿って何段か縦につなぎ、多量の空気を送り込んで圧縮する方式である。羽根に工夫を凝らし、回転数を上げれば普通のファンやブロア1個でも排気側の圧力が吸気側の1.1倍から1.7倍程度に高まるような圧縮ができる。3段程度つなげば圧力比3対1の圧縮が可能であり、段数増加によって（大型となる不利はあるが）さらに圧縮が可能である。現在の航空機用エンジンはすべて、この方式を採用している。

②遠心式　ファンならぬインペラ（扇車）を回転させ、その遠心力を利用して流入空気を外周のディフューザー（拡散室）へ吹き込み、高圧化するもので、1個のインペラでの圧縮効率は高いが（圧力比3対1～10）、3個以上設置するのは難しく、圧力比向上には限度がある。また小流量にしか対応できない。構造が簡単だからホイットルが完成した世界初のエンジンにも採用され、初期の頃は量産エンジンにも多用された。1950年代半ばからは高速の航空機には使われなくなったが、自動車用ターボチャージャーの圧縮機などとして小型エンジンに使用されている。

いたことも無視できない。ここでドイツは、貴重な最初の二年を失うことになる。

ハインケル社が政治的理由で毛嫌いされていたのは事実であるが、世界初の実験に成功した実力が無視されたか否かについては、さまざまな論評がある。ハインケル社がジェット機の開発で「干された」のは、航空省が定めた企業分担の枠を乗り越え、機体製造企業のくせに発動機に手を出したからだとする見方には、かなりの説得力があり、現代にもあてはまりそうな理由である。逆に、この展示飛行の成功によって、実用機He280の開発計画が空軍から認可されたと伝える報告もある。

また、一九三〇年代後半に、ドイツ空軍の技術者がすべての方式のジェットエンジンについて大がかりな技術見積もりを行ない、ターボジェットエンジンが有望であるというご託宣を下した際、ユンカース、ブラモ、BMW（バイエルン発動機会社）の三社はエンジンの研究開発への参加を表明したが（ブラモとBMWは、その後合併）。しかし、エンジン開発の雄、ダイムラー・ベンツは辞退した。そのときのハインケル社の態度を見ると、空軍の許可の下にエンジン製造企業であるヒルト社を買収してジェットエンジンの開発を本格的に実施することを表明している。この買収や表明が空軍に認知されたものであるならば、発動機に手を出したとして干されたというのは理屈に合わないが、この見方が正しければ、同社がヒルト社を買収したときに、もう干され始めたことになる。

どこの国にも判官びいきはいるらしく、せっかく実験機、実用機を世界に先駆けて試作したのに不明瞭な理由で採用されなかったハインケルに同情する論評が多数派であるので、本書も、その主張に従っている。見捨てられても挫けないハインケルが引き続いて取り組んだ最初の実用機He280V1双発ジェット単座戦闘機の初飛行は、一九四一年四月二日であり、これは英国のグロスターE28／39実験機の初飛行より五週間も早い記録である。そして対抗馬、メッサーシュミットの初の試作ジェット機、Me262V1の機体が、レシプロエンジンを仮装備して飛び上がるよりも二週間前であった。

1941年５月15日に初飛行したイギリスのグロスターE.28／39第１号機。連合軍側で実戦に参加した唯一のジェット機で、Ｖ１号の迎撃戦闘に出動した。

Ｈｅ280Ｖ1の設計は、実験機Ｈｅ178の初飛行とともに始められ、一九四〇年九月にはＨｅ280Ｖ1（原型一号機）の機体は完成したものの、装備する推力六〇〇キログラムの遠心式ハインケル・ヒルトＨｅＳ８Ａエンジンの実用化が遅れたため、ハインケルＨｅ111Ｈ双発爆撃機に曳航され、もっぱらグライダーとして離着陸試験をくり返しながら、この日の動力つき試験飛行を待っていた。

ジェット機の取り柄は、あくまでもエンジンであるが、この機体も特筆すべきものであった。主翼にはＭｅ262Ｖ1のような後退角もなく、ＨｅＳ８Ａエンジンの地上試験の際に漏れた燃料が底に溜まると引火の恐れがあったので、主翼下面に装着されたエンジンはむきだしのままのアカ抜けしない風采であった。それでも、現在の航空機には常装となった前輪を機首の下につけ、初めて射出座席を採用した斬新な設計であった。ちなみに、座席の射出は現在のような火薬式ではないが、四〇リットルの空気瓶に入った一三〇気圧の圧搾空気で二二キログラムの座席、八〇キログラムのパイロット、一五キログラムの落下傘と電熱服を数メートルの高さに射出するとともに風防も圧搾空気で飛散させる画期的なシステムである。

設計上は推力七〇〇キログラム重を期待されたHeS8Aエンジンの実行値は五八五キログラム重程度だったが、それでも一〇七〇リットルの燃料を積んだHe280V1は、高度六〇〇〇メートルで、当時のどのレシプロエンジン機でも達成できない、時速七八〇キロの新記録を作った。三日後の四月五日、ウーデット中将らの航空省高官を迎えて再度行なわれた展示飛行も成功裡に終わった。しかし、不幸にも彼らはこの試験成功の意義を理解せず、特別の援助も与えようとしなかった。

2　ハインケルとメッサーシュミット

ウーデットからミルヒに

技術開発に関心を寄せなかったパイロット出身のウーデット中将の頑迷さが、将来性あるジェット機を評価させなかったとする評論も多いが、あれだけの新兵器を開発させた彼の幕僚たちがジェット機を無視していたはずがない。一九三八年頃、ジェットエンジンに興味を示した米国海軍が、その将来性について専門家に調査を委託したところ、軽量小型が難しいから航空機には不向きという否定的な答申が提出されたという、航空機大国、米国には不名誉な記録がある。ところが、ドイツ空軍の方は、もともとジェット機に肯定的であった。

ウーデットなどが冷淡だった最大の理由は、ジェット機はメッサーシュミット社に開発させ、エンジンはBMWあるいはユンカース社に開発させるという方針がすでに決定していたからであろう。現代の、もっと徹底した管理社会では、ある開発プロジェクトに加えられなかった会社が、それに関連する優れた試作品や実験を公開しても、小物ならともかく高官は、

Me262との競作機となったハインケルHe280V3。エンジンナセルのカウリングが外され、HeS8Aエンジンが見えている。

お忍びでなければ見に行けない場合が多いから、ウーデット航空兵器総監の視察が得られただけでも、ある程度の自由度があったといえよう。

その年の十一月、航空機生産停滞のスケープゴートにされたウーデット上級大将（当時）は自殺する。すでに夏には席を追われ、技術関係の部局がミルヒ次官の直轄となった結果、各部局の混乱ぶりと無能な監督ぶりが暴き出されたのが直接の原因である。第一次大戦で六二機を撃墜し、リヒトホーフェンにつぐドイツ第二のエースだった偉大なパイロットには堪え難い屈辱だったにちがいない。

だがミルヒもHe280には冷淡であった。彼の立場や生産構想では、ハインケルだけでなくメッサーシュミットも含めて、ジェット機開発にはウーデット以上に冷たくならざるを得なかっ

虐待されていたメッサーシュミットに陽が当たるのは、1936年にウーデットが航空省の技術局長に就任してからである。第1次大戦で62機を撃墜し、リヒトホーフェンに次ぐドイツ第2のエース、ウーデットは空軍の研究開発計画を統括する重要な地位にあるのに技術や工業の基礎知識がなく、技術行政にはまったく不向きであったが、1939年には装備局長さえ兼ねてしまう。これは同じ元戦闘機乗りのゲーリングと肝胆相照らす仲であったお陰であり、ミルヒに知られたくない問題を、密かにゲーリングへ持ち込むこともできた。

第1次大戦後に軍を離れ、ルフトハンザの社長にまでなったミルヒは、その横柄な態度と併せて、職業軍人の誇りを保ってきた伝統的な空軍将校たちの悪評を買っていたが、航空機工業の実態と経営者や設計者の仕事を十分に知っており、ヒトラーとゲーリングが一致して選んだ人材であった。彼は、実に巧妙な手腕で無能な部下ウーデットの追放を図り、性能不足の装備に対する運用者の不満をウーデット引責問題にまで発展させる。

精気を失ったウーデットは深酒を重ね、第一線のパイロットなら容易に入手できたストレス解消用の覚醒剤を乱用して廃人同様となる。ミルヒに誘われて、「二人のよりを戻すためのパリ旅行」に夫人同伴で出発する朝、ウーデットは自殺死体で発見される。壁には冷たくなったゲーリングへの恨みが書きなぐってあったが、厳重な報道管制を布いたゲーリングは、試験飛行中の殉職として公表し、ヒトラー臨席の国葬で旧友を見送った。

コラム⑫●メッサーシュミットをめぐる人脈

1898年、フランクフルトのワイン商の息子として生まれた航空機設計の不世出の天才、メッサーシュミット博士をめぐる人脈は、レン・デイトンの著「戦闘機」において細かく描き出されているが、小説よりも奇という感がある。彼とナチスの関係は曖昧であり、根っからのナチス礼讃であったのか否かは分からない。永年の顧客であるルドルフ・ヘスとは親交があったが、それよりも妻の実家の財力でバイエルン航空機会社を買収した時、その会社の創設者だったウーデットの知遇を得たことの方が大きな資産となる。

彼はゲーリングの片腕、ミルヒとは永い間の仇敵である。1931年、メッサーシュミットが設計し製造した旅客機の墜落事故が2件続き、その死者の中にミルヒの親友が含まれていた。そしてミルヒは、その旅客機を発注したルフトハンザの社長であった。事故調査の結果、発注した仕様書のミスが判明してメッサーシュミットは難無きを得たが、ミルヒの怨恨は凄まじく、同型機10機の発注を取り消すなどの報復を受けてバイエルン航空機会社は倒産する。おまけに1933年にナチスが政権を握ると、ミルヒは他の航空機メーカーが享受する優遇措置や補助を受けられなくしてしまう。輸出に活路を見出だそうとするバイエルン航空機会社を国益上、捨ててもおけず、同社への発注がミルヒに命じられた時、彼がメッサーシュミットに与えた仕事は、宿敵ハインケル社の複葉機のライセンス生産であった。これはメッサーシュミットのハインケル嫌い、複葉機嫌いを知った上での復讐にちがいなかった。

たといえる。ミルヒはウーデットとはちがって業界の実情や生産行政に精通していたし、航空機生産競争で英国に立ち遅れていく危機感を、空軍参謀総長イエショネクのような運用者以上に強く持っていたから、ウーデットが諦めていた大幅な航空機増産計画を製造業界に強く厳しく要求した。これは、質を重視する手工業的なドイツの工業システムを合理化して量の重視へ切り替える、途方もなく困難な仕事であったが、それに加えてミルヒは、新型機開発をシリーズ生産（部隊での運用試験のために試作機を一〇〜二〇機を増加生産すること）の段階に進めることを禁止してしまった。

イエショネク大将は、陸軍大学を一番で卒業したとはいえ、作戦以外の行政的な問題には、生産計画も含めてまったく関心がなく、驚いたことには一九四二年三月になっても未だ生産拡大の必要性を認識していなかった。「一カ月に三六〇機以上も戦闘機をもらっても使いようがない」という間の抜けた言い草を、ようやく訂正した六月には、生産量が損耗に追いつかなくなっていた。連合軍の爆撃が激化して、この生産機数でも防空にはとうてい足りないことが判明し始めた一九四三年八月十八日、彼は責任を取って拳銃で自決する。

「ハインケルいじめ」

ハインケルの政治思想が、「ハインケルいじめ」の原因の一つであったことも無視できない。優れた設計家であり企業家でもあったハインケルは自由主義者でもあった。自己の信念と相入れないナチス政権には献金もしないし媚びを売らない。カトリック協会と並んでナチスに最後まで抵抗したドイツ陸軍ならばともかく、ヒトラーの政権奪取以前から彼の盟友であった空軍相兼空軍総司令官ゲーリングに率いられるドイツ空軍との折り合いはよかろうはずがなく、空軍はナチスに煙たがられるハインケルよりもメッサーシュミットに眼を向けていた。

もし、この時点で「ハインケルを買う」英断があったならば、一九四二年夏に始まる連合軍の戦略爆撃に対する有効な阻止戦力となったにちがいない。当時の爆撃には戦闘機のエスコートが付かなかったから、なおさらである。だが「バトル・オブ・ブリテン」の敗北で挫折したとはいえ、バルカン半島からクレタ島までを制圧し、ソ連侵攻のバルバロッサ作戦準備中の意気軒昂たる空軍首脳が、快速ではあるが航続距離が短く、防御専用の迎撃戦闘機としてしか使えないジェット戦闘機を、メッサーシュミット社を怒らせてまで早期に装備化を図るはずがなかった。

だが、ハインケル社の自主開発は黙認された。まず三機のHe178を試作した後、ハインケル社は、さらに六機を追加試作して二年間にわたりさまざまな評価試験を行なった。資材の割り当ても厳しいご時世だから、一部の「判官びいき物語」が説くように、当局の認知を得ないまま自力で開発を進められたはずがない。金額は少なくても、官に支援された開発であったと推測される。二年間も時間を浪費していたのは本当にもったいないが、これは、

①比較試験を行なうべき対抗馬のMe262の完成がモタモタして遅れた。

②He178自体も、まだエンジンの信頼性が足りなかった。

③連合軍の爆撃が激化する一九四三年までは迎撃戦闘機への強いニーズがなかった。

ためである。

名機Ｆｗ190Ａに勝つ

一九四一年四月の一号機の飛行に続いて五月には二号機、七月には三号機が完成した。三号機は、ようやく推力が六〇〇キログラム重に達した自社製のＨｅＳ８Ａエンジン（すでに制式化されハインケル・ヒルト109－011の名称を得ていた）を装着し、時速を七九〇キロに向上させたが、エンジンの信頼性はまだ低かった。しかし、対向馬のメッサーシュミットは、搭載予定のＢＭＷ003エンジンの不調により四二年の春になってもレシプロエンジンによる機体テストをくり返している始末だったから、だれが見てもハインケル社の優位は明らかであった。

その後、予定性能に完全には達しない自社のエンジンに代えて、ようやくユンカース社が製作したユモ004エンジンを二号機に装着して、やはり時速七九〇キロに到達させ、四号機にはＢＭＷ003を、五号機にはハインケル・ヒルト001を、そして四三年初頭には六号機にユモ004を装着している。Ｈｅ280は、まるで発動機製造会社（自社も含めて）のためのテストベッドであり、二年近くも各社のエンジンテストを手伝っていたことになる。

この頃、英国のスピットファイヤーに押され始めたメッサーシュミットＢｆ109を助けるため、やはり技術力はあるのにナチスからうとんじられていたフォッケ・ウルフ社が開発したＦＷ190Ａの配備が開始されていた。何十機もの派生型を生み、迎撃戦闘機および戦闘爆撃機として二万機近く生産された名機であり、連合軍によるノルマンディー上陸作戦の際、たった二機で果敢に攻撃を加えて一矢を報いるのも、このＦＷ190である。

ハインケルはこの誇り高いＦＷ190にＨｅ280との模擬空中戦を願い出た。旋回性能は劣っても時速で一〇〇キロ以上も速いHe280は、容易に相手の後方に取りついてジェット戦闘機の優越性を示したので、勝負は簡単に決まり、航空省も先行量産型He280A0を一三機発注したという報告がある。

Bf109と共にドイツ空軍の主力戦闘機として活躍したフォッケウルフFw190A。戦闘爆撃機型を含め約2万機が生産された。

自信を取り戻したハインケルは、戦闘機型He280Aの他にユモ004装着の戦闘爆撃機型He280Bを提案した。なにしろ九機も試作し、二年間も試験評価に明け暮れていたのだから、戦闘爆撃機としての運用試験も行なっていたのであろう。これなら本命のMe262と競合しないというので航空省も難色は示さず、三〇〇機の生産契約を与えたという。しかし、主務者レベルが確約しただけなのか、トップまで承知したのか正確なことは不明である。ともあれ、出生のときは不遇だったHe280が、正しい処遇を受ける機会が生じたのは事実である。

それでもメッサーシュミット

だが、こんなに実績を挙げてもヒトラーの前で「天覧飛行」を行なうには至っていないのはなぜだろう。これは、ハインケルの、あるいはジェット機という新参兵器のヒトラーに対するうけが非常に悪いので見せない方が良いと側近たちが考えたのか、あるいはヒトラーが一目惚れでHe280の採用を決定してしまい、モタモタしているメッサーシュミット社を破門するような珍事が起こっては困ると思ったのか、真相は分からないが、初の「天覧飛行」の栄誉をメッサーシュミット社に与えたいと空軍首脳が願っていた可能性は高い。

Me262のジェットエンジンによる飛行が遅れているのも、メッサーシュミット社の責任ではなく、エンジン納入の遅れによるものであったが、ようやく完成したユモ004Aを装着した原型三号機Me262V3が、一九四二年七月十八日、わずか一二分であったが初飛行に成功する。二年三ヵ月遅れて対抗馬が到着したのだ。引き続いて試験飛行がくり返され、傾斜姿勢（バンク）の際に内翼部で生じる気流剥離を発見して主翼を改造した結果、時速八〇〇キロという快記録も達成する。

一時はテスト中に離陸に失敗して二号機が大破するなどトラブルが続出し、空軍の高官たちがジェット機そのものへの懐疑の念を深めたほどであったが、九月に、やはりユモ004Aを装着の二号機が活躍し始め、航空省が五月に発注した一五機の増加試作機は、十月になると三〇機に倍増される。そして同一エンジンであるのに、明らかにHe280よりも優れた性能であるという理由から、四三年三月二十七日、航空省技術局はHe280Bの量産契約を取り消すとともに、以後の開発契約も行なわないとハインケル社に申し渡した。

「本命」の対抗馬が遅れているという理由から、ゴールの手前で二年間も足踏みを続けていたら、対抗馬が抜き去ったのである。実戦に参加できなくなったのはHe280だけではなく、五年あまりジェット機と取り組んできたハインケル社の技術者が得たノウハウも未活用のまま眠ることになった。一九四四年九月、国民戦闘機「フォルクスイェーガー」の設計にそれが活用され始めたとき、ドイツの空は毎日、敵機に覆われていた。

納期のなかった兵器開発

空軍が採用したメッサーシュミットMe262「シュトルムフォーゲル」は、He280と性能に大差はないが、出生においては別あつかいの厚遇を受けた。しかし全体としてはイバラの道を歩むことになる。というのは、ドイツ空軍首脳が、ドイツ空軍を代表する名戦闘機メッサーシュミットMe109だけで短期決戦は終了すると楽観的に考えていたからである。しかし航空省技術局は、ユンカース社とBMW社が開発していた軸流ターボジェットエンジンの将来性に着目していたから、これの能力を活かす機体の設計をメッサーシュミット社に対して命じていた。設計は一九三九年六月に完成し、三機の試作が発注される。このような路線が敷かれていたのだから、自力で開発し八月に初飛行をやってのけたハインケルHe178にお呼びがかからないのは当然かもしれない。

Me262という公式呼称も与えられた機体は一九四一年四月に出来上がったが、採用予定のBMW社のターボジェットエンジンの推力が目標の六七五キログラムになかなか達せず、補欠のユンカース・ユモ109－004ターボジェットも世界最初のガスタービンの実用化を試みるものであったから、まだ問題が山積みであった。機体はできたがエンジン待ちという状況はハインケルHe178の場合と同様であるが、Me262の方は機首にレシプロエンジンを取りつけて機体の飛行性能を試しながらデータ解析を行なっている。一九四一年十一月、ようやくBM

Wターボジェット二基が納入されたが、未だ信頼性が低いので機首のレシプロエンジンも付けたままで初飛行したが、離陸と同時に両ターボジェットのタービンブレードが高温と高回転に耐え切れずに飛び散って失敗に終わった。

公平な競争試験であれば、この時点でハインケルHe178が採用されてよいはずだし、そうしておれば、連合軍の戦略爆撃が激しくなる二年後には十分な数の迎撃ジェット戦闘機が準備できたはずである。だが、この競争において欠けていたのは開発の納期、すなわち開発を成功させるタイムリミットであった。これが定まっていれば、いくら本命でも「遅れたものはだめ」である。この「納期」がなかったのは、迎撃戦闘機に対する切実なニーズが生じていなかったからであり、二年後に襲いかかってくる脅威への認識が甘かったからである。

納期はないに等しく、暗黙の了解で業者選定はすでに終わっているから、空軍首脳の選択といえば、ドイツの航空機メーカーの中で最も忙しい会社、メッサーシュミット社に対し、Me262開発を中止させるか、あるいは気長に続けさせるかであったが、一応は続けさせることになった。

英本土爆撃作戦は失敗に終わるし、モスクワ攻略も予想に反して長引きそうになったから、短期決戦はあきらめて時間のかかる新技術の開発も認めていく方針に切り替わったためであろう。V2ロケットに予算と人がつくようになったのも、この頃である。

一九四二年七月、ユモ004Aを装着した原型三号機Me262V3が初飛行に成功した時点で、ドイツがジェット戦闘機の生産に踏み切っておれば、その後の戦局はかなり変化したものと悔やしがる論評は多いが、飛び始めたばかりのMe262の信頼性はHe178以上にひどいもので、

1942年7月、ライプハイム基地で給油中のMe262Ｖ3。同機は18日、初飛行に成功した。空気吸入口に地上運転時の異物吸入除けの覆いが見えている。

相当のメッサーシュミット支持者でも肩入れしかねる状況だったから、生産に踏み切れるわけがない。

当時のドイツ戦闘機をめぐる最大の課題は、性能向上も限度となったメッサーシュミットＢｆ109の後継機の選択であった。Ｂｆ109と共通の部品を多用して量産効果を上げようとするＭｅ209か、まったく異なった形状のＭｅ309か、あるいは名機として誉れの高いＦｗ190Ａの後継機Ｆｗ190Ｄ（液冷エンジンに変換）にどの程度のシェアを与えるか、の大論争である。

一歩後退、二歩前進

だから一九四三年春、ハインケル社のＨｅ280が葬り去られたからとてＭｅ262の将来が約束されたわけではなかった。四月十八日、三号機が急に失速して墜落し、優秀なテストパイロットが殉職する。原因は、エンジンの排気口の内にあるテイル・コーンがマウントに充分に固定されておらず、マウントから離れて排気口を塞いでしまうという単純なミスだった。

歴戦の勇士であり、一九四二年七月からロケット戦闘機Ｍｅ163のテストに携わっていたシュペーテ大尉は、前年の事故で受けた損傷を修理した三号機で四月十七日初飛行を行なうと、すぐにジェット戦闘機の強い支持者になったが、二回目のフライトではバンク中にスロットルレバーを戻したとたん、双発のエンジンがともにエンスト（正確にはフレームアウト）し、三〇〇〇メートルの高度からどんどん降下し始めた。地上スレスレで、ようやく再始動に成功して難なきを得たが、これは、機を横滑りさせたことにより、吸気口から空気が流入しなくなるだけでなく、吸気口付近の渦流で圧縮機の羽根が抗力を増す、コンプレッサーストールのためと判明した。

どのようなビークル（乗り物）でも、まったく新しい原理のものが登場したときは、「一歩後退、二歩前進」をくり返しながら進歩していくのであるが、車両や船とちがって、航空機の場合は墜落という危険が待ち構えているから、「一歩後退」が強烈な印象を与えてしまう。シミュレーション技術の進んだ今日でも、複雑な形状のステルス攻撃機Ｆ117Ａの実験や訓練にあたっては、その特異な空力特性から事故が起きるのは避けられなかったし、議会やメディアからの追及もまぬかれなかった。このような場合に開発関係者の支えとなるのは、「ある程度の犠牲を払っても早く開発に成功してほしい」という周囲のニーズであるが、それは往々にして洞察力を持った高官からの支持という形で表われる。先行きが不透明なＭｅ262のパトロンとなったのは、まさに運用者の代表にふさわしい、戦闘機総監ガーラント少将であった。

3　戦闘機か爆撃機か

ガーラント少将の建言

数多いドイツ空軍戦闘機パイロットのなかでもアドルフ・ガーラントほど数奇な運命をたどったエースは少ないであろう。一九一二年生まれで開戦時には少佐だったが、撃墜実績と人望を重視した、日本では考えられない抜擢人事により直ちに戦闘飛行団長などの高級指揮官の職につき、降伏時には中将であった。したがって、エースとしての撃墜数は一〇二機にとどまったが、この数値の中には、将官の身でありながらMe262を駆って撃墜した七機も含まれている。ゲーリングに対しても恐れることなく正論を吐き、体当たり戦法の採用には徹底して抵抗する。ドイツが破れる最後の段階まで戦って負傷し米軍に降伏したが、戦犯として英国に引き渡され五年間拘禁された。ジェット機開発秘話の、またとない語り部である。

Me209の実用化と量産移行を促進し、Me262は当分、試験段階に止めるよう主張していたガーラント少将であったが、多忙のため、まだMe262を見たことがなかった。そこへシュペーテ大尉からの試乗報告が届けられて関心を抱いたところへ、メッサーシュミットからの視察依頼も舞いこみ、五月二十二日、アウグスブルグ工場に隣接した飛行場で試乗する。

この試乗がMe262の運命を変えてしまったように描写した記録が多いが、ガーラントが試乗に赴いた裏には、彼自身も含めた空軍の実力者たちに、ジェット戦闘機を再評価しようとする機運がすでにあったのかも知れない。メッサーシュミット社の能力に不信感を抱き始めたミルヒが調査を依頼したという説もあるが、この日以降のミルヒは、それまでとは変わってMe262の装備化を容認する態度を取るようになる。なにしろ一九四一年の春にはミルヒ自身がメッサーシュミットの自宅まで乗り込んできて、ジェット機に関するすべての作業を即時打ち切れと申し渡したのである。

ガーラントが三号機に搭乗して発進しようとしたところ、両エンジンの排気口からは火が吹き出す始末である。普通のVIPだとカンカンに怒って引き上げるところだが、勇敢なガーラントは納入まもない四号機に乗り移り、試験飛行中の他の試作機を相手に空戦性能のテストを実施する。Me262の特性を見抜いた戦闘機総監が着陸したとき、彼は心の底からジェット戦闘機の共鳴者に変身していた。ミルヒ次官には直ちに電報で所見を報告したが、それを追って書面で提出された報告書では、

①Bf109の生産は直ちに打ち切り。
②単発戦闘機の量産はFw190のみに限定。
③残余の生産能力はすべてジェット戦闘機Me262に集中。

という提案が行なわれている。

ガーラントは、兵器行政には直接関係のない職務にあったが、直ちにMe262を一〇〇機生産する案を立て、ゲーリング航空大臣とミルヒ次官に承認させた。この一〇〇機で要員を訓練し、戦法を開発しながら量産機の配備を待つとともに、工場側も、この先行生産によって製造工程の問題点を見つけだし、量産態勢を整えるのである。まさに「回天」の航空機にふさわしい準備であった。

量産型としてMe262A1と制式化されたものの仕様は、ユモ004Aの量産型である004Bエンジンを装着し、二〇ミリ機関砲三門装備、さらに三〇ミリ機関砲六門の装備も検討することとし、量産初号機は一九四四年一月に完成させ、五月には月産六〇機を達成させ、A1型の生産予定総機数は五七五機とする案も七月には航空省に承認された。ジェット戦闘機にとっては、第三回目の、そして最後の機会である。

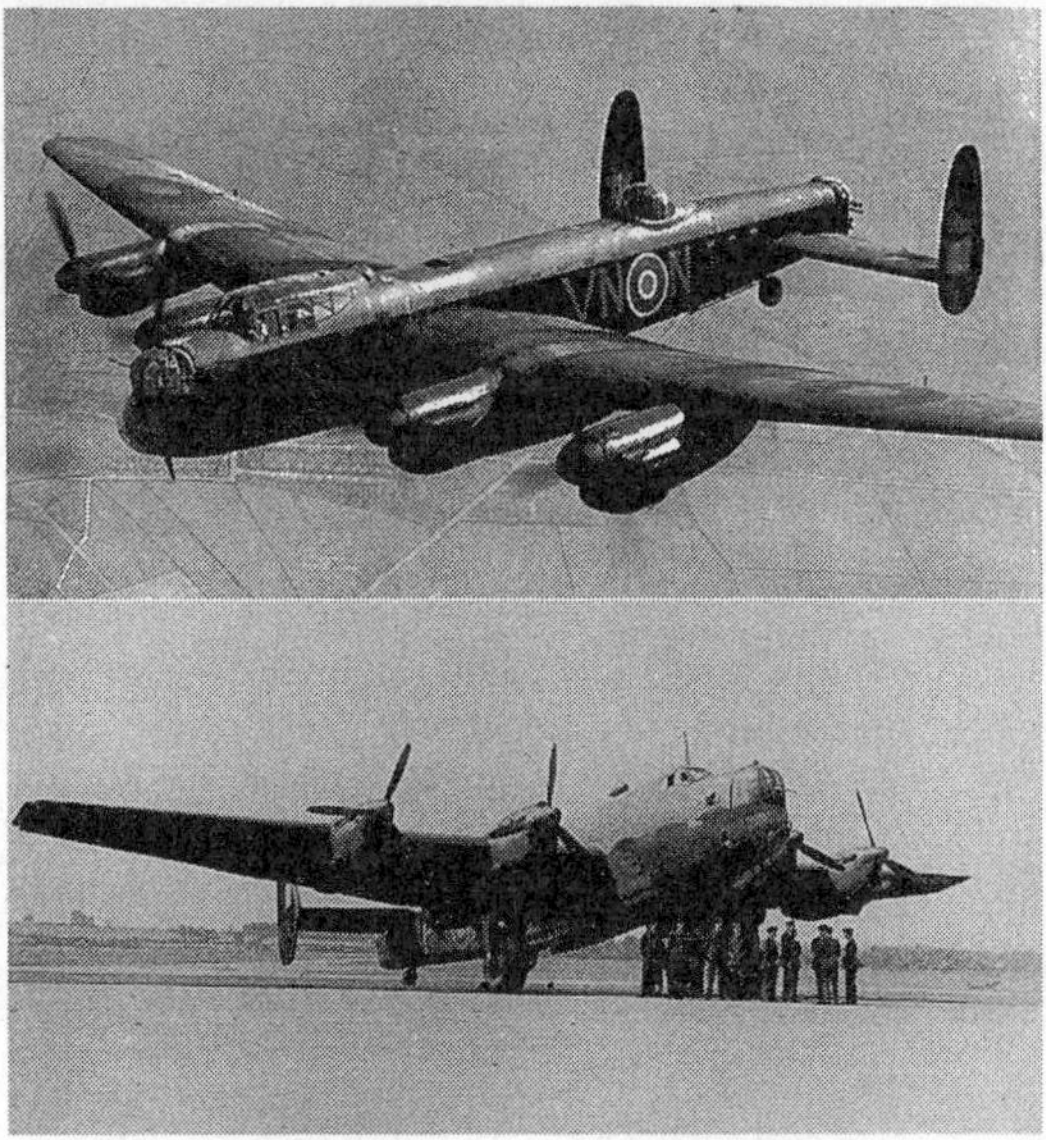

イギリス空軍の重爆撃機アブロ・ランカスター(上)とハンドレページ・ハリファックス。主にドイツ夜間爆撃に使用された。

だが、この三月、ハインケル社に開発中止の引導が渡されたばかりなのに、二ヵ月後にメッサーシュミット社には火を噴く試作機ながらも合格が通知された。この不公平な決定について、公式の理由である両機の信頼性のちがいだけで説得するのは難しい。では、メッサーシュミット社がやり手の政商で、うまく立ち回ったから、そして、試乗してみたガーランドが絶賞して説得して回ったから、という理由だけでMe262が採用に漕ぎつけたのだろうか。

最後の機会を逸する

これらすべての理由が成り立っていたとしても、それに加えて、ニーズ、すなわち強力な迎撃戦闘機の必要性が高まったことが大きく作用しているように思われる。「ランカスター」や「ハリファックス」という四発重爆撃機による英国空軍爆撃機軍団のドイツ都市に対する夜間爆撃は、四二年にもある程度の打撃を与えていたが、四三年になると無線航法装置「オーボゥ」や、マグネトロンにより一〇センチ波で一〇キロワットを発生させる高出力の爆撃目標捜索レーダーH2Sが実用化され、先導機が発煙弾を投下して目標を指示するマーキング技術も向上し、さらに恐るべき効果をもたらし始める。三月に始まる三ヵ月間、ルール工業地帯への集中的な爆撃がドイツ戦争経済に大打撃を与えた。

「オーボゥ」とは、爆撃機が発信する電波を二ヵ所でモニターし、距離を計測して交会法で標定した機の位置を通報するシステムで、一九四二年十二月、エッセンのクルップ工場への爆撃で威力を示した。ドイツ軍は、これに電波妨害で対抗するが、H2Sレーダーとなると手の施しようがなかった。

また、前年八月からフランスのドイツ占領地域爆撃に顔を見せていた少数の米国陸軍B17「空の要塞」が、一九四三年一月二十七日に初めてドイツを爆撃したが、配備機数も少なく整備上の問題を抱えていたので、ほとんど一〇〇機以下の小規模な出撃であった。だが四月十七日にブレーメン郊外のフォッケウルフ社の工場を一一五機で爆撃してからは出動機数は急増し、春の終わりには、常時三〇〇機以上で出撃できるほどに増強された。北アフリカでの作戦が一段落したためである。まだ戦闘機の投下式補助タンクが補給されないため、米英爆撃機は戦闘機のエスコートが受けられず損害も大きかったが、本土防空に加えて東部戦線、地中海戦線と三正面で戦うドイツ空軍の損耗も急増した。

この年の前半期での全機種の平均月間損耗率は一三・六パーセント、戦闘機は一九・九パーセントにのぼり、搭乗員の損耗も同様にいちばん高かった。もう誰の目にも、連合軍が戦略爆撃でドイツの工業生産機能の破壊を狙っていることと迎撃戦闘機の必要性は明らかだった。これに加えて五月二十八日には、英国の捕虜が「ファーンボロー基地でプロペラのない航空機（すなわちジェット機）が飛ぶのを見た」と証言したため大騒ぎとなり、Ｍｅ262の必要性がさらに加速された、という報告もある。

だが、このような戦局推移は、スターリングラードでパウルス元帥が降伏し、戦死させるには惜しいロンメルが北アフリカからドイツへ呼び戻された三月でも予測できたはずである。第二の機会に決心したように、ヒトラーも喜ぶ戦闘爆撃機型Ｈｅ280Ｂを予定どおり量産するとともに、二〇ミリ機関砲を三門搭載する試験さえ終えている戦闘機型Ｈｅ280Ａも採用し、一九四三年秋にはある程度の戦力となるだけの機数を整備しておれば、戦闘機のエスコートが始まる前に米重爆撃機の消耗を高めてドイツ国力の衰退を食い止め、ノルマンディー上陸作戦の橋頭堡を撃破して戦局を変えた可能性はあった。

そしてＭｅ262に決定した第三の機会においても、これが計画どおり一九四四年春に戦力となっていれば、ドイツの工業生産、燃料供給、輸送網の息の根を止めた四四年の戦略爆撃を減殺し、ノルマンディー上陸作戦を妨害できたことはまちがいなかった。

ヤブヘビとなった天覧飛行

ミルヒ次官やシュペアー兵器・軍需生産相の必死の努力により、連合軍の戦略爆撃にもめげず一九四三年の航空機生産量は前年より六四パーセント増え、なかでも戦闘機は前年の二倍以上の一二五・二パーセント、抑制された爆撃機も三一・四パーセントの増加となった。

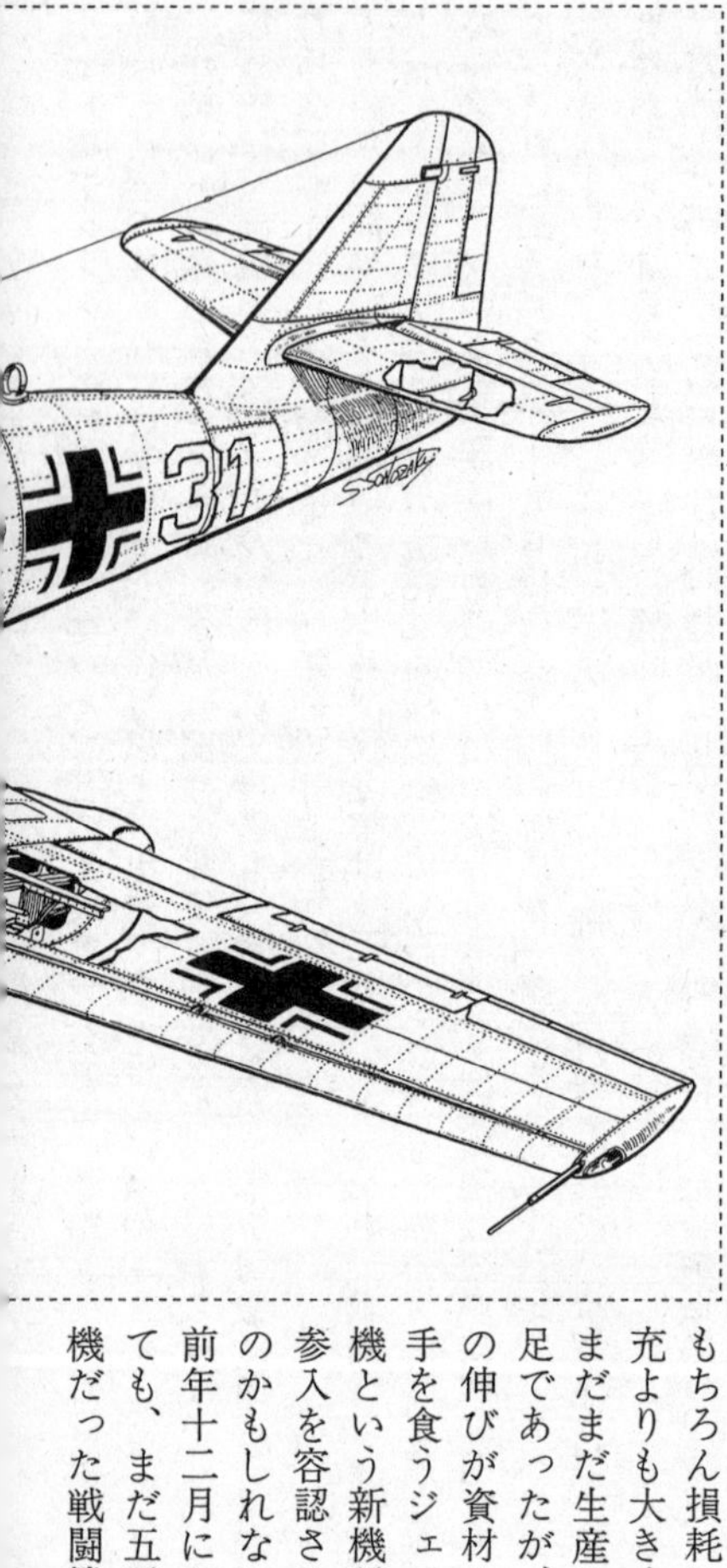

もちろん損耗は補充よりも大きく、まだまだ生産は不足であったが、この伸びが資材と人手を食うジェット機という新機種の参入を容認させたのかもしれない。前年十二月においても、まだ五五四機だった戦闘機の

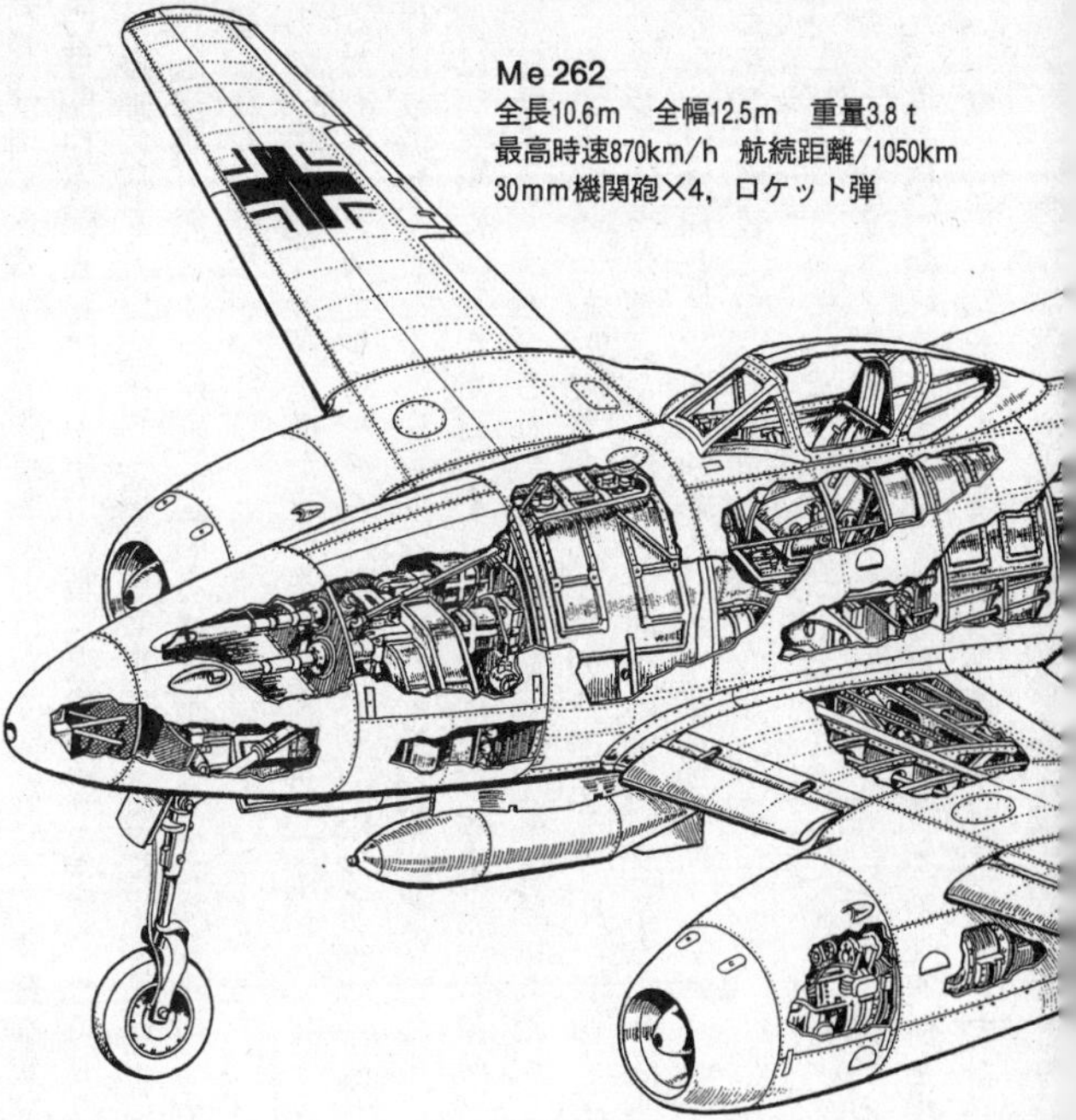

Me 262
全長10.6m　全幅12.5m　重量3.8 t
最高時速870km/h　航続距離/1050km
30mm機関砲×4，ロケット弾

月産機数が初めて一〇〇〇機の大台に乗った五月、ミルヒは、これを四〇〇〇機に伸ばすと言明した。ガーラントに代表されるジェット機推進派は、その四分の一をMe262にあてることを主張したが、この新型機の量産移行を危険視するヒトラーから、少数機による実験にとどめるよう航空省に指示が下る。八月下旬のことであった。

その再考を願い出たゲーリングに対してヒトラーが投げかけたのは、Ｍｅ262を戦闘爆撃機として使用できるか、爆弾搭載能力はいくらかという単純な質問であった。さまざまな派生型の可能性を調査した際、すでに戦闘爆撃機型も検討されており、それにしたがって二五〇キロ爆弾二個か五〇〇キロ一個が搭載可能、条件によっては五〇〇キロ二個も可能であり、爆弾を搭載可能にするには二週間あれば十分と応えたものの、それがどんなに重要な質問か、理解した者はいなかった。

その「ご下問」を関係者が忘れ去った十一月二十六日、ヒトラーは最新の航空兵器を視察するためにインステルブルクの航空センターへやってきた。目玉商品となるＭｅ262のうち、試作四号機は、またぞろフレームアウトで飛行不能となったが、納入されてまもない試作六号機は、見事に「天覧飛行」をやってのけた。本来は先行量産型初号機であるのに、改修すべき箇所も多く武装もされてないのでＭｅ262Ｖ６と呼ばれたが、これまでのユモ004Ａエンジンよりも九〇キロ軽い重量九一九キロの量産型Ｂ１エンジンを装着し、九〇〇キロの強力な推力を得ることができた。Ｈｅ280と同様の前輪、しかも引き込み式をつけ、外見上はのちの量産型とほぼ同じスマートさであった。

またぞろ爆装についての同じ質問を投げかけたヒトラーは、五〇〇キロ爆弾二個が搭載可能という メッサーシュミットの答えに満足し、「これこそドイツ空軍に必要だった電撃爆撃機だ！」と激賞する。ここでも、これがどんな深い意味を持つのか推察した者は誰もいなかった。彼の爆撃機好みはすでに有名であったが、この高速機を爆撃に使えとは、よもや言うまい、せいぜい実験をやらせる程度であろうと楽観していたからである。

、独裁者ヒトラーの一語一句にピリピリしてきた高官たちとしては不思議な話であるが、その後、ヒトラー付き空軍副官から、「総統はジェット戦闘爆撃機の量産を重視され、来春までに多数配備するよう求めておられる」という通知がきても、ミルヒもメッサーシュミットも戦闘爆撃機型の試作を開始せず、もっぱら迎撃戦闘機型の実用化に没頭していた。これを、官民一体になった不服従運動が計画的に行なわれたと見る記録もある。

ヒトラーは、陸軍の運用や装備には細かく口をはさんだが、空軍については大概、ゲーリングに任せっぱなしであったから、量産してしまって逃げ切ろうという大胆な考えが関係者にあったのかも知れない。その場合、イエスマンのゲーリングも荷担していたか、それとも騙される方だったのかは興味ある問題であろう。また、ヒトラーは夏ごろから、「戦闘機はいかん、爆撃機にせよ」とうるさく指示していたという記録もあり、それに気がつかないふりを続ける大胆な不服従運動があったことは、もっと注目されて良いのではなかろうか。

エンジンが間に合わない

年末になって先行量産型二号機であるV7が初飛行したが、三〇ミリ機関砲四門搭載を予定して機首に穴が空いているだけで、まだ武装もされていない。早くも前年七月に三〇ミリ機関砲搭載実験を行なったHe280に比べると大きく遅れている。そして翌年早々に始まる量産の計画も、お先真っ暗である。

原因の一つは深刻な労働力の不足、これは当時の兵器産業共通の問題であった。もう一つは、ユンカース社のユモ・エンジンの信頼性の低さである。高温、高圧に耐える合金の材料

信頼は厚かったが、空軍の生産重点は、メッサーシュミットＢｆ110の改良型Ｂｆ210～410とユンカースＪｕ88、Ｊｕ188であり、名機Ｈｅ219はわずか268機の少数生産に留められた。高高度迎撃のためエンジンを2500馬力に増強し全幅を延長したＨｅ219Ｂ１に至ってはついに採用されずじまいであったが、これが量産されていたらドイツへの戦略爆撃の様相も違っていたと見る人は少なくない。一方、Ｂｆ110の方はトラブル続きながらも派生型も含めて約5900機も生産されている。

だがドイツ空軍首脳も敗戦寸前には彼にすがりつく。1944年９月、メッサーシュミットＭｅ262と同じエンジンを搭載し、同様の性能を持ち、低コストで、しかも未熟練工でも容易に製造できるという難問を満たす「フォルクスイェーガー（国民戦闘機）」が航空機製造８社に求められたが、応じることができたのはハインケルだけであった。求められた木製の小型ターボジェット戦闘機Ｈｅ162Ａザラマンダー（火龍）の設計・試作・初飛行を４ヵ月余で完了し、３ヵ月で275機を納入して冷たかった国家に報いた。メッサーシュミット（後にＭＢＢと改名）社は戦後も隆盛するが、ハインケル社は彼亡きあと姿を消す。

なお、メッサーシュミット社のみが「航空省御用達」の寵愛を受けた理由として、ある程度の量産能力を保有するのは同社だけであったからとする見方もある。量産能力の弱さがドイツ工業界全体のアキレス腱であったから、これも一理ある論拠といえる。

コラム⑬●冷遇されたハインケル

情熱的設計者ハインケル博士をナチス政権は優遇しなかった。He178ジェット機の飛ぶ2ヵ月前の1939年6月20日、初めて飛行に成功したHe176ロケット機も飛行時間の短さを理由に空軍からは無視されてしまう。その後からロケット機の開発を続けるメッサーシュミット社のMe163の方は制式化され、敗戦間際に迎撃戦闘機として舞い上がるのだから、不公平でもあり、ジェット機同様に時間を無駄にした訳である。

大戦後半になって戦闘機への防弾鋼板や防漏タンクの装備が常識となり、それに応えて12.7ミリあるいは20ミリ以上の機銃を搭載する重武装戦闘機がドイツ各社から輩出した時も、ハインケルは傑作、双発複座戦闘機He219ウーフーを送り出した。基本武装は20ミリ4門であるが、最大の量産機となった重武装型A7では30ミリ6門、20ミリ2門という恐るべき火力を備え、2000馬力エンジン2基により時速690キロを得た（同機に似たといわれる屠龍は37ミリ1門、13ミリ1門、7.7ミリ1門、1080馬力エンジン2基、時速538キロであり、機動性能には雲泥の差があった）。

部隊へ試験配備されたばかりの1943年6月11日夜、オランダを空襲した英国のランカスター爆撃機を30分足らずの間につぎつぎと5機も撃墜するというエースも出現する。そして同機は、続く10日間に英国爆撃機を少なくとも20機撃墜したという。世界初の射出座席を装備した同機への夜間戦闘機隊乗員の

として必要なニッケル、クロームが不足し、代用材料をあてるので、最初の量産エンジンの寿命は、わずか一〇時間であったし、タービンや圧縮機の羽根は絶えず吹き飛んだ。Ｈｅ280もＭｅ262も、機体は完成しながら自社、あるいはユンカース社のエンジンの実用化の遅れで初飛行は待たされたが、その際も、搭載機種が一〇時間連続運転に耐えることが採用の保証となる目安であったといわれる。

いわば、ミルヒらの慎重派が予期したとおりのトラブルが待ち伏せていたわけである。一九四三年六月の量産計画はどこへやら、翌四四年二月までにＶ8からＶ12までの先行量産（実際は増加試作）が五機完成したに過ぎない。ここでも「機体はできたがエンジン待ち」の状態が続いていた。

一方、増加タンクが配備されて戦闘機のエスコートも可能となった連合軍の戦略爆撃はますます激化し、ドイツでは機体もエンジンも地下工場で製作されるという、英国やソ連が味わわない苦労を続けるなか、四月になって、ようやく試作の「Ｖ」がはずされ、先行量産を意味する「Ａ０」の記号を付した一六機が、五月には七機が納入される。そして四月には、戦法の開発と基幹要員の養成にあたる262実験特別分遣隊《エルプロブンスクコマンド》（ＥＫｄｏ262）が、双発重戦闘機隊出身者を主力としてメッサーシュミット社のアウグスブルグ工場に近い、ババリアのレッヘフェルト基地で編成された。

静止推力九〇〇キロの軸流式ユモ004Ｂエンジン二基による高度六〇〇〇メートルで時速八七〇キロ、海面上でも八二七キロの高速は、最新型の快速戦闘機Ｆｗ190Ｄよりもさらに二〇〇キロ速い。重武装が取り柄だが鈍重で、バトル・オブ・ブリテンにおいては双発戦闘機のくせにエスコートを求めて評判の悪かったBf110と互角の三〇ミリ機関砲四門を装備しながら、高度六〇〇〇メートルへ七分弱、九〇〇〇メートルへ一三分あまりで速やかに上昇できる。高々度で侵攻する重爆撃機には絶好の迎撃戦闘機にちがいない。鈍重なBf110に慣らされていた操縦者には、この快速性と操縦の容易さは喜びであった。

補助タンクを使わなくとも、前部と後部のおのおの九〇〇リットル入り燃料タンクだけでも海面上で四八〇キロ、高度九〇〇〇メートルで一〇五〇キロと、一般の戦闘機なみの航続距離を実証する（飛行時間では一時間足らず）。しかし、やはり難点はエンジンの短寿命と信頼性であった。この時期、スロットルレバーを急に全開するとオーバーヒートして火を吹いたり、燃料過剰で燃焼室の圧力が高まり、流入空気の速度が下がるコンプレッサーストールが生じることが多く、また一旦スロットルを切ると、ふたたび推力を得るのは大変だったといわれる。

初代隊長ティエルフェルダー大尉は、鈍重なBf110を駆って二七機を撃墜し、騎士鉄十字勲章を授与されたエースであったが、モスキートなどの高々度偵察機に対する実験隊の迎撃が許可されてまもない七月十八日、あっけなく墜落死してしまう。連合軍の側には、彼を撃墜したという記録は一切なく、目標とされた偵察機も非武装であるから撃墜できるはずはないので、何らかのエンジントラブルによる墜落と推察されている。

その後を継いだのは、空軍全体でも一二人しか授与されていないダイヤモンド剣付き柏葉騎士鉄十字勲章に輝くノボトニー少佐である。前年十月、東部戦線で前人未踏の二五〇機撃墜を成しとげ、二五五機に達してからは教育航空団司令として戦線から離れていたエース中のエースで、着任するや直ちに実験隊の戦力化に貢献した。その彼も十一月八日、帰投する米軍重爆編隊と交戦中、エンジン一基が停止し、基地へ帰還する途中でP51「ムスタング」に襲われて無念の最後をとげる。

ヒトラーの思い込み

だが実験隊が編成されてまもなく、ヒトラーに真実を報告せざるを得ない日がやってきた。五月二十三日、空軍大臣ゲーリング、次官兼技術局長ミルヒ、軍需相シュペアー、戦闘機総監ガーラント、空軍参謀総長コルテン、三月に発足したばかりの、各種戦闘機の生産計画を調整する戦闘機生産本部長ザウルらの面々がヒトラーの山荘、ベルヒスガーデンへ招集され、戦闘機生産計画の会議が催された。席上、ガーラントが一機でも多くのMe262を求めたのを機として、戦闘爆撃機型の開発、生産状況を尋ねた総統は、一機も実行に移されていないのを知って激怒する。

ミルヒやガーラントは、時局柄、迎撃戦闘機が必要なこと、Me262が爆撃機でなく戦闘機であることは「子供にでも分かる」と必死に申し立てたが、上には弱いゲーリングはまったく反論しなかった。それればかりか後日、ゴマすりのゲーリングは爆撃機好みのヒトラーにおもねて、爆装のMe262を戦闘爆撃機ではなく超高速爆撃機と呼ぶことを提案し、部下の失笑を買う。一番の貧乏クジを引いたのはミルヒで、航空兵器総監の職を罷免され、航空機生産の決定権はシュペアー軍需相に移された。

ヒトラーは、すでに生産された戦闘機も直ちに改造することさえ命じたが、数日後には量産に支障ない程度に戦闘機型の試験を続行することも許可した。気が変わったのか、下の者がいないところで誰かが説得したのかは不明である。ともかく彼は、予想される連合軍の反撃作戦に対抗し、敵の橋頭堡を攻撃できる高速の戦闘爆撃機が欲しかったのである。

今でこそ戦闘機の種類は、

①遠い作戦地域まで脚を伸ばせる制空戦闘機

②脚は短くとも急速上昇性能と格闘能力に優れた迎撃（要撃）戦闘機

③前線の陸軍（状況によっては海軍）に協力して長射程砲兵の役目（近接航空支援）を果たす支援戦闘機

に三区分されるが、第二次大戦までは近接航空支援は軽爆撃機の役目であった。近年、戦闘機がこの機能も持てるようになったのはジェットエンジンのおかげであり、対空射撃から身を守るのに基本となる高速性と併せて従来の爆撃機に劣らぬ重兵装が可能となったためで、ヒトラーには一〇年以上も先見の明があったともいえる。当時も一部の重戦闘機は、この任務が達成可能であり、戦闘爆撃機と呼ばれていた。

だが、ある程度の航空優勢（当時の表現では制空権）を手にしていないと近接航空支援も実施不可能である。一九四四年のノルマンディー上陸作戦となると、アイゼンハワー大将麾下の連合軍は地上軍三九個師団、作戦機一万一〇〇〇機、迎え撃つルントシュテット大将の兵力は三八個師団、作戦機一六〇機であった。地上勢力はともかく、航空勢力に大きな格差があった。四二年夏のドイツ軍は、スターリングラードや北アフリカで攻勢作戦を続行しており、まだ圧倒的な航空優勢を連合軍に許してはいなかったから、パウルス将軍やロンメル将

ハインケルHe162 ザラマンダー。1944年９月、簡易ジェット戦闘機の試作計画から誕生した機体で、３ヵ月後の12月に試作１号が初飛行を行なった。

軍の要請に応えるのに支援戦闘機が最重視されたのも一理はある。そもそもドイツ空軍は電撃作戦構想にもとづき地上軍への支援を任務の主目的としていた。

では本来の戦闘機の機能、すなわち制空・要撃両機能と併せてヒトラーの求める近接航空支援機能ももつジェット機は製作できなかったであろうか。今日においても、制空・要撃両機能を兼備する機種は多いが、近接航空支援も兼備できるものはごくまれである。米国のＦ16「ファルコン」、Ｆ４「ファントム」４Ｇ、欧州の「トルネード」などがそれであるが才色兼備（？）には限界がある。湾岸戦争においても、まず航空優勢を確保するのに頼られるのはＦ14、Ｆ15であった。ジェットエンジンの十分なデーター蓄積もなく試行錯誤をくり返す余裕もない当時、両機能を兼備した新型機の試作は不可能であったと思われる。

馬鹿馬鹿しいことに、一九四一年初めに計画が開始され、四三年六月に初飛行した爆撃専門の双発単座爆撃機Ａｒ234「アラード」Ｂ２もＭｅ262と同じエンジンを用いて量産中だったのだ。高度六〇〇〇メートルでの速度は時速七四〇キロと、英国の新型戦闘爆撃機「ホーカー・テンペスト」よりも

第2次大戦の唯一の実用ジェット爆撃機となったアラドAr234（写真は偵察機型）。爆撃機型は500キロ爆弾を搭載して時速690キロで飛行が可能である。

数十キロ速く、ジェット機ながら航続距離は一応一八〇〇キロ弱に達し、遠距離目標でなければ五〇〇キロ爆弾を三発搭載可能であった。爆撃機型B2の実戦参加は十二月、映画の「バルジ大作戦」で有名なアルデンヌ作戦のころとなっていたし、偵察機型B1と合わせて、二〇〇機程度しか生産されなかったこともあって、B2の兵力も一個飛行隊をわずかに越える程度であったから戦局に影響は及ぼさなかった。機種を絞るためにも、ジェット爆撃機はこのB2に集中すべきであったことはいうまでもない。

4　連合軍の「量」を突破できず

回り道の果てに

ヒトラーの逆鱗に触れたため、メッサーシュミット社では、前年夏の計画案どおり、機首下部に二基の爆弾懸吊架（ラック）を着け、二五〇キロまたは五〇〇キロ爆弾を一発ずつ、あるいはどちらかに一トン爆弾を一発搭載できるようMe262を改造した。この他にも、一トン爆弾に巡航ミサイル型V1ロケット用の木製主翼をつけ、Me262で曳航するという奇想

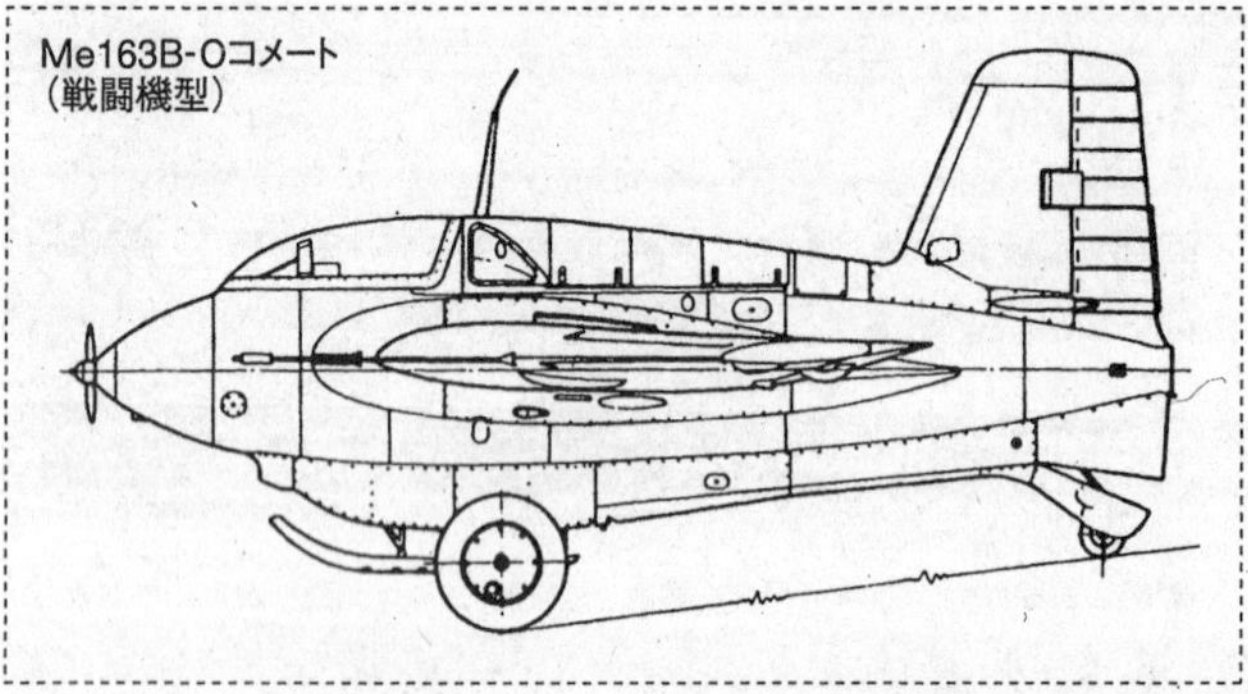

天外な実験も行なわれたが、最高速度が時速五二〇キロと旧式の戦闘機以下に低下するので採用されなかった。爆装しても所定の航続距離を維持し、また前後のバランスが取れるよう、機体後部に三〇〇リットルか六〇〇リットルの落下式補助タンク(「増槽」と俗称される)二基を取りつけ、四門の機関砲のうち二門をはずした。このようにモタモタしているうちに連合軍はオーバーロード作戦を発動し、六月六日にはノルマンディーへ上陸してしまう。

戦闘機型の量産許可は下りないので、六月に生産されたわずか二八機も直ちに爆撃機型に改造されてMe262A2a「シュトルムフォーゲル(海燕)」と名づけられた。直訳すれば「嵐の鳥」だが、海燕は嵐の前触れ、嵐を呼ぶ鳥であり、シュトルムには突撃の意味もある。だが使用できる爆撃照準器がなかった。三〇度の降下爆撃だと速度は時速九〇〇キロに近くなるのに、このような高速に合う照準器はなく、水平爆撃となると高速が災いし、かなり大きい目標でないと命中しない。

幸いにも、戦闘機型の試験続行を認められた262実験特別分遣隊が迎撃機としての訓練を続けるレッヘフェルト基地

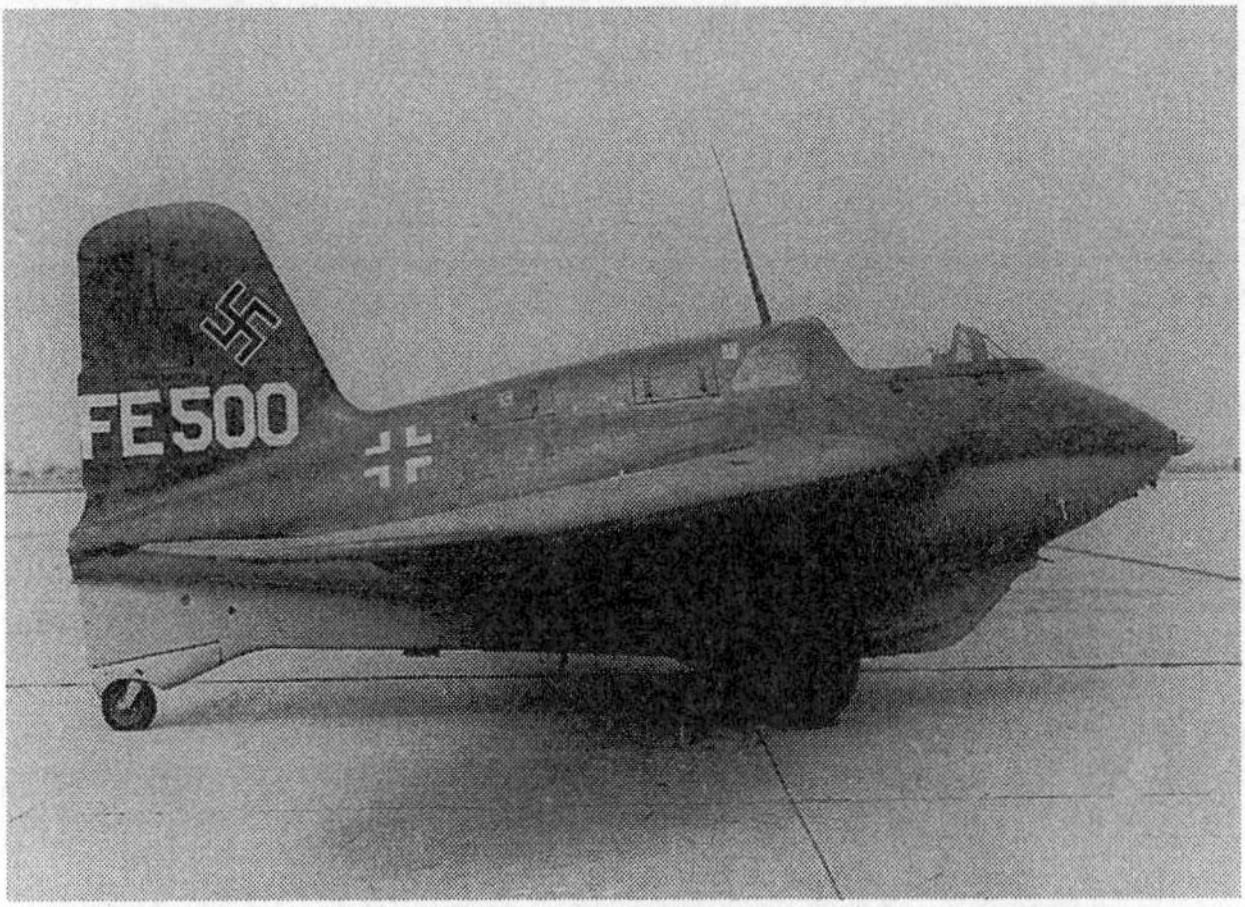

メッサーシュミットMe163Bコメート。世界初の実用ロケット戦闘機であるが、飛行時間が10分に満たず、ほとんど戦果を収めることができなかった。

で、第五一爆撃航空団のパイロットをＭｅ262Ａ２ａ搭乗員として訓練する実験隊が六月下旬編成される。東部戦線では爆撃機ユンカースＪｕ88を、一九四四年初頭、西部戦線と本土へ再展開してからは双発複座の戦闘爆撃機メッサーシュミットＭｅ410をあつかったこの航空団の貴重な経験が買われたもので、隊長シェンク少佐の名を冠してシェンク分遣隊、あるいはＥ51特別分遣隊と呼ばれた。

だが262実験特別分遣隊と同じく複座の練習機がないために、飛行前にメッサーシュミット社テストパイロットの指導をいくら仰いでも、発進した後は自分の腕だけが頼りであった。前後のバランス上、機体後部に増槽タンクを装着したため、爆弾なしの訓練飛行や投弾後はテイル・ヘビーになり機首が上がるので、燃料は前部タンクから使用することになっていたが、緊張する実戦状況ではこれをまちがえ、投弾後に機首が上がってバランスを崩し、失速、墜落する犠牲者も出た。

262実験特別分遣隊の初代隊長ティエルフェルダー大尉が墜死した頃、より新前のE51特別分遣隊からも九機がパリ南西のシャトーダンへ進出する。これは連合軍の欺瞞作戦にひっかかり、カレー方面に本格的上陸作戦があると信じたためだが、ノルマンディー戦線での近接航空支援も実施した。ジェット機の登場を秘匿するため、もっぱら高度四〇〇〇メートル以上からの水平爆撃を行なったがほとんど命中せず、また少数機の散発的な攻撃であったから効果はまったくなかった。

遅きに失した戦闘機の生産

ドイツ陸軍の後退につれ、262実験特別分遣隊はパリ北部のクレー、ベルギー、オランダ、ドイツ本土と「転進」を重ねざるを得なかったが、敵機の地上掃射の中を交換用エンジンを積んだトラックで後を追う整備隊の苦労は飛行隊よりも大きく、クレーに向かう途中で連合軍の捕虜となる不運な一隊もあった。ベルギーへ逃れたとき、P47「サンダーボルト」に撃墜される最初の犠牲も出た。この頃にはMe262出現の報は連合軍にひろく伝えられ、所在基地は徹底的に叩かれたから、隊員は空中退避か地上隠蔽に大わらわで出撃どころではなかった。「嵐を呼ぶ鳥」の名にふさわしい戦果はほとんどなく、連合軍には貴重な技術資料となるエンジンを鹵獲されただけヤブヘビであったといえる。九月五日、クタクタになってライン河を渡りドイツ本土へ帰りついたシェンク分遣隊は解散され、親部隊である第一飛行隊全

夜間戦闘用にネプトゥーン・レーダーを搭載したMe262V56。レーダー・アンテナの空力特性実験で、尾翼を黒く塗って白い糸を張りつけている。

体が、続いて第二飛行隊全体がMe262A2aを運用することになったが、最後まで見るべき戦果は挙がらなかった。

本来の戦闘機型Me262A1a「シュヴァルベ（燕）」は、手持ちの機数で運用試験だけが許可されたとはいうものの、フランス戦線が崩壊したため実験隊の戦闘参加も量産もうやむやになってきた。ニーズほど強力な応援団はいない。本土防空での迎撃だけではなく、反攻するにも戦闘機によるエアカバーが必要なのである。七月二十日、ヒトラー暗殺事件の巻きぞえとなって二日後に死亡したコルテン上級大将の後任者として空軍参謀総長となったクライブ中将は、着任するなり戦闘機戦力の増強とMe262の戦闘機としての使用をたびたび懇願した。その結果、八月三十日、ヒトラーは、「爆撃機型二〇機ごとに戦闘機型一〇機」という条件で生産を許可したことや、十一月四日、戦闘機型の生産を全面的に許可したことが記録されている。

しかし、完全に手遅れであった。十二月十六日、戦車一〇〇〇両を含む二〇個師団、二〇万名のドイツ陸軍が、ドイツ、オランダ、ベルギー三ヵ国の接点に近いモンシャウからルクセンブルグ南部のバセルビリグに至る約一〇〇キロの幅で、アントワープめざして「アルデンヌ反撃作戦」を開始したとき、あまり戦果はなかったとはいえ「シュトルムフォーゲル」を保有する第五一爆撃航空団の第一飛行隊と、ようやく実戦参加が可能となった第二飛行隊は参加したが、「シュヴァルベ」は飛ばなかった。本土防空に七個飛行隊、そして迎撃専用のMe163ロケット戦闘機と夜間戦闘機を残しただけで、二〇個飛行隊以上、一二〇〇機以上の単発戦闘機をかき集めたのに、「シュヴァルベ」は未だ訓練中であった。

ヒトラーが陸軍の高級幹部の大反対を押し切って強行したこの大博打作戦は、将軍たちの予想どおり、アルデンヌの森林山地を突破するまでは順調だったが、米軍の頑強な抵抗によってミューズ河に到達できないまま頓座する。そして二十四日に頼みの綱の霧が晴れるや、連合軍の戦闘爆撃機は強烈な近接航空支援を実施するとともに、ドイツ空軍の一一の作戦基地を叩いた。地上部隊のエアカバーと基地防空に追われるドイツ戦闘機隊の可動機は、基地の整備能力低下により急激に減少した。迎撃可能なものなら猫の手も借りたい戦いに、「シュヴァルベ」の不参加は大きな痛手だったにちがいない。

大作戦に間に合わなかったジェット機

一九四五年元旦、今度はドイツ空軍の大博打である「ボーデンプラッテ（受け皿）作戦」

が敢行された。悪天候の時期に好天となった日をえらんで、ベルギー、オランダ、フランスに所在する二〇ヵ所以上の連合軍の飛行場をいっせいに叩き、戦術航空部隊を壊滅させようというもので、アルデンヌ進攻前から立案されていた。地上軍進撃中に実施し、そして成功すれば大きな効果をもたらすが、もう押し戻され始めた時期である。西部方面軍総司令官フォン・ルントシュテット元帥は時期を逸したとみて反対であったが、ゲーリングは断行した。

単発戦闘機三三個飛行隊を基幹とする一〇〇〇機弱の戦闘機、戦闘爆撃機が約二〇機の「シュトルムフォーゲル」も含めて参加した。奇襲効果はあったものの対空砲火は激しく、往路、復路の低空飛行では、同じ空軍に所属する味方の高射砲部隊に撃墜される不運なものもいた。航法ミスもあって、攻撃目標が叩かれなかったり、使われていない飛行場を攻撃した結果、ドイツ空軍は約三〇〇機を失ったのに、与えた損害となると約一五〇機を地上破壊、約八〇機を破損させたに過ぎず、もちろん連合軍の搭乗員の損耗はきわめて少なかった。元日の攻撃だけは「シュトルムフォーゲル」部隊である第五一爆撃航空団のうち、練度の高い第一飛行隊だけが保有機約三〇機、可動機約二〇機で参加した。同作戦終了後の一月十日における航空団全体の保有機五二機、同日に二二機、翌日は二三機出撃という記録は、練度の低い第二飛行隊さえも通常の作戦に参加させていることを物語っている。

このドイツ空軍最後の総攻撃にさえ「シュヴァルベ」は登場しない。正確に表現すれば、ジェット戦闘機は、多くの文献に記されているような「最後の頼みの綱」になれなかったのである。もちろん「シュヴァルベ」は高々度での戦略爆撃機迎撃に最適であるから、このような戦術航空部隊との戦闘には使いたくはないが、この重要な大作戦においてMe262A1a

「シュヴァルベ」は何をしていたのだろうか。

一九四四年四月に納入された一六機を基幹に同月末に編成されたMe262実験特別分遣隊が、「モスキート」偵察機などの高速・高々度偵察機への迎撃活動を許可されたのは六月末である。相手は非武装だから訓練目標としては最適であるし、偵察機は爆撃目標の選定や爆撃戦果の確認という重要な任務を帯びている上、通常の戦闘機ではなかなか撃墜できないから意義のある迎撃であった。七月にはMe262の追跡を受けた「モスキート」塔乗員の報告も現われて連合軍を緊張させるが、「モスキート」を撃墜し始めるのは八月になってからであり、ベテランの初代隊長ティールフェルダー大尉も、戦果を挙げないまま七月十八日に墜死している。

エンジンの初期故障が続出したことは想像されるし、ジェット機の存在が明らかになると連合軍に目の敵にされて基地が集中攻撃され始めたので、訓練もままならなかったにちがいないが、後発の「シュトルムフォーゲル」のE51特別分遣隊が低練度ながらもフランス戦線へ直ちに出撃しているのに、こちらは五月から戦法開発と訓練ばかりである。それでいて秋に実戦参加したときも、まだ訓練不足で事故が続出した。ヒトラーの正式認定が出るまでは日陰者だったので、乏しい訓練用燃料の割り当てなどにも制約があったのかも知れない。

最後の死闘

量的制約も続いていた。八月十日の戦闘序列では、E51特別分遣隊は三三機、実験特別分遣隊は一五機在籍で、編成時よりも少数である。それまでに生産されたのは原型機六機も含めて一二三機であるが、事故や実戦による損失が早くも三二機に上り、空軍の試験用や会社の試験用、複座練習機への改造用を除くと、実用機は両分遣隊のわずか四八機だけであった。前年六月の生産計画どおりにＭｅ262Ａ1ａだけで進んでおれば、この時点では約三〇〇機が生産され、少なくとも二〇〇機程度の実用機を保有していたはずである。

ようやく九月になると、四〇機となるはずの装備機数はまだ二三機のままであったが、後任の隊長ノボトニー少佐の名を冠したノボトニー隊として実戦部隊に改編され、米重爆撃機の通り道、北西ドイツへ進出する。十月四日の初陣から十一月七日までに、B24四機、P47またはP51の護衛戦闘機一二機、偵察機三機の計一五機を撃墜し、Ｍｅ262は六機の損害という戦果を納めた。

表7　Me262の生産と損耗

生　産	1945年1月までに総計	600機
	44年9月	91機
	10月	117機
	11～12月	225機
＊ボーデンプラッテ作戦時点での各隊の保有機 250機（うちMe262A1a型は180～190機）		
損　耗	事故や戦闘での喪失	150機
	途中で立ち往生	200機

この頃になると米重爆撃機だけで一〇〇〇機以上という大編隊が、主として合成燃料工場と交通網を目標としてドイツを襲っていた。それを一〇機にも満たないＭｅ262で、場合によってはロケット戦闘機Ｍｅ163と一緒に攻撃してこの戦果であるから、好成績といえるだろう。だがＭｅ163よりましとはいえ、訓練不足により離着陸時の事故は戦闘損失より多く、この期間中に七機が大破、九機が小破している。少数機の迎撃であるから、国境線付近で敵の護衛戦闘機に増槽タンクを捨てさせ、ドイツ本土奥深くへの侵入を断念させた効果の方が大きいと見る人もある。

自己の二五五機の撃墜機数にMe262による三機を早くも加えていた二三歳の天才的パイロット、ノボトニー少佐が十一月八日にアハマー基地上空で撃墜されるのを、たまたま同基地を訪れていて目前に見た戦闘機総監ガーラント中将は、まだ訓練が不十分と判断し、比較的安全なバパリアのレッヘフェルト基地へ分遣隊を撤退させ、限定した防空任務も持ちながらふたたび訓練に専念させた。計器飛行と双発機操縦に慣れた爆撃機パイロットをMe262A1a操縦に転換するため、四つの爆撃航空団が爆撃（戦闘）航空団という、ややこしい部隊名になり、ボーデンプラッテ作戦開始の元日から訓練を開始する。死闘を繰りひろげる友軍の側で明日のために訓練するのは、いかにもドイツらしい。

一月以降は東部戦線に約八〇〇機を返し、ドイツの西部・本土防空の戦闘機はわずか一〇〇〇機（うち単発戦闘機六〇〇機）に減少する。前年の秋のように米重爆撃機の侵攻に数百機で迎撃するのは不可能となり、護衛戦闘機の三分の一にも満たない二〇〇機弱で抵抗するのが精一杯となった。ランチェスターの法則は冷酷である。出撃機の三〇パーセントを失う悲惨な状況が続いたから、「シュヴァルベ」の迎撃戦参加への期待は大きくなっていった。

二月九日、最初に出撃した第五四航空団第一飛行隊の一五機は、一機も撃墜せぬまま六機を失うという散々な目に遭ったが、以後、迎撃戦技は向上した。三月十八日、米軍の重爆一二二一機、護衛戦闘機六三二機のベルリン爆撃をわずか三七機のMe262が迎撃したが、そのうちの六機が初めて装備したR4M空対空ロケット弾は効力を発し、二機の損害で重爆一二機を撃墜している。Me262による敗戦までの数々の奮戦を物語る読み物は多いが、英国の戦史家、アルフレッド・スミスによる綿密な戦果調査によれば、Me262の全撃墜戦果は一五〇機に達せず、空戦で撃墜された機数は約一〇〇機である。迎撃、地上攻撃、偵察とすべての任務を合わせても一日の延べ出撃数が六〇機に達したことはなかったというから、質(技術)は何とか間に合ったのに量(機数)が間に合わなかった、そして訓練が間に合わなかった兵器の典型といえるであろう。

第五章　間に合わせたソ連の底力

1　見事なシベリア撤退作戦

ドイツの進撃を食い止めた力

「間に合った兵器」といっても、質の高いものが少数登場しただけでは戦局の決め手とならない。原爆のような特殊な兵器は別として、レーダーにしろジェット機にしろ質だけではなく、ある程度の量が必要である。新兵器の開発が間に合うだけでなく、量産も間に合わなければならない。いい換えると、量産しやすい新兵器であってこそ「間に合った兵器」となるのである。その点では、第二次大戦でソ連が示した兵器の量産態勢は技術史に残る輝かしい記録といえよう。

日露戦争において、日本軍が最終的に火力で勝利を勝ち取ったにもかかわらず、戦後は歩兵や騎兵の武勇伝ばかりが語り伝えられたのと同様に、ソ連の大祖国戦争においても赤軍兵士や市民が戦場で示した愛国的、英雄的献身ぶりが強調された結果、質量ともに優れた兵器がどれほど勝利に貢献したかを認識する人は少ない。

たしかに、焦土と化した市街地でドイツ歩兵が苦手の近接戦闘を強要し、ボルガ川西岸の長さ数キロ、幅数百メートルという帯のような地域を一九四二年の夏から冬まで守り抜いた死闘がなければ、スターリングラードはドイツに奪われてしまったであろう。しかし、包囲したドイツ第六軍への反攻を成功させ、逆包囲して降伏させたのはソ連軍の高い士気と優れた作戦指導、そしてドイツ軍の劣悪な補給（とくに燃料）だけではなく装備の質と量のちがいである。十一月十九日の大攻勢の際の両軍の戦力を比較すると、ソ連軍の兵員約一〇〇万、火砲約一万三五〇〇門、戦車約九〇〇両、航空機約一一〇〇機に対し、ドイツ、ルーマニアなどの枢軸軍は、兵員約一〇〇万、火砲約一万門、戦車約七〇〇両、航空機約一二〇〇機で、ソ連軍は航空機で対等、火砲と戦車では優位に立っていた。

しかも、これらの兵器はウラルやシベリアへ疎開させた工場で開発し生産するというハンディキャップを克服して補給されたものである。秋までにモスクワ攻略は終了するという虫のいい計画によって、占領任務につく予定の六〇個師団分しか防寒装備を準備しなかったドイツ軍がモスクワ攻略で立ち往生した状況においても、補給や兵器生産の面ではソ連は最悪の状態にあった。ドイツ軍は膨大な量の軍需物資を入手し、ソ連の工業地域のほぼ三分の二を占領するか使用不能にしていた。航空機工場をはじめ、ソ連の主な軍需工場はソ連の欧州地域、それも西部国境からボルガ河までの範囲に集中していたから、日本にたとえると、関東平野から東海道、山陽道を得て北九州に至る太平洋ベルト地帯が災害や騒乱で麻痺したようなものである。ボルガ以東のわずかな工業地域がドイツ爆撃機の行動範囲外にあり、またドイツが長距離爆撃機を開発中でないのが唯一つの救いだった。

労働力も無視できない戦力である。ドイツの侵攻が始まるやソ連軍の受けた人的、物的損害は目を覆うものであった。六月にはミンスクで兵員三〇万人、戦車二五〇〇両、火砲一五〇〇門がドイツ軍の手に落ち、八月にはキエフ南方で兵員一〇万人、戦車三〇〇両、火砲八〇〇門が、スモレンスクで兵員一〇万人、戦車二〇〇〇両、火砲一九〇〇門が鹵獲された。最大の被害は八月下旬のキエフ付近の会戦で、兵員六五万人、戦車九〇〇両、火砲四〇〇〇門がドイツ軍のものとなった。また、この四つの戦闘だけで赤軍の死傷者は一〇〇万人に及んでいる。その結果、一九四一年末、ソ連は国土最良の農地と工業地帯の大半と人口の三分の一を失っていたのである。残されたソ連の産業労働者の約半分が女性であった。

大疎開作戦の開始

ドイツ軍が侵攻してくる二週間前の六月五日、ソ連人民委員会議はソ連の欧州地区からいくつかの航空機器工場の設備の一部を西シベリアへ撤退させる決定を下したが、まもなくすべての兵器工場を撤退させるよう決定せざるを得なくなった。最近、東欧から撤退するソ連軍人を受け入れる宿舎が不足なので撤退計画が頓座するという「本当にやる気があるのか」と尋ねたい現象が生じていたが、当時のソ連人は宿舎の有無には関係なく、見事にウラルやシベリアへの工場疎開をやってのけた。

工場疎開はドイツ、日本、英国でも行なわれたが、ソ連ほど大規模な量の設備を短時間に長距離へ輸送した例は、古今東西見られないものであった。しかも敵軍が侵攻する最中、寒さと雪に妨げられながら、病院列車や疎開住民を乗せた大編成の列車とわずかの鉄道路線で競合しながらの輸送である。

そして単なる物品の輸送ではなく専門工場の移転であるから、機械が到着するなり遅滞なく稼働させるには電力、水蒸気、水、鉄道の引き込みが終了していなければならず、人は精神力だけで生きるのではないから宿舎と食料の確保も必要である。工員は荷物を梱包する一方で、撤収するギリギリまで兵器の生産を続けた。中国共産党が今も「長征」を誇りとするように、この偉大なる事業はソ連解体にもかかわらず伝えられてよいのではなかろうか。

ある記録によれば、ハリコフの戦車工場からの最終疎開群は十月十九日にウラルへ向けて出発し、十二月八日までに最初のT34を製造している。ウラル山脈のチェルビンスクには、レニングラードとハリコフから疎開した戦車工場によって、タンコグラード（戦車の都）と呼ばれる工場団地が出現し、KV重戦車やスターリン重戦車を生産した。それより三〇〇キロばかり北のニジニイ・タギールでは、地元の工場にハリコフから撤去した工場の一部を併せてT34戦車が生産された。

だが悪いことばかりは起こらない。ソ連にとって幸いなことに、ソ連の工業施設を利用する計画であったドイツ軍が多くの工場を爆撃目標から外していたし、地上軍の支援に追われる空軍も主だった都市を爆撃する余裕がなかった。だからソ連の工場管理者は貴重な工作機械を無傷のまま搬出することができた。一九四二年当初には、疎開はほぼ完了し、三月になると航空機生産は増え始める。

ソ連が生産した兵器の数量も、被った損耗も正確な値は不明である。彼らの生産実績にも粉飾があり、相手のドイツ軍の戦果報告にも未確認や粉飾がある。だから概数で評価するのが最も無難であるが、ソ連の公刊戦史では、ほぼ一〇万機を大祖国戦争に投入したと述べている。一方、ドイツは約六万機を撃破したというから、どちらも水増しであるにせよ、その差の四万機が残存することになる。

この残存機数は、一九四四年半ばから終戦までの間にソ連が生産したと主張する、そして敗退続きで混乱していた初期の頃よりはかなり信頼できる数値である三万四〇〇〇機よりも多い数値であるから、満四年間に約一〇万機を生産したという記述も、まんざら誇張ではない。なお、ドイツも第二次大戦の開戦から降伏までに一一万三五〇〇機を生産し、ほぼ同数を失った。

2　ソ連式大量生産の威力

ドイツに追いつき、追い越す

一九四二年の末、これらの疎開工場からの生産量は、ドイツの兵器生産をついに追い抜いてしまう。同年のソ連の生産量は戦車二万四七〇〇両、航空機二万五四〇〇機、口径七五ミリ以上の火砲三万三一〇〇門に達したが、ドイツの生産実績は戦車九三〇〇両、航空機一万四七〇〇機、口径七五ミリ以上の火砲一万二〇〇〇門にとどまった。ドイツは、これ以外にコストの高い潜水艦を多数建造し、ジェット機やV1号、V2号に代表されるさまざまな新兵器の開発に人的、物的資源を費やさざるを得なかったが、東部戦線で戦うドイツ将兵に必要だったのは航空機、戦車、火砲、そして十分な補給であった。

航空機生産を例にとると、平均月産機数は一九四二年の二一〇〇機から四三年の二九〇〇機に増加し、四三年全体では四二年より三七パーセントも多い約三万五〇〇〇機に達した結果、四三年中頃にはソ連の航空機数はドイツの二倍になっていたとソ連大祖国戦争史は伝えている。

ソ連が生産した航空機は、一九四二年に約八〇〇〇機、四三年に約一万八〇〇〇機、四四年に約三万機、四五年に約二万五〇〇〇機という、やや控え目の統計もある。ノルマという厄介な生産割り当てが存在する以上、粉飾報告や共食いによる部品供給源にしか役立たない欠損製品も横行したから、真の数値は不明である。

そして、どの兵器にも共通している特徴は、文字どおりソ連の国土・国情に適合した生産が行なわれ、効果を挙げたことである。ウクライナの鉱山資源をドイツにおさえられ、ただでさえ資源不足なのに、ソ連の流通機構が貧弱なことから、どの工場も資材不足に悩まされた。とくにアルミニウムは不足したので、新鋭機といえども機体のかなりの部分は木材か布であった。時代遅れのようであるが機体は軽く、整備も容易である。そして頑丈に造られていたから、ソ連の厳しい気象条件の下で、凸凹の滑走路でも心配せずに運用できた。ヤコブレフ、イリューシンといった航空機設計局から新鋭機がつぎつぎと開発され疎開工場でどんどん生産されていく一方、改良もたびたび行なわれたが、すべて原型機の改良であるから、工場側では工作機械の入れ替えなしに生産を続行することができた。

T34中戦車の登場

一九四二年に生産された新戦車の半数を占めた重量二七トンのT34中戦車も、数々の「ソ連らしさ」を備えている。なによりもキャタピラの幅が四八センチと広いため、幅三六センチのドイツ軍三号戦車が立ち往生する雪や泥の中でも進むことができた。七六ミリ砲と七・六二ミリ機銃二梃を搭載し、最大装甲厚は四六ミリを誇り（四三年型となると重量三二トン、砲塔装甲六五ミリ）、スターリングラード攻防戦やクルスク会戦の立役者となったが、これも四〇年に採用された原型の改良型であったからスムーズに量産へ移行している。

砲塔の中が狭いとか無線機を搭載していない、砲塔を回すクランクが操作しにくいとかの欠点もあったが、火力、装甲、機動性という必要不可欠な性能はキチンと満たしていたから、ドイツ機甲師団の中核であった三号戦車（二四トン、最大装甲五〇ミリ、主砲五〇ミリ、機関銃二梃、最高時速四五キロ）を撃破できたのである。最高時速五三キロの快速はドイツのどの戦車よりも速く、軽ディーゼルエンジンと容量四五四リットルの燃料タンクのおかげで、燃料補給せずに二四〇キロも走行できた。

この優れたT34戦車の生い立ちを見ると、工業的には二流、いや三流の農業国と見なされていたソ連の軍事技術者たちが、なんと独創的な、しかも国土・国情に適した戦車を創りだしたかが判る。どの国も、先進国の技術に短時間で追いつくためには、デッドコピーから出発する。ご多分にもれずソ連陸軍も、一九二四年に国内でゴソゴソ試作を始めたがうまくいかず、三〇年、英国から種々の戦車を六両購入し、三二年には米国の戦車設計者、J・クリ

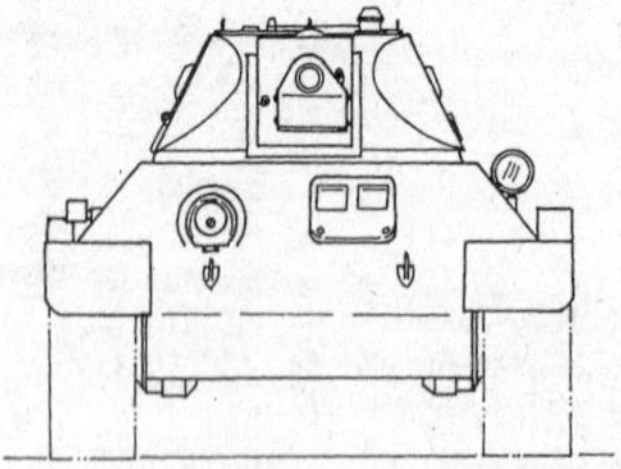

T34/76戦車

全長	5.9m
全幅	3.0m
全高	2.4m
重量	28t
乗員	4名
最高時速	55km/h
最大装甲厚	46mm
76mm砲×1	
7.62mm機銃×2	
500馬力	

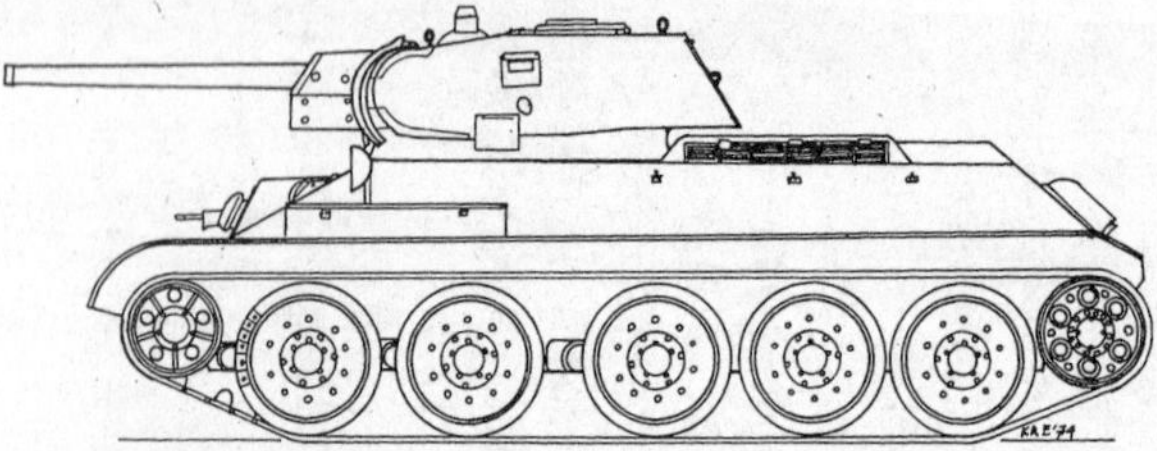

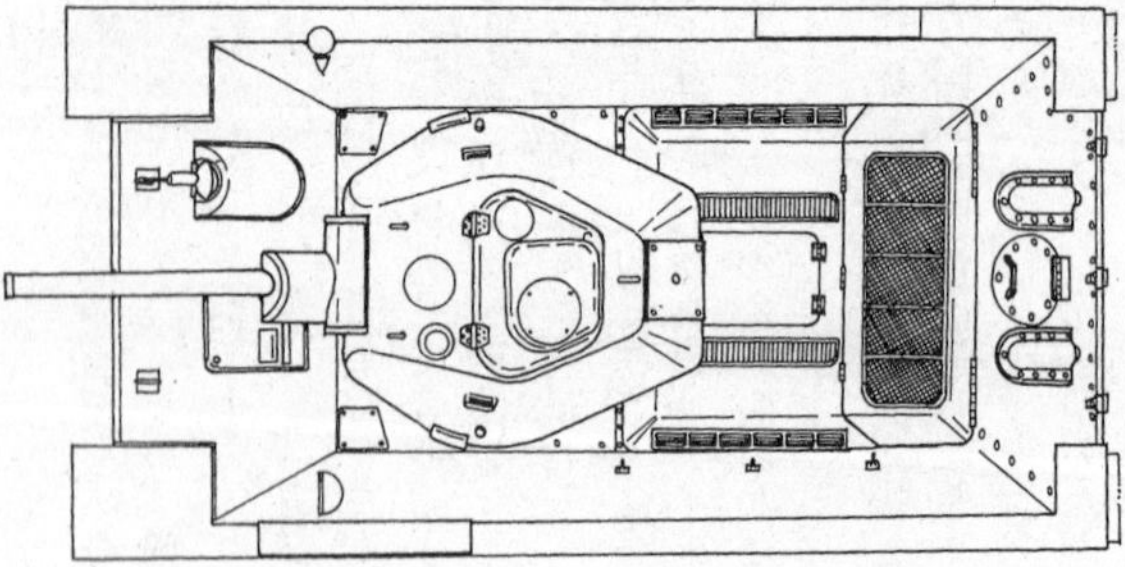

強力な武装と高速力、そして避弾径始を考慮された第２次大戦の傑作戦車T34／76戦車。ドイツ軍の進撃により生産工場もウラル山脈付近に後退した。

スティーが売り出したT３戦車という三七ミリ砲搭載の一〇トン軽戦車を二両買いこんだ。

この快速戦車がソ連の広大な国土に適していることに気がついたソ連陸軍は、さっそくデッドコピーを製作し、ビストロホドヌイ（快速）タンク、略してBTと名づける。BT１を皮切にBT８までがシリーズで造られたが、これらが単なるコピーとちがうのは、彼らが火力を重視して、つぎつぎと強化していったことで、一九三八年に登場するBT８に至っては七六ミリ砲が装備されていた。そしてつぎの改良型を試作しながら、試験評価の終わったものを量産し、三五年には約三五〇〇両のBT戦車が配備されていたといわれる。

BTシリーズの子孫ともいうべきT34の設計は、一九三九年ハリコフの機関車工場で行なわれ、翌年初めには二両の試作車が試験のためにモスクワやスモレンスクまで走り回る。三七ミリ対戦車砲にも耐える厚さ四五ミリ（開戦後は砲塔部を六五ミリに増強）の重装甲の鎧を被りながら、五〇〇馬力の強力な、しかも燃費の良いディーゼルエンジンによって最高時速は五一キロに達する名戦車の誕生である。

火力も軽視はされていなかった。火砲の威力は、口径だけでなく砲身長によっても大きく異なるが、当時は、日本の九七式中戦車（五七ミリ砲）だけでなく、英国の歩兵直協用戦車マチルダ（四〇ミリ砲）も、そしてフランスへ雪崩れ込んだドイツの初期の三号戦車（三七ミリ砲）も、その後の戦車と比べると間が抜けたような短砲身である。だがT34はちがっていた。T34の標準的な主砲となった砲身長四一・二口径の七六ミリ砲の初速は、秒速六六二メートルで、ドイツ軍の四号戦車の短砲身七五ミリ砲の三九六メートルとは格段の差があり、約二年後に誕生する米国のシャーマン戦車の七五ミリ砲の初速に、ほぼ匹敵するものであった。

四一・二口径とは、砲身長が口径の四一・二倍、すなわち三・一メートル強であることを示すが、この値が大きいほど細長い砲身である。航空機に関しては分からず屋でトンチンカンな暴君だったヒトラーも陸戦装備には烱眼があり、三号戦車の三七ミリ砲更新の際は四二口径ではなく六〇口径の五〇ミリ砲を装備せよと厳命したが、ソ連へ進攻した三二〇〇両の戦車のうち二〇六八両をしめる三号戦車の内訳は、一三一両がまだ三七ミリ砲、一八九三両は彼の命にそむいて短砲身の四二口径、命令どおり長砲身の六〇口径を備えたものはわずか四四両に過ぎなかった。

その結果、T34の長砲身七六ミリ砲は簡単に三号戦車、四号戦車の車体を貫通するのに、四号戦車の短砲身七五ミリ砲ではT34の後部、それもエンジンを覆っている格子の部分に命中させないと撃破できなかった。ドイツの第一七機甲師団の将兵が、初めてT34と対戦したのは一九四一年七月八日、ドニエプル河畔でわずか一両のT34が逆襲してきたときであった。三号戦車も三七ミリ対戦車砲も、このT34を食い止めることができず、一五キロも突入されて後方を荒らされた後、ようやく一〇〇ミリ砲で後部を射撃することにより破壊できたという記録がある。それからドイツ軍は、東部戦線のあちこちで、このような手荒い歓迎を受けることになる。

ニーズとシーズの結合

T34の誕生は、まさに必要性（ニーズ）と技術的可能性（シーズ）の整合、戦術ドクトリンと設計思想の一致による勝利である。英国のフラーやドイツのグーデリアンが提唱した「機械化された軍隊による機動作戦」の思想をよく理解し、早くも一九三二年、ソ連軍に機械化軍団をつくり上げたのはミハイル・トハチェフスキー元帥であった。しかし、彼は三七年にソ連軍を襲ったスターリンの大粛清で、いの一番に犠牲となり、同年六月十五日銃殺されてしまう。

この大粛清は、内戦時に採用され、その後、廃止されていた軍事委員制度が同年四月に復活されたのをきっかけに軍高級幹部に対して行なわれた。この制度により、共産党から部隊に派遣された軍事委員の署名がないと部隊指揮官が命令を下せなくなり、当然のことながら軍は反発したが、その結果、将官の九割、大佐の八割が粛清されたといわれる。

彼の創設した機械化軍団も解体され、フランスと同様の「戦車は歩兵支援の役割にもどるべきだ」という思想が復活し、せっかく増えていた戦車は歩兵部隊の中へ分散配置されてしまう。だが、一九三九年、冬の対フィンランド戦争での敗北の反省と、フランスへ雪崩れこんだドイツ機甲部隊の鮮やかな勝利が、ソ連陸軍に再び機械化軍団の必要性を認めさせ、ドイツ機甲師団をモデルに戦車師団を編成し始めたところでドイツの侵攻を受けるのである。

ニーズが高まってきた一九四〇年にちょうどタイミング良く、評価試験が完了したのがT34であるが、このシーズがニーズに応えられる代物であったのもソ連には幸運であった。これを出生させた設計陣は、史上もっとも優れた戦車設計チームとして認められている。そのリーダー、ミハイル・コーシキンはBTシリーズとともに成長した技術者であった。胸を患いながらもこの大任をまっとうし、T34の活躍を見ないうちに世を去るが、その成果は祖国の運命を変え第二次大戦の流れも左右したのである。

T34に対抗するため一九四三年に登場したドイツのパンテル中戦車（四五トン、最大装甲八〇ミリ、主砲七五ミリ、機関銃三梃、最高時速五四キロ）に一対一で対抗するにはT34は非力であり、KV1型重戦車（五二トン、最大装甲七五ミリ、主砲七六ミリ、機関銃三梃、最高時速三六キロ）に頼らざるを得なかったが、集団戦闘では機動力と量の力で圧倒している。これも数多くのトラクター工場から雑な仕上げのまま塗装もせずに出荷されたが、とにかく大量の戦車を前線へ送り出せ、という指令に応えることができた。パンテル中戦車の月産数は約五〇両、ティーゲル重戦車（五六トン、最大装甲一一〇ミリ、主砲八八ミリ、機関銃二梃、最高時速三六キロ）に至っては約二五両に過ぎなかったが、この頃、ソ連のT34月産数は約一〇〇〇両に達していた。

生産機種の徹底的な絞り込み

T34と共にドイツ進攻を阻んだＫＶ１重戦車。1943年に登場したパンテル中戦車に対し、非力なT34にかわり威力を示した。

ソ連の大量生産の巧みさは、多数の機種を追うことなく選択した少数の機種を徹底的に量産した点にも見られるが、日本やドイツが多くの機種を少数生産したのとはじつに対照的である。これについては航空機開発の事例がわかりやすいが、戦車においてもソ連で生産されたのはほとんどT34とＫＶの二種類だけであったのに対し、ドイツはいくつかの自走砲や一〇〇トン戦車をいじくり回していたし、資源不足のはずの日本も、海軍製戦車さえ試作していた。ソ連は、構造も機能も複雑で細緻なものを極力排除し、粗削りだが単純で組み立てやすく頑丈な製品を送り出した。これによって工場での製造時間が短縮されただけでなく、配備部隊での整備や修理も非常に容易なものとなった。

T34も、その見本となるような単純で頑丈な戦車であったが、ウラル地方のある製造工場において、一両について一一〇時間要していた組み立て時間を、創意工夫によって四〇時間以下に短縮してお褒めを

更であるから運用者の責任事項であるが、わずかに艦攻と艦爆の一元化が流星として実現したに過ぎない。また、驚くほど多数の試作機が登場したが、実用化されたのは企図されたものの6パーセントに過ぎなかったと巌谷中佐は述べている。厳格な試験評価で不良試作はすべて落第させたのだともいえるが、貴重な人材と資材を、いい加減な試作（実態は改造に過ぎなかった）に費やしたという一面も伺われる。

部品標準化の遅れも量産の障害であった。米国やドイツの兵器の場合はいかなる小さい部品でも必ず部品番号が付けられ、できる限り互換性を持つように共通部品が使用されていたが、日本では大戦の初期に技術院の工業部品規格統一委員会で制定されたのはボルト、ナット等の基本部品だけで、車輪や油圧利用の機能部品は野放しであった。特に航空機の艤装部品において著しく、機種ごとに、製作会社ごとに異なり、新試作機を設計する毎に部品も設計するという無駄が多かった。

複雑なウルツブルグレーダーを構成する電子管がわずか3種のブラウン管と8種の真空管であるのを知って驚かない者はいなかったという。もっとも多用途であるには部品も優秀でなければならず、ウルツブルグレーダーの場合にもテレフンケン社は、検波、発振、増幅に使用でき、マイナス2キロボルトのバイアス電圧にも堪え得る多目的五極管を開発していた。そして標準品の大量生産には高水準の品質管理も必要であった。

いただくというと信じられないような報告も残されている。

これなら二交替制か残業による一日一六時間の就業により、わずか三日で戦車が生産ラインから流れ出たことになる。今日、ロボット化の進んだ乗用車生産ラインが一〇時間程度で自動

コラム⑭●日本の生産能率の低さ

東大船舶工学科を卒業したが航空技術者となり、終戦時に海軍高座工廠長であった岡村純技術少将は、わが航空界が大量生産に関する概念や研究を欠いていたことを嘆くとともに、航空機増産を疎外した原因としてつぎの３項目を挙げている。

①運用者の過大な性能要求に対し、技術側が生産のことまで考える余裕がなくて容認した結果、性能本位となって重量軽減のため工作法の簡易化を無視したこと

②用途別機種は練習機を除いても十四種類、全現用機は三十数種に及ぶほど機種が多すぎたこと

③生産量が急激に増加したが、平時からの研究不十分なために対処できなかったこと

同じく船舶工学科出身の航空技術者で、ドイツから「深海の使者」で九死に一生の生還を成し遂げた巌谷英一技術中佐も、海軍の機種だけでも約30機に上り、これに陸軍の機種を併せたものが弱体な日本の工業力で消化できるはずがなく、そこへ試作機種が濫増したことが生産能力を低めたと指摘している。そして巌谷中佐は、ここでも運用者の無理解が原因で試作能力や生産能力を十分検討しないまま会社へ発注されたと示唆している。

機種の統合は、兵器行政だけではなく明らかに兵器体系の変

車を造り上げているのと較べても驚くべき短さであろう。

単純化を旨とする設計思想で玉石混交が生じたのは小火器である。比較的少数の機種に絞って生産されたが、なかには短時間で製造できるという理由だけで採用された時代遅れのものもあっ

た。好評を得たのは口径七・六二ミリの俗称「マンドリン」ことPPSh短機関銃と、同じく口径七・六二ミリのゴリューノフSG機関銃である。PPSh短機関銃は、ドイツ軍のMP40短機関銃の毎分五〇〇発をはるかにしのぐ毎分九〇〇発という発射速度を誇ったが、構造も単純なため信頼性も高かった。その秘密は、早く安価に組み立てるため多くの部品を溶接していたのである。

その裏には、信頼できる溶接技術の定着があった。また、磨耗する恐れのある部品を使わないという、この銃の設計方針はゴリューノフSG機関銃にも共通するものであったが、これは故障を防ぐだけでなく操作も容易にし、十分な訓練を受けぬまま戦場へ送られる兵士を喜ばせた。

3　ドイツ軍を圧倒する新鋭兵器

虚を衝かれたソ連

兵器の量だけでなく質の方でも、ソ連がどれほど惨めで、それを短期間に克服していったかを航空機の事例で概観しよう。第二次大戦におけるソ連陸軍の火砲や戦車の活躍を認めても、航空機の活躍となると否定的な人が多い。最初から最後までソ連空軍はゲリラ戦しか遂行できなかった、たくさんの航空機を生産しながら見るべき運用がなかったと酷評する評論も見られるが、たしかに初戦の作戦は最低であった。

一九四一年六月二十二日、保有する第一線機の六五パーセントに相当する約三〇〇〇機の空軍機を動員して、ドイツがバルバロッサ作戦と名づけたソ連侵攻を開始した際、ドイツ側の見積もりではソ連の在欧航空勢力は総数七五〇〇機であったが、実際にはソ連の第一線機は一万二〇〇〇機以上もいたのである。そして国境近くの六六ヵ所の飛行場が襲撃された結果、九時間で一二〇〇機のソ連機が破壊され、そのうち八〇〇機は地上で破壊されたという実情が物語るように、世界最強の空軍と信じられていたソ連空軍が大戦初期の段階では運用も拙劣であったし、質も劣っていたのは事実である。

もっとも、奇襲侵攻を受けたのは運用というよりも政治の拙劣さが最大原因であろう。侵攻の明白な徴候がつぎつぎと報告されてもスターリンは信用せず、二十一日夕刻になってようやく国境の部隊に戦略的警報を送るのを許可したが、徹底しないまま奇襲を受ける。「攻撃受ケツツアリ、イカガスベキヤ」の悲壮な生電に対しても、中央は「電信ハ暗号デ発信スベシ」と打ち返すほど軍には官僚主義が徹底していた。

ドイツ側の公表した、「最初の一週間で三六〇〇機、年末までに一万七〇〇〇機を撃破した」という数値も、ソ連の公刊戦史の「このようなハンディキャップを負いながらもソ連のパイロットたちは旧式の航空機を駆って善戦し、最初の一ヵ月弱の間にドイツ軍の一三〇〇機を撃墜した」という主張も、そのままは採用できないが、歴戦の強者ドイツ軍は最新の戦闘機と爆撃機を投入し、同盟国の空軍機も含めて約五〇〇〇機の航空戦力で東部戦線の制空権を握ったまま年末を迎える。

不幸なことに、当時、ソ連空軍機は新旧交替の時期を迎えており、数は多くても大半は旧式機であった。いまだ複葉機が主流だった一九三三年に世界初の画期的な低翼単発引込脚の

その独特の形から「アブ」などと呼ばれた世界初の低翼単葉・引込脚を採用した戦闘機Ｉ16。スペイン動乱や中国空軍でも使用されたソ連軍の名戦闘機。

試作機としてデビューし世界を驚かせたポリカルポフＩ16戦闘機も、七七五馬力の発動機で四六〇キロという低速では、一二〇〇馬力のダイムラー・ベンツ発動機で時速六〇〇キロ出し武装も強力なメッサーシュミットＢｆ109の敵ではなかった。

一九三六年に装備化されるやスペイン戦争へ「運用テストのため」派遣され、高速爆撃機（時速四一〇キロ）と賞賛された双発のツポレフＳＢ２爆撃機は、四一年の生産終了までに六九〇〇機以上も製造され、ノモンハン事件でも活躍したが、ドイツ空軍の敵ではないと分かるや夜間爆撃機に任務変更される。見るからに重々しく、「ソ連の航空機は垢ぬけせず鈍重で野暮ったい」というイメージを定着させる元凶（？）ともなった四発のツポレフＴＢ３重爆撃機も一九三一年装備化の老体に鞭打って任務についていたが、開戦とともに輸送任務に変更された。

ドイツが侵攻する前年に配備開始されたのに、役立たずで終わったさえない機種もある。時速四四〇キロの高速度と五四〇〇キロ以上の航続距離を誇る唯一つの戦略

1933年に試作が始まった高速爆撃機ツポレフＳＢ２。スペイン動乱、ノモンハン戦などにも活躍したが、独ソ戦では老朽化が目立ち第一線から退いた。

爆撃機、ペトリヤコフＰｅ８は、一九四一年夏、さっそくベルリン爆撃を実施してソ連国民の喝采を浴びたが、エンジン故障が多発して改修が続き、顕著な戦果を挙げないまま四四年に製造中止となった。三六年に設計され四〇年に装備化されたスホーイＳｕ２は最高時速四八五キロの新鋭単発爆撃機であり、侵攻するドイツ軍の矢面に立って奮戦したが、高速のドイツ戦闘機による損害が大きく、早くも四二年には前線任務からはずされている。

最大の危機をしのぐ

抜群の航空機ではなかったが、戦争初期に「つなぎ」として活躍した機種としてはラボーチキンＬａＧＧ戦闘機がある。セムヨン・ラボーチキンの指導の下にゴルブノフやグドコフが設計したのにちなんでＬａＧＧという符号を与えられた全木製低翼単葉戦闘機の試作機が飛行したのは一九三九年であったが、一連の改修の結果、量産機が部隊配備されたときは独ソ開戦となっていた。

時速五七〇キロの速度は、英国の木製偵察機モスキートよりやや遅く、武装も二〇ミリ機関砲一門、機銃三梃とメッサーシュミットBf109Eにやや劣るが、その構造部材はフェノール樹脂を加えて強度を高めたデルタ材が使用され、単純さと頑丈さを示す典型的なソ連戦闘機であった。なにしろ可動部分以外は全木製で羽布張りであるからアルミニウム不足の大戦初期には重宝されたが、三トンも重量がありながらエンジンが一二〇〇馬力では出力不足と決めつけられ、一七〇〇馬力の新エンジンを搭載した木と金属の複合構造機La5、La7を派生させて、このユニークな元祖は消えていく。

だが厳しい冬将軍の下で、レニングラード戦線からモスクワ攻防戦に引き抜かれたジューコフ元帥が皮切りに反撃を開始するまでに、ドイツ空軍の消耗と稼動率はすでに赤信号を示していた。一九四一年六月二十二日から四ヵ月間における東部戦線の第一線機月間平均保有機数、約二五〇〇機のうち三〇パーセントにあたる七四〇機が毎月損耗（損失および損傷）していた。損傷の中には修理の後に復帰するものもあるが、一時的には戦力から離脱するので損失とならんで損耗に含ませる。また、損失および損傷の半数近くが戦闘以外の理由、すなわち事故で生じているという凄まじい実態がある。

搭乗員の損耗比率は毎月一一パーセント程度であり、これは四ヵ月間の累積損耗比率、すなわち搭乗員の補充がまったくなかった場合の欠員比率は四三パーセントにも達することを意味していた。

また、全戦域におけるドイツ空軍の保有機は、輸送機や連絡機も含めて一九四一年初めには約四三〇〇機であったが、年末までの一年間に戦闘および戦闘以外で損失した機数（除籍機数）は約五〇〇〇機と年初めの保有機数を越えている。「バトル・オブ・ブリテン」の失

独ソ戦勃発時のソ連軍の主力となったラボーチキンＬａＧＧ戦闘機。全木製低翼単葉機として有名で安定性に優れ、地上支援など多くの任務についた。

敗に挫折し、それに代わる夜間英本土爆撃も効果が薄いことを知っているドイツ爆撃機の搭乗員は、それから抜け出せるバルバロッサ作戦開始の報に大喜びしたが、彼らが期待したほどにはソ連は甘くなかった。

十月初めには東部戦線における単発戦闘機の可動率は五八パーセント、全機種平均では五三パーセントに低下し、打撃力の中心である爆撃機となると四〇パーセントという低さであった。この低可動率はドイツ地上部隊にも深刻な問題であった。というのは、輸送隊は最前線の機甲部隊と砲兵部隊へ燃料と弾薬の両方を十分補給することができず、有効な近接航空支援が期待されていたからである。

そして、この低可動率も細く長く伸び切った補給線が原因であった。進撃する機甲部隊の後を追って戦闘機隊も爆撃機隊も迅速に最前線の飛行場へ移動したからこそ、有効な航空支援を与えることができたが、二〇〇〇キロにもおよぶ補給は戦況が順調なときでも青息吐息である。まず冬将軍より先に、秋の悪天候による泥濘が輸送隊を苦しめ、冬季用衣料も装備も前線へ送れなくなったし、交換すべき部品が届かないので航空機も飛べなくなる。機体を痛めがちだった凸凹の急造滑走路は泥沼と化し、悪天候となる前には一日あたり延べ一〇〇〇機以上だった出撃機数が、十月にはいると瞬く間に五〇〇機以下に低下する。

そしてナポレオンを苦しめたのと同じ酷寒で将兵も兵器も損耗した。十二月十六日までに第二機甲集団の可動状態の戦車は四〇両に減少する。航空機整備員が酷寒地での特別な作業要領を整え、特別な器材を受領するのも翌年の冬である。補給システムは崩壊した。補給はすべて鉄道に依存していたが、機関車は酷寒のために絶えず故障し、豪雪の際は不通である。しかし、ウラル以東へ工場を疎開させる人々も、同じ酷寒に喘いでいたのである。

爆撃・攻撃機にも名機が続出

では反攻に貢献した名機とは、どのような機種であろうか。ソ連空軍もドイツ空軍と同様に「地上軍への直接協力」を目的としていたので、代表的名機はやはり爆撃機である。その一つ、イリューシンIℓ2地上攻撃機は、戦術爆撃と地上攻撃の両方を求める運用要求に応えてセルゲイ・イリューシンの設計チームが一九三九年試作したユニークな傑作機である。

これは、現代の米空軍が保有しているA10の先祖のような戦車キラーであり、すべての主要な会戦に参加したが、最も威力を発揮したのは一九四三年七月のクルスク会戦であり、四時間に二四〇両の戦車を破壊したと伝えられる。それを可能にしたのは二三ミリ機関砲二門と機関銃三梃という戦闘機なみの武装と六〇〇キロの爆装であるが、敵弾を恐れずに旋回しながら超低空で水平攻撃を加える秘密は、乗員の勇気や精神力だけでなく、機首から機体の

極めて頑丈な飛行機で、地上攻撃部隊の主力として活躍したイリューシンＩℓ２シュトルモビク。「空飛ぶ戦車」と呼ばれ、独戦車キラーで名を馳せた。

中央部までを保護する厚さ五〜一二ミリの装甲板にあった。溶接して隙間のない鋼板の箱の中に乗員、エンジン、燃料タンクなどが包み込まれ、コクピットの風防も厚さ六五ミリの防弾透明板という空飛ぶ戦車である。日本の九五式軽戦車顔負けの装甲重量は、総重量六四〇〇キロの一五パーセントに達したが、これは「常識的な」設計者にはとても踏み切れない数値であり、ここにこそイリューシンの独創性と英断があった。

なお、同機は一九四一年に実戦配備された後、さらに武装と装甲を改善し複座に改造されて翌年七月に登場したＭ３型が最も生産数が多いので、本稿ではこれの諸元を引用している。

また、これほど重いと双発にするのが普通であるのに単発ですませ、しかも複座であるが、時速は四二〇キロ、航続距離は七五〇キロと動きもさほど鈍重ではない。その秘密は、搭載する一七七〇馬力の強力な液冷エンジンＡＭ38Ｆとシベリアへ疎開した状況においてもこれを造り上げた工業力にあった。残念ながら日本の航空機エンジンで開戦時に一〇〇〇馬力に到達したものは少なく、有名な零戦も初代のＡ６Ｍ２

型は九四〇馬力、一九四三年秋に登場のA6M5型でも一一三〇馬力に過ぎなかった。「紫電改」に搭載された一九九〇馬力の中島「誉」二一型エンジンのように強力で、かつ、信頼性も高かったものは例外に近い。

この名機も一九三九年試作されたときはエンジンが出力不足で調子が悪く、採用が決定したのは翌年末に登場した試作三号機の試験評価が終わってからであったので、生産が開始されたころに独ソ戦となっていた。初期の単座型であったが、モスクワ防衛戦で戦車キラーとしての長所が明らかになり、Iℓ2の生産工場にスターリンが打電した電報には「Iℓ2はわが赤軍にとって、空気やパンのように欠くことのできないものである」と書かれてあったという。

改造されてIℓ2M3となりクルスク会戦に参加するころには特殊な対戦車爆弾と三七ミリ対戦車砲二門を装備したり、場合によっては八二ミリや一三二ミリのロケット砲を四門も搭載するなど、武装はますます向上した。競争相手のスホーイ設計局が平凡なSu2を提示して、すぐ採用になったものの、その後も速度以外は改善されなかったのと対照的である。改造型も含めて三万六〇〇〇機以上も生産された頑丈なIℓ2の後継機種が試作されたのは一九四四年夏である。さらに厚い装甲を持ちながらも二〇〇〇馬力のエンジンにより時速五〇〇キロで戦場を駆け抜けるイリューシンIℓ10は、第二次大戦後も共産諸国で使用され、朝鮮戦争にも登場した。五〇〇〇機弱という総生産数は、そのまま大戦末期のソ連の凄まじい生産能力を物語っている。

Iℓ2とならぶ名機は、頑丈だが野暮ったいIℓ2とは逆に、上品な外形が特徴のペトリ

Iℓ2の後継機で1944年夏に登場したイリューシンIℓ10シュトルモビク。エンジンと武装を強化し、戦後も生産が続けられて、朝鮮戦争に参加した。

ヤコフPe2型双発戦術爆撃機である。空力的に洗練されているので操縦性にも優れていた。一九四一年初めに配備が開始されたのは急降下爆撃型であったが、三八年頃の製作計画では与圧キャビンを持って高々度で運用できる重戦闘機であった。その後、仕様の要求が高々度の爆撃機に変わってしまったが、操縦性は戦闘機のように軽快であり、また高々度照準装置が能力不足であることが試験中に判明したため、急降下爆撃機に転換されたのである。

守られた「集中の原則」

一九四二年になると、長距離偵察機や地上攻撃機にも兼用される重戦闘機型も配備されるが、爆撃機型とあわせて大戦中に一万一〇〇〇機以上が生産された。この大戦で活躍したソ連の双発爆撃機の七五パーセントを占めるというから、日本やドイツの多種少数と大きくちがう機種集中生産の典型例である。

日本も爆撃機については戦闘機ほどは多機種を試作、生産しなかったとはいえ、九九式双発軽爆の最初の量産型、川崎キ四八Iが一九四〇年にロールアウトしてから甲型、

表8　日本とソ連の代表的地上攻撃機の比較

名　　称	重　量 (kg)	出　力 (馬力)	速　度 (km/h)	航続距離 (km)
九九式襲撃機	2900	940	424	1060
九九式艦上爆撃機	3600	1000	386	920
Iℓ2M3地上攻撃機	6400	1770	420	750
Iℓ10地上攻撃機	6550	2000	500	1000

乙型合わせて五五七機、四二年から生産にはいったキ四八IIが一四〇八機しか生産されなかったのだから生産機数は一桁もちがうのである。ドイツもユンカースＪｕ88急降下爆撃機については敗戦を迎えるまで重点的に量産し、一二種の型を約一万六〇〇〇機生産したが、これと併行して速度がやや速いだけで似たり寄ったりのドルニエＤｏ217も生産するという失策を犯している。

その代わり、ソ連はＰｅ８型重爆撃機の生産を縮小した。戦術の基本である「集中の原則」の応用である。一九四二年にモスクワからスコットランドをへてワシントンまで飛んで有名になったとはいえ、もともとＰｅ８の性能、とくにエンジンがさえなかったのも縮小の一因だったが、大戦前は有名だったソ連の長距離爆撃機を兵器システムから削除するのだから勇気ある、そして賢明な決断であった。

この方針変更もあってか、ソ連の戦史家の多くは連合軍のドイツへの大量爆撃の影響を軽視し、ソ連軍の地上からの反攻こそドイツ敗北の決め手だったことを強調してきた。正論ながらも、やや我田引水の感が強いが、ドイツの航空機損失の三分の二が東部戦線で生じたことは認めねばならない。

この大戦で活躍したソ連の軍用機の中でＰｅ２は最も万能であり、重戦闘機、軽爆撃機、地上攻撃機、偵察機、夜間戦闘機というさまざまな役割を見事に務めたのも、二基の一一〇〇馬力エンジンにより時速五四〇キロ、航続距離一五〇〇キロ、上昇限度八八〇〇メートル、重量はわずか八・五トンという運動性能とあわせて、一八個の電気式サーボ機構と油圧装置が使用された精巧な操縦系統のおかげである。なにしろ先輩のツポレフSB2よりも時速が一二〇キロも速く、独ソ戦初期に最も脅威であったMe109Eに比べても遜色がないので搭乗員の士気は高かった。

日本の九七式重爆撃機なみに一トンの爆弾搭載が可能だが、通常六〇〇キログラムの爆弾を急降下で正確に命中させるのがお家芸であった。モスクワ攻防戦の夜戦では、強力な探照灯を二基搭載し、敵機を照射して戦闘機を誘導するという武勇伝も残したが、最も活躍したのはお家芸の方であり、最後のベルリン攻撃では敵味方が混戦する市街戦の状況で、「煙突の中へ爆弾を投げ込む」ような正確なピンポイント攻撃を実施した。

ヤク戦闘機の登場

これらの攻撃、爆撃機とならんで、航空優勢回復に活躍したのはヤコブレフ設計局が送り出したヤクYak1、Yak3、Yak7、Yak9の一連のヤク戦闘機である。Yak1は、後年の名設計者アレクサンドル・ヤコブレフの出世作で、一九四二年に配備されてからベルリン陥落までソ連戦闘機隊の先頭に立って戦った、いわばソ連の零戦である。アルミニウムが不足していたソ連の国情にかんがみ、翼は木製、胴体は鋼管溶接の骨組みに合板張りという旧式な構造であったが、量産を考慮した設計によりシリーズ全体で約三万機も生産できた。

ヤコブレフYak 9戦闘機。ヤク戦闘機の最終型で、低高度における戦いではドイツ機をしのぐ活躍をみせた。大戦中は各国の義勇軍でも使用された。

一九三九年春、この原型一号機が初飛行した後、弱冠三二歳のヤコブレフに一〇万ルーブルの賞金と自動車、そしてレーニン勲章が授与された。四〇年には工学博士の学位が、そして四一年秋には労働英雄の称号も追いかけてくるのである。

後にYak9の翼が軽金属に代わっただけで、この質素な構造は終戦まで踏襲された。一見、みすぼらしく思えるが、従来のソ連戦闘機のイメージを一新した最高時速五八〇キロ、上昇限度一万メートルという素晴らしい運動性能と安定した操縦性、そして二〇ミリ機関砲一門、機関銃二梃の零戦にやや近い優れた武装が、東部戦線におけるドイツ爆撃隊、戦闘機隊それぞれに一九四二年五月から九月にかけて毎月約一二〇機の損失を与えたのである。これはドイツ軍の全戦域での損耗のほぼ六〇パーセントに相当する。

スターリングラード攻防戦に登場したYak7を改造し、航続距離を一三〇〇キロと延伸したのがYak9で、地上部隊の協力、掩護を主任務とするが、三七ミリ機関砲を搭載した戦車キラーや、米国の爆撃機隊をエスコートする機種も配備され、大戦中、最も活躍した型となった。低空ではメッサーシュミットBf109G（高度四〇〇〇メートルで時速五五〇キロ）よりも速く（二〇〇〇メートルで時速六〇〇キロ）、上昇力、旋回性能に優れていたので、低高度での格闘戦に巻きこんで勝利を納めている。同じ一九四三年に登場するYak3は、Yak9の操縦性をさらに向上させたもので、ポーランド人やフランス人の外人部隊にも提供されて好評を得ていた。

金属よりは粗末で重い木製の翼に過去の戦闘機より二倍も大きい約二〇〇キログラム／平方メートルの翼面荷重を託し、それにもかかわらず低空では他に比類のない運動性を示したヤク戦闘機の秘密はどこにあったのだろう。それは縦横比が小さい翼型を基本とする天才的な設計の総合結果であった。この優れた設計技術と量産性が、ドイツ軍以上の損害を出しながらもドイツ軍以上の航空機を供給し、ベルリンへの反撃路を切り開くのである。

第六章　間に合った兵器、間に合わなかった兵器

1　回天となり得た新技術

Me163Bロケット迎撃機の悲劇

敗勢の戦局を立て直し、形勢を一変させることを〝回天〟という。幕末の王政復古をめぐる戦いにおいて、旧幕府が米国へ発注した装甲艦「甲鉄」をむざむざ薩長軍に受領されてしまった榎本軍は、これを奪取するという大胆な作戦をたて、江戸を脱出した旧幕府艦隊の中で唯一つ残った軍艦、その名も「回天」に米国国旗を掲げて宮古湾へ突入する……。

これなどは作戦自体が回天にふさわしい雄大なものであるが、ドイツが敗勢の中で必死に開発し、配備に持ちこんだ新兵器、すなわちジェット戦闘機、ロケット戦闘機、巡航ミサイルV1号、弾道ミサイルV2号、ワルター式潜水艦、音響ホーミング魚雷などの中で、もう少し早く配備されておれば〝回天〟になり得たものをあげるとすれば何だろうか。

第二次大戦の後に、各国がそれを必須の兵器として整備を競ったか否かを判定基準としてみてみよう。ジェット戦闘機とならんで、その「遅すぎた配備」が惜しまれているロケット戦闘機について考察すれば、この基準からはまず失格である、と述べれば多数の識者から反論が上がるであろう。一九四四年五月十三日に実用機として初飛行し、同年七月二十八日、ドイツへ進攻してきた連合軍爆撃隊に初めて見参したメッサーシュミットMe163B「コメート」が、たとえ一年でも早く登場しておれば、戦局は変わっていた可能性があるという評論は少なくない。

たしかに一年早く出現しておれば、あのゾッとするような乗るたびに起こる事故は、手直しによって少しは減っていたかもしれない。だが、しょせんロケットに人が乗るのである。燃料はT液（過酸化水素）とC液（アルコール／ヒドラジン）の混合液で、離陸時に機体が少しでもがたつくと爆発する恐れがあった。点火後は速度調整が不可能なため、減速にはエンジンを停止するしか方法がなく、再点火には爆発の危険がともなった。離陸すると車輪は切り離され、着陸は機体下部に付いている橇で行なわれたが、非常に高い確率で死傷者が出た。総生産数は三〇〇機前後にとどまり、実戦に参加したのは、その四分の一程度と見られる。交戦での損失よりも着陸の際の損失の方が多かったと伝えられる。

爆撃機の編隊の上空から急降下で急襲すると、快速が自慢のP51「ムスタング」護衛戦闘機もなす術がなく、制空権獲得に絶大の自信をもっていた連合軍に強力なショックを与えた。だが亜音速にも達する高速度は（一九四一年十月二日、実験機Me163V1は時速一〇〇二キロという、有人機初の時速一〇〇〇キロ突破の偉業を達成）、低速の爆撃機に対してあまりにも速す

1950年の朝鮮戦争に出現し、その卓越した性能で西側諸国を圧倒したMiG 15戦闘機。F86セイバーと史上初のジェット戦闘機同士の空中戦を演じた。

ぎて照準も困難であった。高々度への上昇速度は毎分四八〇〇メートルと抜群に速かったが、七分あまりしか飛行できないので防御範囲は八〇キロ程度に限られた。配備基地を迂回して爆撃に向かわれるとお手上げであり、これでは地対空ミサイルと同じである。

また無事に着陸しても地上機動能力がまったくないので、草原で回収を待っている間に機銃掃射で破壊されたりもした。まさに地上に無防備で横たわっているミサイルと同じである。だから戦後まもなく、地対空ミサイルの開発が開始されたせいもあって、迎撃用のロケット機は、どの国でも採用されなかった。

ソ連は、ドイツから分捕ったＭｅ163Ｂのデッドコピーである**Ｉ**270Ｚｈの開発をミコヤンとグレビッチの設計局に命じ、最高の優先度を与えた。一九四六年には早速、試作機が初飛行を行なったが、後にＭｉＧ15となるジェット機Ｉ310の開発が始まるやロケット機開発は立ち消えとなった。ジェット機開発では先進国だったものの、ロケット機では立ち遅れていた英国が一九五十年にもなってから急にロケット機に熱を上げ、Ｐ１０７２「ホーカー」試作戦闘機にロケットエンジンを装備して初飛行させたが、結局、沙汰やみに終わる。米国は見向きもしなかった。

ところがジェット戦闘機は、地対空ミサイルよりもはるかに一般の航空機に近かった。近接航空支援も行なえたし、燃料消費の改良によって制空戦闘機にまで発展した。ジェット戦闘機がなくてレシプロ機だけであれば、どんな悲惨な目にあうかは、朝鮮戦争においてMiG15とF86が十分に検証している。だから一九四二年春の時点でHe280A／Bを採用して翌年秋に戦力化しているか、あるいは四二年秋にMe262に決定したあと、無駄な換装をやめて翌々年春に戦力化しておれば欧州の戦局が大きく変わったことはまちがいない。

ドイツの諸都市が焼け野原になるのを防ぐとともに、V2ロケット発射基地の防空、大半が英国側の迎撃で失われていたV1ロケットのエスコートと、さまざまな複合効果が期待できるからである。ソ連陸軍の怒濤のような進撃をジェット機の近接航空支援だけで食い止めるのは困難でも、ドイツ機甲部隊の天敵、Iℓ2地上攻撃機や快速を誇るPe2戦闘爆撃機を掃討することは容易であった。これらの航空機の支援なしにソ連機甲部隊が自慢の砲兵火力だけでドイツ領内へ殺到できたかは疑問である。

「第三善を前線に送れ」

では日本にも、回天たり得る技術はあっただろうか。日本の場合は陸海軍を問わず、まずレーダーであろう。超短波の対空捜索レーダー、二一号電探がもう半年早く戦力化されておれば艦隊防空が勝敗の大きな要因となった珊瑚海、ミッドウェー両海戦の様相は変わっていたはずである。一九四二年六月、これを仮装備した「伊勢」がミッドウェー作戦に向かうころ、珊瑚海海戦で大破した「翔鶴」が呉に入港し、二一号電探を搭載したが、同年十月の南太平洋海戦では、接近する敵艦上爆撃機を七〇浬先で発見するという実績をさっそく示している。

アンテナが大きいので二一号電探は巡洋艦以上の大型艦にしか搭載されなかったが、ガダルカナルへの補給戦、その後のソロモン諸島をめぐる海戦でも航空機攻撃の脅威は大きかったから、装備されていたら戦局の様相は明らかに変わっていた。そして、そのころに逆探E27が装備化されていたら、まだ米国の水上艦艇が超短波のSCレーダーを使用している時期だけに活躍の余地があったろう。また米潜水艦は超短波のSD対空レーダーを終戦間際まで運用していた。

英国でレーダー開発の総指揮をとり、早くも一九三五年に六四キロ先の航空機探知を成功させたロバート・ワトソン・ワット卿の名言、「第三善を前線に送れ。次善は遅れてしまう。最善はついに完成しない」を実践したのが一三号電探であろう。波長の短縮をあきらめ、確実な二メートル波（一五〇MHz）を用いたため受信機も安定して信頼性は高く、もともと陸上の移動用に設計されたため重量も二一号電探の八八〇キロよりもはるかに軽い一一〇キロで、小型艦艇や潜水艦にも搭載できた。

距離精度三キロ、方位精度一〇度と一三号電探は二一号電探よりも精度はやや悪かった。水上捜索にも適用できたという記述も、潜望鏡はおろか浮上潜水艦も見逃した「実績」があるから割り引いて評価すべきであろう。しかし、五〇キロ遠方の航空機を確実に探知する性能は艦艇、とくに潜水艦乗組員に重宝がられ、安立電気とともに約一〇〇〇セット（二一号電探は生産数不明、二二号マイクロ波電探は約三〇〇セット）を生産した東芝の社史（一九六三年）は、回路を極力簡素小型とし材料も粗末なものを使用したので一見粗雑に見えたが、その性能は非常に優れて安定しており、戦後、復員軍人からも絶賛されたことを誇りを持って記録している。

これこそソ連の「粗削りだが頑丈な」兵器と同様、戦時量産に適したものであり（実際には一斉射撃によって真空管のフィラメントが切れてしまうことが多かったが）、一九四三年夏ごろからの戦力化がもう半年早かったら、ソロモン諸島付近での海戦や「ビスマルク海の悲劇」の様相は大きく変わっていたであろう。艦艇に向かってくる敵機を迎撃機が追い払う能力のなくなった戦争末期では、海軍があまり熱をいれなかった対空射撃管制レーダーの出現ならばともかく、対空捜索レーダーの改良は大きなメリットではなかったが、戦争初期においては効果は大きかった。

陸軍も「あと半年早ければ」

陸軍レーダーの出番は、本土空襲以降である。海軍よりは時間的余裕があったおかげで対空捜索レーダー「電波警戒機乙」の要地への配備は完了し、オペレーターも慣熟していたから、問題は無線や迎撃戦闘機、「手動のバッジシステム」タキ二八号といった防空システムの整備であり、これらの目鼻がついたころ、敗戦となっている。

また陸軍は対空射撃管制レーダー「電波標定機」の開発に力をいれたが、思いきって安全

川崎キ102試作戦闘機。57ミリ砲を搭載する強力武装が期待されたが、排気タービン過給器付エンジンの開発が遅れ、当初の目的は果たされなかった。

な三メートル波を選んだタ号三型は安定度が比較的高いので唯一つ実用化に成功したものといえるが、兵器としては成功しなかった。海軍の各種艦載電探と同様に故障が多く、信頼性が低いこととあわせて、高射砲との連動がうまくいかなかった。したがって方位角と仰角の精度は約一ミルという脅威的な高性能のタ号改四型（タ号三一号）の量産開始が一九四五年一月ではなく、もう半年早ければ本土防空の様相はかなり変わっていたであろう。

陸軍がマグネトロンに頼らず、確実な真空管（しかも三極管）で短波長化を図ったのは賢明な選択であったが、一・五メートル波以下に縮めるのに大きな壁があった。ようやく敗戦前になって希望が持て始めたのは、八〇センチ波（三七五ＭＨｚ）の送受信用真空管が安定してきたことである。佐竹少佐の回想によれば、これは東芝製のＳＮ７という真空管で、まだ、やや短寿命であったが、これによって夜間爆撃のＢ29迎撃にぜひ必要な機上電波標定機タキ二号の将来も明るくなってきた。これがタ号三型や改四型にも適用され波長短縮に役立っておれば地上標定機の性能もさらに向上していただろう。

タキ二八号にしろ地上、機上電波標定機にしろ、あと半年早く、一九四四年秋に実用化されていたら、回天にはならなくとも、戦争終局の様相はかなり異なったであろう。高速戦闘機川崎キ一〇二や「紫電改」の生産数は少なかったから（キ一〇二は二三八機で大半は地上攻撃型、「紫電改」は四一五機）、成層圏でのB29迎撃はあまり期待できなかったが、陸海軍の技術協力でもっとも成功した兵器でもある一二センチ高射砲は、高度一万メートルの目標を射撃可能であり、距離精度一〇〇メートル、角度精度一ミルの夕号改四型と連動しておれば、米軍のような近接信管はなくても、かなりの命中率を挙げたにちがいない。

システムインテグレーターの不在

陸軍は、長射程の高射砲こそB29の出現によって急遽、開発したが、防空電波兵器については開戦早々に、遠からず米軍の反撃があるのを予期して余裕を持って着手した。防御的な兵器は不要だの、電波を発射するのは御法度だの、といった制約もなかったが、軍人にも学者にもワトソン・ワット卿のような優れた開発マネジャー、あるいはシステムのグランドデザインの描けるリーダーがいなかった。この点は海軍も同様であり、超短波逆探よりも重要なマイクロ波逆探が装備に至らなかったのは、わが電子技術の低さだけではない。

ワトソン・ワット卿の「次善は遅れてしまう」の好例が二二号マイクロ波電探であり、艦隊決戦も不能となった時期になって、ようやく安定した。安定したというのも技術サイドの報告であって、運用者からはもっと厳しい評価を受けている。現場での保守整備能力やオペレーターの練度も、配備されてから一年程度たたないと満足なものにならないとはいえ、フイリピン沖海戦で浮上中の潜水艦を探知した例は皆無であったし、「大和」が最後の出撃を行なう時点においても、「水上電探の活躍にまつこと多大なるも、日本の水準をもってすれば、潜望鏡捕捉には少なくとも露出長一メートル、時間三分間を要し、実戦用には遠く及ばず」であったことを同艦の副電測士、吉田満少尉は『戦艦大和』に書き留めている。

当時の日本に安定したマグネトロンの生産を求めるのは酷であったが、機上無線機の場合と同様、装備法のまずさが信頼性をさらに低下させたのはまちがいない。「大和」の吉田少尉も戦闘中の二二号電探室の状況を、「兵器、動揺逸脱して全く使用に絶えず……かくも惨澹たる状況に陥らんとは　装備定着法の不備と断ぜざるべからず」と断定し、「海軍実施部隊中、もっとも性能安定せるとの評価を受けたる本兵器、ついになんら為すところなくしてやむ」と嘆いた。

2　壕へ入る人、出ていく人

「彼らが英国を救ったのだ」

戦争体験が風化していく中で、悲惨な戦争の体験を記録し、語りつごうという運動が盛んになってきた。そのための記念館を造ろうという声もあるが、その原型の一つはロンドンのウォータールー駅近くにあるインペリアル・ウォー・ミュージアムであろう。日本の航空会社が発行する懇切丁寧なロンドン案内書にも無視され、日本人にはほとんど出会わない博物館であるが、ドイツやオーストリアから訪れる見学者は少なくない。

ここで展示されるのは第二次大戦の記録だけではないが、数々の戦争を体験した世代の英国人が若い世代に最も力をこめて語りつぐのは、米国が参戦するまでの二年間、欧州大陸の大半を制圧したドイツを相手に英国が独力で対抗した誇り高くも苦しかった記録である。とくにブリッツと称された空襲の恐ろしさを伝えようとする努力は凄まじい。防空壕のシミュレーターもあって陰惨なサイレンに続く爆弾による地響きが体験できるようになっている。だが、防空壕や地下鉄構内へ逃げ込む人々の記録だけではなく、地上へ飛びだし、空中へ舞い上がって災厄の元と戦う勇敢な人々の活動も伝え、「彼らが英国を救ったのだ」と明記するのを忘れない。日本の戦争体験記録において欠落、あるいは無視されることが多いのは、災厄から逃避できる人と、任務上、災厄に立ち向かわざるを得ない人の立場や行動のちがいではないだろうか。

空爆に立ち向かう勇士の典型例は、ビルの屋上に土のうを積んで陣どる対空火器の要員であろう。とくに「ビルの屋上」と記すのは、陣地を秘匿できる森林とはちがって低空侵攻の敵機から丸見えの、その代わり射撃もしやすい場所だからである。こんな危険な場所にあえて陣どり、逃避できる人々や重要な施設を守ろうとした勇敢な人々を効果的に防護できるのは、電波標定機だけであった。電波標定機は、回天になり得ただけでなく壕から飛び出していく人も護り得たのである。

陸上部隊の侵攻において、同じ立場に立つのが対戦車戦闘の要員である。壕から飛び出して行く彼らを効果的に護る対戦車火器を、日本陸軍は最後まで持たせてやれなかったことは第一章で述べたとおりであるが、その対戦車火器も回天となる力を持っていたことをご理解いただけるだろうか。日本が侵攻されても日本は山国だから戦車はあまり有効ではなく、侵攻側もそれほどたくさんの戦車は持ってこないだろうという議論がよく行なわれる。朝鮮戦争の勃発前でも米国政府は韓国について同様の考えであった。

島嶼での戦車の有効性

だが、満足な対戦車火器があったならば、ああもやすやすと米軍がマリアナ諸島を占領し、日本への戦略爆撃を開始するのは不可能であった。それを示すには、まず戦車の有効性、すなわちその恐ろしさから語らねばならない。インパール、レイテ、ルソンといった複雑な地形でも、連合軍の戦車はその有効性を実証していた。政治的な要所にしろ交通の要所にしろ、たいていの要所といわれるものは平野にあるから、戦車も対戦車火器もない側は要所から追い払われ、山地にこもるしかない。長射程の火砲でもあれば山地から影響をおよぼせるが、小火器だけでは山岳ゲリラにしかなれない。

有効な対戦車火器がなければ、戦車は山地まで追い上げてくる。沖縄を除けば、日本本土が被った被害はもっぱら空爆と艦砲射撃によるものであったから、戦車の威力、凄みは日本では十分認識されていないのではないだろうか。数々の災厄を空からもたらす航空機も壕の中まで入ってこないし、いつかは基地へ帰投する。だが戦車は帰らないで居すわるし、夜でも雨でも平気である。戦車が壕の中へ突入しなくても、戦車部隊に随伴する歩兵が入ってきて、陸軍だけが持つ機能である「占領」が行なわれ、敗者は死ぬか捕虜になるしかない。他国の陸軍に蹂躙された国々で、航空機よりも戦車が恐ろしいと語られる所以《ゆえん》である。

グアム、サイパン、硫黄島といった島嶼へ戦車がそんなに来るものか、また港も占領しないうちに揚陸できるものか、という日本の甘い期待をよそに、米軍は上陸作戦専用の舟艇を開発して第一陣から戦車を揚陸させてきた。勇敢な日本兵の近接戦闘を恐れて、米軍も英軍も戦車が戦闘に立たないと歩兵は前進しないことが多かったから、山地作戦でも島嶼作戦でも戦車はどんどん投入された。

サイパンもグアムも甘藷畑が多く、戦車の活動には適しているが、守る日本軍に十分な対戦車火器がない点はインパールと同様であり、サイパンの場合、約四万三〇〇〇の陸海軍将兵に三七ミリ砲は二四門しかなかった。米軍の上陸部隊は約七万一〇〇〇であり、兵力比だけで考えると一見、防御可能であるが、火砲と戦車、対戦車火器を考慮にいれた戦力比となると、ケタちがいであった。だから水際防御に徹した作戦により、上陸第一波八〇〇〇人中の二〇〇〇人を死傷させるという大損害を与えたものの、艦砲も含めると米軍の五分の一しかなかった一〇八門という山砲以上の火砲は三日間で活動を停止する。あとはM４戦車が陣地を蹂躙し、島の最高峰タポチョウ山（標高五〇〇メートル）の日本軍第二防御線へ殺到した。

日本軍は二〇〇両近くの戦車を備えているかもしれないと警戒した米軍が、バズーカ砲を揚陸して各大隊に配備し終わった第二夜、日本軍にとってはなけなしの三〇両の戦車が約五〇〇名の歩兵とともに逆襲してきた。しかし、歩兵と離れたのも一因で、バズーカと七五ミリ速射砲の近接射撃によって夜明けまでに全滅してしまう。

同じ一九四四年の七月に上陸されたグアムでは、サイパンの経験から水際防御を捨て、後退配備をしていたから艦砲射撃の犠牲は少なかったが、米軍がM４戦車を先頭にじわじわと前進を始めるとなすすべがなかった。九月に米軍の上陸を受けたペリリュー島の守備隊が、硫黄島に劣らぬ洞窟戦闘を挑みながら無線で打電した貴重な戦訓は、「陸上戦闘の鍵は対戦車戦闘」で結ばれていた。それに気がついて徹底的に火砲で対抗したのが硫黄島である。ここでは沖縄の五四門よりも多い六〇門の四七ミリ砲が効果をあげ、直接照準射撃で戦車を狙わせる必要がなくなった野砲や山砲は、本来の曲射砲としての任務にあてることができたが、M４戦車の活動を押さえるにはまだ威力が不十分であった。

戦略的な遅滞行動

これらの記録からも分かるとおり、有効な対戦車火器があればマリアナ諸島やルソン島への米軍占領を遅らせることは可能であった。条件によっては不可能にしたかもしれない。日本本土への激しい空爆がサイパン、テニアンの陥落によって始まったのはいうまでもないが、もっぱら潜水艦によって脅かされていたわが南方補給線が完全に絶たれるのは、米軍がルソン島を占領して台湾まで常時航空攻撃で制圧するようになってからである。

したがって、これも相乗効果であるが、対戦車火器の充実や海軍の電波兵器の安定化によってマリアナ諸島やルソン島が一九四五年夏近くまで確保でき、陸軍のタキ二号や海軍のH六号によって潜水艦探知能力がもう少し向上しておれば、日本の生産力や生活水準が一九四四年暮れ頃から、あれほど急激な低下することはなかった。

たとえばユンカースＪｕ88を参考にして開発され、対潜哨戒兼急降下攻撃のできる双発の

九州Ｑ１Ｗ陸上哨戒機東海。日本海軍初の対潜哨戒機として誕生し、機上磁気探知機や電探を装備した。就役時には本機が活躍する戦況ではなかった。

「東海」は一九四四年四月から生産にはいったが、資材不足と南方海域の制空権喪失により「世界一」の機上磁気探知機や安定し始めた機上電探の成果を発揮することなく敗戦を迎えた。上海、済州島、美保に根拠地をおく対潜哨戒専任の第九〇一航空隊が編成されたのは、なんと一九四五年五月である。

過去の戦場で戦うのは無意味かもしれない。だが米国が原爆を投下しなくても終戦となったはずだという議論が、原爆を二度も投下されながらも天皇の強い発意がなければ御前会議でポツダム宣言受諾が決定されなかったという史実を踏まえながら続けられているのを見ると、まんざら無駄なことでもないらしい。

するると、この程度の仮説は成り立つであろう。西部太平洋の戦局推移が半年遅れ、防空システムと対潜哨戒システムの質的向上が半年早ければ、たとえ一九四五年夏に米国の原爆が完成しても悠々と日本上空へ単機で侵入して投下するのは不可能であった。善し悪しは別として、日本はかなり変わった形態で敗戦を迎えたのはまちがいない。

3　バネの教訓

特攻の悲劇

世界で最も潤沢な農鉱業資源を保有し、かつ総合的には最も進んだ工業国である米国との戦争に危惧を抱いた日本人は決して少なくなかった。産軍官の責任ある地位にあった人々の多くは、山本五十六提督の「一、二年なら暴れてみますが……」と同じ感覚で初戦の勝利を冷静に見詰めていた。

それにしても、国家の生産力、兵器の数量でのハンディキャップを憂えるだけでなく、その質を憂えていた人は、どれだけいただろうか。国民皆兵国家の特質上、日本のお粗末な兵器の質の状態は多くの成人男子が知っていたはずだが、初戦の快進撃を目にしながらも日米技術の優劣から将来を案じたという人は、社会の中級管理者においても非常に少ないのである。いわんや軍部の宣伝を文字どおり受けとっていた人々は、帝国陸海軍の兵器は世界一であると信じるか、「平和主義が横行し、女々しくて腰抜けの国」で育った米兵がいくら質の高い兵器を手にしても、大和魂で武装した日本の兵隊さんにはかなうまいと単純に考えていた。

防空壕の奥へ押し込まれながら、そのうちに快（怪?）兵器が現われて憎いB29を追っ払ってくれるだろうと期待したのは、著者のような幼児だけではなく、大人も同様であったらしい。戦時中の新聞雑誌によれば、願望と現実の混在とはいえ、人と兵器の「質」によって米国の「量」に対抗しようという講話は掃いて捨てるほどあった。開戦前のさまざまな戦略見積もりにおいて、日米の工業生産力の差にはかなり留意しながらも、工業水準の差、兵器の質についてはほとんど関心が払われていない。「精神的優位を以て物質的威力を凌駕する」という教条主義に、政府も大本営も取りつかれていたといえばそれまでだが、単なる兵器の量ではなく質、すなわち技術力が持つ意義、そして日米の質の格差が目を覆いたくなるほど大きいことを理解できる人が少なかったのが真相であろう。

戦後、日本の陸軍兵器を綿密に調査した占領軍総司令部兵器部長代理ケーブ大佐は、戦時中、陸軍兵器局長、兵器行政本部総務部長、大本営野戦兵器長官といった要職を兼任した菅晴次中将に、「貴官は東条首相から開戦に関して兵器局長としての意見を求められなかったか」としきりに尋ねている。「可否や時機について意見を求められるどころか、最高方針の決定した開戦の直前まで米英と戦うことを知らされなかった」という応えに大佐がどう反応したかは記されていないが、作戦上の要求だけを優先させ、量も質も物的戦力の方は準備のないままで清水寺の檜舞台から飛び下りた状況が浮かび上がってくる。今までに見たように、つぎつぎと新兵器を開発しても信頼性が低く、なかなか制式制定に進めなかったのは、残念ながらわが工業水準の低さのためである。

その低さ、そして、それがもたらした悲劇を赤裸々に国民の前にさらけ出したのは敗戦であった。原爆は大きな衝撃を与えたが、精神的には特攻の方が堪え難かったのではなかろうか。原爆投下の悲劇は、米国の残虐さに責任を求めることができるが、特攻は、日本が、そして日本人だけが編み出した悲劇的な戦法である。その責任は、これを編み出した人、命じた人に主として向けられたが、他の選択肢を創り出せなかった「技術劣国」の同胞にも大きな苦悩であった。

特攻がやむを得ない戦法として採用される一年も前に、ドイツは誘導爆弾を実戦使用して戦艦を沈めている。イタリアの降伏により英国艦隊への投降を命じられ、指定された集結地へ向かうイタリア艦隊の旗艦「ローマ」を追ったドイツ空軍機は、わずか一発の誘導爆弾を煙突の中へ放り込んで轟沈させてしまった。艦船攻撃をあまり行なわないドイツ空軍は、この兵器を米英軍にはついに使用せず、旧同盟国に対してだけ使うという皮肉な結果となったが、陸軍機まで特攻に駆り出して艦船攻撃に大わらわだった日本から見れば、じつにもったいないというほかはない。もちろん、この新兵器が「深海の使者」によって日本へ伝えられても、他の移転技術がことごとく失敗したように、デッドコピーすら不可能だったと推察される。

一般的には奇襲は弱者の戦法であるが、技術奇襲は技術的な強者の特権である。技術的な弱者、日本も開戦時には優れた新兵器をいくつか保有していたが、開戦前後から開発に着手して敗戦までに間に合わせた兵器というとごくわずかであり、それも特殊な特攻兵器を除けば世界初というものはなく、列強の二番煎じに過ぎなかった。そして、特攻に代わる兵器はついに現われなかった。

生産技術と材料の格差は

ケーブ大佐の指摘は厳しいが的確である。

「……研究設備の大半は代用材料研究に費やされていた。研究の着想には見るべきものがあるが、技術研究所は開戦当初の立ち上がりが遅きに失し、新発明品の生産移行を困難にさせ、かつ資材の逼迫が設計者と生産者を悩ませていた。弾薬の量産に焦るあまり、製造公差と作動限界は、米軍規格では『不合格』となる程度にまで拡大低下する状況であった。外国駐在の経験を持つ日本軍の兵器関係者の言によれば、日本の兵器生産方式は近代的工業国よりも一五年ないし二〇年遅れており、しかも熟練工と技術者が不足していた。……」

資材の逼迫が新兵器の設計、生産の足かせとなったのはやむを得ないとしても、研究管理者が代用品の審査に追いまくられて研究管理や指導どころではなかったのは、時間との競争が重要であった当時、目に見えないが大きな損失であった。それに輪をかけたのが製造技術と材料の格差である。ケーブ大佐の指摘する製造公差の拡大と作動限界の低下、つまり製品の諸元、性能の許容限界の低下は、資材節約と大量生産の見地から、弾薬だけでなくあらゆる兵器におよび、均一であるべき小銃の部品さえも銃ごとに寸法が異なり、互換性を失っていた。

一九四三年に新設された運輸逓信省の外局、通信院の技手としての身分のまま海軍軍属として千島列島で電探の整備に明け暮れた松本多助氏は、故障した二一号電探の発振管M312（マグネトロン）を取り換えるため厳重に包装された新品を取り出すと、これが一目でわかる不良品だったときの怒りと哀しみを、その価格四〇〇〇円が自分の年俸の四倍に相当することと合わせて『通信技手の電探日記』に書き残している。また同書には、豊川海軍工廠から試射も行なわずに出荷された二五ミリ機銃の部品が本体に合わないので、受領するなりヤ

表9　ドイツからの主な技術導入とその成果

時期	項　目	成　果
1941	テレフンケン社製戦闘機用無線電話機（海上輸送）	成果不明。恐らく技術格差大で要素技術も利用不能。参考資料にとどまる。
41	ラインメタル社製7.5ミリ機銃（海上輸送）	技術格差大で、試作すら不可能。
42	エリコン社製20ミリ機銃（海上輸送）	技術格差大で、試作すら不可能。
42	成形炸薬弾（海上輸送）	携行対戦車火器よりも大型砲弾や特攻用。
43	対戦車ロケット（インド洋で独潜から伊29潜に移載）	南方戦線への配備間に合わず。
43	潜水艦U511寄贈	技術格差大、必要な部品、機械、電動機、電池などの生産不可能。コピー生産失敗。
	同潜水艦の魚雷方位盤 同標準角発進装置 同斜推角度自動追尾装置 同電池魚雷	20個コピー生産、装備。 40個コピー生産、装備。 実用に至らず。 九二式魚雷の改造に至らず。
43	ウルツブルグレーダー図面と逆探（伊8潜）	技術格差大、コピー生産難渋、逆探は伊8潜に移載。水没。
43	ダイムラー・ベンツ社製魚雷艇用エンジン（伊8潜）	多数の工作機械が必要で、コピー生産失敗。
43	ラインメタル社製13ミリ機銃（伊8潜）	技術格差大で、試作すら不可能。
	マウザー機上用20ミリ機銃と同弾薬（伊8潜）	輸送（輸入）した機銃を「飛燕」388機に搭載、高命中率を誇るも間もなく弾薬不足。
44	音響魚雷（ペナン入港の独潜による）	製造能力に格差あり、コピー生産失敗。
44	噴射推進式航空機図面（伊29潜）	ロケット戦闘機、ジェット戦闘機は試作にとどまる。特攻ロケット機「桜花」のみ生産、装備。

スリで削りだす光景も描きだされている。

限られた予算で量と質の両方を満たすのは平時ですら難問であるのは、第一章で新戦車要求性能の論争に見たとおりである。さらに「資材」と「時間」が不足し、前線からは「量」の請求が殺到する戦時において、設計にしろ生産にしろ技術者が質と量の調和にどれだけ苦労したか想像に難くない。おまけに熟練工は戦線へ向かい、電子管や機銃の生産の担い手は、勤労動員の中学生や女学生である。

材料は戦前から大きな弱点だった。日本の誇る「加古」級、「妙高」級、「高雄」級重巡の装甲板はヴィッカース社のNVNC装甲であり、「最上」級重巡もパテント取得で導入した高張力鋼のほかに防弾鋼として英国のDS鋼を使用するなど、外国の製鋼技術に大きく依存していたことを林克也氏は『日本軍事技術史』で厳しく指摘している。ドイツと米国からの技術導入により羅針儀の生産が可能となったのは一九三七年であり、自慢の光学兵器もツアイス社の模倣、射撃管制装置も英国からの技術導入であったから、ちょっとしたトラブルでも自力で解決するのが難しかったという。

機上無線機の例で見たように、材料だけでなく艤装技術でも立ち遅れていた。米国も保有しない水上航空機搭載の大型潜水艦を何隻も建造したとはいえ、「深海の使者」としてはるばるドイツに航行していくと、「こんなに音をまき散らす物騒な艦でよく来ましたね」と防音工事をやり直された。太平洋と大西洋の厳しさのちがいもあるが、隠密性を身のより所とする潜水艦としては致命的な問題である。

碇義朗氏は『海軍空技廠』において、バネを例として日本の基礎技術、とくに材質の弱さを丹念に実証しているが、航空機だけでなく、歩兵の唯一の強力な武器の機銃の場合も、バネの不備は深刻である。現役兵として召集され九九式軽機関銃を受け持った佐野浩一氏は、訓練でもソ連軍との実戦でも一度もこれを撃たぬままで、ソ連軍の重火器を分捕って逆用したと『日本の戦史』で述べている。その前身である九六式についても、これはもともと中国軍から鹵獲したチェコスロバキア製ＺＢ26型を真似たものだが、鹵獲品よりも重いし、誰もがとっさに撃てる機関銃ではなく、満足に弾が出てくれない「利かん銃」であり、撃っている時間よりも故障排除の時間のほうが長かったと絶望的な所見を述べている。それらの故障原因の大半はバネであった。

ところが、九六式軽機の審査や九九式軽機の開発に携わった銅金義一少将は、「絶対無故障兵器」をつくるために箱弾倉式の九六式軽機が制定され、また九九式軽機は薄肉銃身の空冷式としては「世界に比類のないもの」で、「三万発の連続発射に無故障」であったので用兵側を驚嘆させ、米軍が南方でこれを使用してみて「その優秀性に驚嘆」したと、本音で書けるはずの戦後の記録、『陸戦兵器総覧』に記している。箱弾倉式に換えただけで九六式軽機が「絶対無故障兵器」といえるはずがないし、自賛ずくめの九九式軽機も、「三万発の連続発射に無故障」が事実であるならば、試作品と量産品との格差が非常に大きかったといえよう。

故障続出の国産車

一九三六年成立の「自動車製造事業法」で良質な外車から保護を受けた国産車も、バネだけでなくすべての部品が貧弱で兵を泣かせた。たとえばトヨタでは、鍛造設備が不足のため鍛造すべきクランクシャフト素材を鋳鉄で造ったので折れやすかった（鋳造技術が進んだ今日では、効率良く製造できる鋳鉄が多用されている）。日産は手回しよく開戦前に鍛造用の型材を大量に輸入したものの、米国の下位自動車メーカーの経営破綻に乗じて製造権を買収したのが祟り、セミキャブオーバーエンジンのトラブルの多さに泣かされる。

機甲車両用のディーゼルエンジンの開発では日本は先鞭をつけたが、材料の国産化が難しく、真珠湾攻撃直前に三菱重工では戦車用ディーゼルエンジンのクランクシャフト用の鍛造素材と完成品を米国から苦労して緊急輸入している。日華事変以来、円為替相場は急落し、輸入品価格は高騰していたからメーカーも大変だったにちがいない。

日華事変では、こんな欠損車が大陸の悪路に投入されたのだからたまらない。車軸は曲がるは、車軸バネは折れるは、各部の材料が脆弱ですぐに破損するは、とトラブル続出で、エンジンときたら、始動は困難だが動き出すと直ぐにオーバーヒートという代物だから、現地の自動車部隊からはトヨタ、日産に苦情が殺到する。その惨状を克明に描写した大島卓・山岡茂樹両氏の『自動車』によると、後方輸送に任じた某自動車部隊は、敵が散在する砂漠で三九式トヨタのスピンドル折れが三両も発生したため、一部兵力を故障車の警備に残し、主力は露営地まで前進した後、車両の部品を取りはずして故障車の待つ地点へ引き返し、部品を取り替えてかろうじて収容するという危険な目にあっている。これなど運のいい方で、故障が原因で全滅したケースもあったのではなかろうか。

だが技術者たちは、手荒なユーザーに泣き、低品質の部品や材料に泣きながら、自分しか頼る者のいない厳しい状況での失敗や手探りを通じて本物の自動車技術を育て、戦後に開花させる。戦後の日本車輸出の中心車種は一九六五年を境としてトラックから乗用車へと転換し、しかも、それを契機に輸出の増加テンポも急加速されて、一九七〇年には一〇〇万台を越え、その翌年には一八〇万台（うち乗用車は一三〇万台）に達した。だが、そのわずか二〇年前の一九五〇年、朝鮮戦争特需の第一回分として日産、トヨタ、いすゞの三社が七〇五九台を米軍から発注を受けた頃は、普通自動車月産数は約二〇〇〇台前後に過ぎず、その半数を特需車がしめていた。

特需車の品質についてのクレームはなかったが、大量生産の米国メーカーに較べれば生産性は明らかに低かった。だから数年後、東南アジア向け米軍車両の受注、いわゆる新特需になると、納入価格が高すぎると米軍からお叱りをうける。トヨタは、前年二八八万円で納入できた六輪駆動トラックを材料価格にも満たないといわれる一八〇万円で受注せざるを得なかったと『自動車』に記している。

経済成長の礎

電子工業の方もそうであったが、機械工業でも米軍から学ぶことは多かった。戦時中、米国もバネの疲労や破損に悩んでいたが、いわゆる製造技術のノウハウを幅ひろく持つ国の強みで材料の鍛練によって表面を鍛えるのに成功した。日本刀をハンマーで鍛えるように、叩かれた材料の局部的な変形が残留応力となり、外力から生じる内部応力を緩和して折れにくくするテクニックである。撃墜されたB29のエンジンについているバルブスプリングが鈍いナシ地色をしているため、日本の光り輝くピアノ線でつくったものしか知らない技術者が、「こんな材料を使うようでは米国も困っているな」といったという逸話が『海軍空技廠』に記録されているが、この手法を日本の技術者が学ぶのは朝鮮戦争特需によるトラックを受注したときであり、このようなノウハウの累積が経済成長につながっていく。

戦時中の自動車部隊に代わってメーカーに、価格だけでなく品質についても辛辣な批判を浴びせたのは国内ユーザーであった。国産車の価格、品質、保護政策に対する国内の不満が爆発した一九五二年七月、就任して二年目の石田退三トヨタ社長は参議院運輸委員会で八時間にわたり攻撃の矢面に立たされ、「近く必ず皆さまの満足のいく車を作って見せます」と答え、事実、それを実証するのであるが、その公聴会での数々の厳しい批判は、最近の若い人が、どの国の話かと驚くようなものであった。

戦後の技術革新も生産性向上や材料コストの低減にいろいろの面から貢献したが、直接の大きな貢献としては品質、とりわけ経済性、耐久性の向上であった。そして自動車の場合、技術革新は、設計、部品、加工、生産管理など、どの分野においても外国からの技術導入によってもたらされている。しかし、それを十分咀嚼して自分のものにできたのは、戦中と特需期の厳しい試練があったからだと見る人は多い。

日本におけるプレス加工のパイオニアであるプレス加工株式会社は、最初、鉄道省に鍛えられた後、陸軍軍需工場として軍用車両フレーム、ディスクホイールなどの部品メーカーとして国産自動車を支え、その際、習得したアクスルハウジング（車軸や差動装置のいわば鞘で、材質には鋳造品、鍛造品、プレス成形品がある）の製造技術を、戦後は小型三輪トラックから大型車に至るアクスルハウジングのプレス・溶接化に適用し、量産によるコスト低減というニーズに応えたことを『技術形成の国際比較』において中岡哲郎氏はケーススタディとして紹介している。その後は、技術の基本的枠組みは変わらず、自動化を中心とする生産性向上の追及だけであった。

だが戦中、戦後の苦境において、死に物狂いで技術力の習得を図った貢献者たちが社会から退いている今日、つぎの技術変化を前にして日本への追い風はいつまで続くだろうか。

あとがき

防衛技術の研究開発、調査、そして教育に携わってきた一介の技術屋が、技術戦史という戦史分野の本を書いてみたいという、大それたことを考えたのには四つの理由がある。その一つは、防衛大学校で防衛工学を講じ、また、多くの方々の御厚意により、いくつかの大学で技術が国際政治におよぼした影響や技術安全保障について教壇に立たせていただいた時に受けた衝撃である。太平洋戦争についての学生諸君の理解は、噂に聞くほど浅いものではなかったが、日本は生産力、ひいては兵器の量のちがいで屈服したのであって、質は決して劣っていなかったと信じている者が少なくなかった。

比較的軍事に興味を持っている学生の方が、「世界に冠たる帝国海軍の技術」について強い信仰を持つ傾向も見られた。「自動車王国日本」の兵隊さんが、国産車を嫌い、分捕ったり民間から徴発された「アメ車」が配備されると涙を流して喜んだ話や、「電子立国日本」のレーダーがなかなか実用化されないために海軍が太平洋から追い払われ、日本の空が米軍機の思うままに制圧される話は、彼らを驚かせたが、もっと驚いたのは私の方であった。

「レーダーギャップ」を知っていても、航空機搭載の魚雷攻撃で日本が先行したように、アイデアだけは日本が先行していたと信じる者が少なくない。厳密な統計は採らなかったが、提出された感想文を見る限り、戦後の高度成長の基盤となった日本の技術は、戦前から世界一であったと思っていた者が三分の一ないしは半数近くもいたのである。

二つ目の理由は、これとは正反対に、日本の技術が戦後、突如として開花したといわんばかりの風潮である。それも歴史学界ではなく、技術の実務家集団を擁する経済界において顕著と思うのは私の偏見であろうか。その一例は、技術の空洞化、伝承の断絶を恐れた通商産業省が製造業界のトップを招いて実施した「産業技術と歴史を語る懇談会」の報告にも見られる。「わが国産業技術の歴史、特に戦後の発展の歴史に関する逸話」という官側の前提条件に束縛されたためか、語り部となる技術者たちが戦後入社の世代であるためか、日本の技術が一九六〇年前後に突如、開花する話が大半である。

これには、戦争や軍事を論じることをタブー視した結果、戦前に外国の模倣でスタートし、戦中に官民一体となって無我夢中で努力した国産技術が、朝鮮特需を奇貨として戦後は世界の水準に、あるいは、それ以上に達したことに触れたがらない風潮も加わっているのではなかろうか。そして戦時中、軍に協力したことを誇ると平和産業としてのイメージダウンになるという恐れもあるだろう。

それを如実に物語るのは社史の記述の変遷である。六〇年代に発刊された社史の大半は、国家と運命を共にした時期の生産の苦労や独力での技術開発について誇りを持って記述するとともに、過労死した先輩に哀悼の意を捧げることを厭わないが、同じ会社の社史でも八〇年前後のものとなると、戦前の創設期の状況から一足飛びに高度成長期の記述にはいるものが多い。

三つ目の理由は、ちょうど、私たちの先輩に相当する陸海軍の技術将校、それも高官の方が戦時中の苦労と成果を残そうと、執筆された数多い記録に対する一種の反発である。立場上、そう書かざるを得なかったといえ、「ユーザーには好評であった」「戦後、米軍が調査して驚嘆した」という自賛のオンパレードを見ると、日本は量では負けたが質では負けなかったと若い人が思うのも無理はない。一方では、それらの兵器が、どんなにお粗末な設計で、低品質であったかを嘆くユーザーの手記も世に出回っているにもかかわらず、それらに対する反論も弁明もない。

このギャップは必ずしも開発グループだけに責任があるのではなく、たとえ試作品は優秀でも生産管理がダメなため量産品の品質が悪い、あるいは現場の整備体制がダメなので設計屋と製造現場だけが奮起してもどうにもならないなど、いろいろの原因があるのだが、記録を見る限りでは、自分たちがつくり出した新兵器が前線でどう使われているかについてフォローする熱意は驚くほど薄い。最前線との行き来もままならない陸軍の場合は仕方がないとして、横須賀や呉の工廠へ行けば配備した装備の評判が確認できる海軍の場合は、理解に苦しむのである。

四つ目の、そして一番強い理由は、戦時中の日本の技術、とくに陸海軍のレーダーについての語り部が、私の周囲に驚くほど大勢おられたことであろう。京都での大学院生活を終えて最初に勤務したのが旧海軍技研の建物をそっくり利用した防衛庁技術研究本部第一研究所であり、この第四部（通信・電子担当）へ配属されて、ご指導いただいた最初の部長が松井宗明氏、その後任が森精三氏で、いずれも青春を旧海軍の電探開発に捧げた方々であった。

隣の第一部の長で、研究所の庭球部長でもあった新妻清一氏は、軟式庭球育ちで妙なフォームの私とペアを組み、研究所対抗の試合に引っ張り出して下さった、気さくな元陸軍中佐であり、中国の原爆実験があると『少年サンデー』から解説者としてお声もかかる「原爆研究の先達」であったが、敗戦の際、馬鹿がつくほど正直に全資料を焼却した旧陸軍のレーダー開発マネジャーでもあった。

また陸上幕僚監部で研究開発の実質的な頭領であった大河原三平一等陸佐（のち陸将）は、戦前の陸海軍技術依託学生制度に似た「自衛隊技術貸費学生」制度を内局や大蔵省を説得して三年がかりで創設した立役者であり、私自身が、この制度の第一期採用学生であったこともあって、大学生の頃から親しくさせていただいたが、大戦末期に陸軍から東大へ員外学生として派遣されながら「学徒動員」で陸軍の多摩技術研究所へ再派遣され、レーダーや「バッジシステムらしきもの」の開発に携わった経験もたびたび伺うことができた。

短波を用いた特殊な遠距離レーダーの基礎実験を行なうため、九十九里海岸の飯岡に新設された支所へ転勤すると、かつて陸軍が電波標定機の実験をたびたび実施した旧射場があった。ここは電波伝播の実験にも好都合な岬なので、陸上自衛隊の通信部隊がよく実験に使用していたが、その中には私と同期の田丸菊夫君の姿も見られた。同君の父君も旧海軍のレーダー開発に海軍技研と艦政本部の両方で携わった技術中佐であり、伊二九潜でドイツへ赴任した「深海の使者」であった。

これらの方々に紹介されて知遇を得たさらに多くの方々からの見聞記録を是非、文献として残しておきたいという希望が、客観的な記録と主観的な所見を合わせたこの報告になったが、その動機と自分の専門が災いして電子戦分野に偏ったものとなっている。これらの証言を裏づけるには正式の文書が必要になるが、幸いにも防衛研究所第一研究部に勤務した機会に戦史部が保管する貴重な戦時中の文書に触れることができた。戦史部長大東信祐氏、所員原剛氏、所員北沢法隆氏、戦史部図書館の泉山裕子氏のご厚意とご支援に深く感謝したい。この本の刊行を心待ちしておられた松井宗明氏、森精三氏はこの春、還らぬ人となられた。心からご冥福をお祈りする。また、これの出版を強く勧めて下さった福田永一氏、つぎつぎと新しい資料が見つかるため、題名どおり、目標期日に「間に合わなかった」書物となった本書の完成を辛抱強く待って下さった東洋経済新報出版局の内海健雄氏に改めて御礼申し上げるしだいである。

一九九三年九月

著　者

文庫版のあとがき

多くの方々のご好意で本書を上梓してから八年が経つ。年月とともに指数関数的に減っていくとはいえ、じつに多くの読者からお便りをいただいた。その大半は、書中で取り上げた新しい兵器の生産、整備、運用に苦労された体験談である。私の誤りへの厳しい指摘も期待したが、お便りのほとんどが「専門的で日の当たらなかった分野の苦労をよくぞ記してくれた」とする謝辞と私の限られた調査への裏付け証言で占められていた。今も申しわけないのは「当地へお越しの際はぜひご訪問を。もっと伝えたいことがあります」というお誘いを受けながら、本来の仕事に追われてなかなか行けなかったことである。

だが少年防空兵の戦友会に招待されたときは、まさに生きた歴史を教えられた。お台場や晴海、月島に展開した高射砲部隊の電波標定機の電子管はすぐに壊れるし補給はない。十代の下士官たちは自転車で流通の要、秋葉原へ直接調達に向かったという。

また学徒兵として満州で三〇台ものトラックを管理し、戦後は新キャタピラ三菱の社長を務められた小西秋雄氏は「国産車の貧弱さは本書に記されたとおりだが、その背景には米国の戦略的なダンピングがあった。この政策は今も変わっていない」と述懐された。

戦後派の企業中堅クラスからは、「新技術導入時の参考になる」「今も同じ問題を日本の風土は抱えている」という指摘を、企業や官庁の文化、あるいは防衛問題に絡めていただいた。慧眼というほかはない。対戦車肉薄攻撃も、やむを得ぬつなぎの戦法として採用したのに、それが誉めそやされて定着した。朝鮮戦争の勃発で在日米軍が激減した状況で、つなぎの戦力として警察予備隊を創設したのはやむを得なかったが、国論を二分する論争は先送りする国にあって、防衛関連法制はすべてつなぎのままで五〇年を過ごしてきた。

また新しい脅威が水平線上に現われ、それに対応する新しい兵器体系開発が急がれる今、優れたシステムインテグレーターの育成と「つねに過去の戦場で戦いがちな」習性からの脱却は、どの国の軍にも切実な問題である。残念ながら習性に引きずられ、今とは逆に防御的兵器を軽蔑する空気の中で対戦車火器や電探の開発時機を逸した体験をもつ日本こそ世界の先鞭をつけるべきなのに、米軍のえらんだ兵器体系を導入するのがいちばん簡単という安易な思想も蔓延している。

とはいえ進歩もあった。軽薄な軍事評論家に「性能は悪くて価格は高い。外国の兵器を購入した方が国のため」と非難されながらも、つなぎの兵器を国産開発し、いつまでもそれを我慢させるのではなく、次世代の開発を続行した結果、少なくとも第三世代の兵器では欧米に遜色のない兵器を　われわれは送り出した。光ファイバー利用の多目的ミサイルなどは二〇年経っても開発を終了しない米国やフランスより先に装備化してしまった。

だがこれも、半世紀の平和が続いたおかげであり、ソ連のような浮動状況での芸当がわれわれにできたか、はなはだ心もとない。故高坂正尭京大教授の「日本人の多くはロシアを野蛮な劣等国と見なしています。貴書をできる限り多くの人に読ませてください」という有難い推薦にどう応えるか悩んでいたところへ、光人社編集部の藤井利郎氏よりNF文庫収録のお話をいただいた。史実からまったくかけ離れた「架空戦記」「シミュレーション小説」の跋扈《ばっこ》する今日、少しでも多くの読者に先人の苦悩と努力を知っていただければ望外の歓びである。

二〇〇一年　真夏

徳田八郎衛

参考文献

第一章関連（戦車および対戦車火器）

＊磯野卓男『インパール作戦――その体験と研究』『日英両軍の決戦』丸の内出版＊伊藤正徳『帝国陸軍の最後II 決戦・死闘・特攻編』光人社＊小川哲郎『北部ルソン戦（前編）（後編）』徳間書店＊加登川幸太郎『帝国陸軍機甲部隊』『三八式歩兵銃』白金書店＊木俣滋郎『世界戦車史』『世界戦車史II』図書出版社＊近接戦闘兵器研究委員会「対機甲戦闘研究に関する幹事会議事録」防衛研究所戦史部資料＊近代戦史研究会『日本近代化と戦争（6） 軍事技術の立遅れと不均衡』PHP＊桑田悦、前田透『日本の戦争 図解とデータ』原書房＊航空ファン編集部『第2次世界大戦の日本の戦車』文林堂＊神津幸直「海軍技術物語25 火工兵器の開発とその戦後処理（2）」『水交』1961・9＊小橋良夫『太平洋戦争 日本の秘密兵器・陸軍編』池田書店＊五味川純平『ノモンハン』文藝春秋社＊アーサー・スィンソン／長尾睦也訳『コヒマ』早川書房＊菅晴次『陸戦兵器の全貌（上）』興洋社＊高木惣吉『現代の戦争』岩波新書＊高木俊朗『抗命』『インパール』『全滅』『憤死』文藝春秋社＊竹内昭、佐山二郎『日本の大砲』出版協同社＊多田実『海軍学徒兵、硫黄島に死す』講談社＊田中賢一『レイテ作戦の記録』原書房＊富永亀太郎『われら張鼓峰を死守す』芙蓉書房＊J．トーランド／毎日新聞訳『大日本帝国の興亡（3）死の島々』『同（4）神風吹かず』毎日新聞社＊西浦進『昭和戦争史の証言』原書房＊日本兵器工業会『陸戦兵器総覧』図書出版社＊秦郁彦『太平洋戦争六大決戦』読売新聞社＊平山貫起「日本陸軍の対戦車兵器開発について」『新防衛論集』第16巻第2号＊防衛庁防衛研究所戦史部『戦史叢書 インパール作戦』『同 陸軍軍需動員（1）（2）』朝雲新聞社＊丸編集部『日本兵器総集』潮書房＊陸戦史研究普及会『朝鮮戦争史 国境会戦と遅滞行動』『第2次世界大戦史 沖縄作戦』『同 硫黄島作戦』『同 グアム作戦』原書房

第二章および第三章関連（日本の電子戦）

＊秋山紋次郎、三田村啓『陸軍航空史』原書房＊安倍喜久雄「陸軍対潜飛行隊――北辰隊始末記」『水交』1988・8〜9＊荒木勲「大傾斜70度巨艦『信濃』の末路」『丸』第13巻11号＊碇義朗『海軍技術者たちの太平洋戦争』光人社＊池田清『日本海軍（下）』朝日ソノラマ＊伊藤正徳『連合艦隊の最後』文藝春秋社＊伊藤庸二『機密兵器の全貌II 第2章電波兵器』興洋社＊J．エンライト「超大型空母『信濃』の悲劇」『丸』第13巻第11号＊J．エンライト、J．ライアン／高城肇訳『信濃！』光人社＊奥宮正武『真実の太平洋戦争』PHP＊海

上護衛総司令部船舶司令部「戦陣訓：電波探知機による敵潜回避」防衛研究所戦史部資料＊鹿山誉「VT信管の最初の実戦使用について」『水交』1988・10＊北沢法隆「日本海軍の洋上防空は何故弱体であったか」『防衛研究』1991年度第4号＊木俣滋郎『第2次大戦海戦小史』『陸軍航空隊全史』『撃沈戦記』朝日ソノラマ＊近代戦史研究会、前掲書＊航空同人会、陸軍航空史刊行会『日本陸軍航空秘話』原書房＊小島清文『栗田艦隊』図書出版社＊佐竹金次『陸戦兵器総覧　第9部「電波兵器」』図書出版社＊佐藤和正『太平洋戦争　第三巻：決戦編』講談社＊鮫島率直「電波兵器その一」「電波兵器その三」防衛研修所委託執筆史料＊正田真五「私はこの眼で信濃の最後を見た」『丸』第13巻第11号＊諏訪繁治「戦艦空母『信濃』17時間の生涯」『丸』同＊世界の艦船編集部「第2次世界大戦時の米艦載兵器一覧」『世界の艦船』第337号＊千藤三千造『機密兵器の全貌』興洋社＊高瀬五郎「第2次世界大戦におけるドイツ潜水艦戦」『海と空』1958年4月号、5月号＊高橋重男「零水偵とともに3200時間」『丸メカニック』第12号＊高橋治夫「潜水艦がレーダーから逃れる法」『丸スペシャル』第43号＊谷恵吉郎「太平洋戦争中の海軍電波技術」『兵器と技術』1970年6月～11月号＊田丸直吉『日本海軍エレクトロニクス秘史』原書房＊津田清一『幻のレーダー、ウルツブルグ』CQ出版社＊電波関係物故者顕彰慰霊会『海軍電波追憶集第一号』＊電波管理委員会『日本無線史第9巻　陸軍無線史』『日本無線史第10巻　海軍無線史』＊東芝『東京芝浦電気株式会社八十五年史』＊豊田穣『空母信濃の生涯』集英社＊中川靖造『海軍技術研究所』日本経済新聞社＊西堀栄三郎「陸上自衛隊幹部学校第二期技術高級課程学生に対する講演」＊日本海軍潜水艦史刊行会『日本海軍潜水艦史』＊日本電気『日本電気株式会社七十年史』『日本電気ものがたり』『続日本電気ものがたり』＊日本兵器工業会、前掲書＊野村實『海戦史に学ぶ』文藝春秋社＊野元己郎『大陸通信戦記』図書出版社＊橋本以行『伊号58帰投せり』鱒書房＊林克己『日本軍事技術史』青木書店＊防衛庁技術研究本部技術史料第82号「対空電波標定機た号2型、た号改4型」＊防衛庁防衛研究所戦史部『戦史叢書　本土防空戦』『同　潜水艦戦』『同　大本営海軍部・連合艦隊（1）（2）（3）（4）（5）（6）（7）』『同　マリアナ沖海戦』『同　陸海軍戦備（1）（2）』『同　陸軍航空の軍備と運用（1）（2）（3）』朝雲新聞社＊毎日新聞社図書編集部『太平洋戦争秘史』毎日新聞社＊松井登兵『松井登兵回顧録』＊松井宗明「海戦の流れを変えた日米電波合戦の真相」『丸』第29巻第6号＊松尾博志『電子立国日本を育てた男』文藝春秋社＊松本多助『通信技手の電探日記』＊丸編集部『写真集　零戦』『同　日本の偵察機』『同　日本の戦闘機』『同　日本の軍艦I』光人社＊I・ミュージカント／中村定訳『戦艦ワシントン』光人社＊吉田一彦『ドゥーリットル日本初空襲』三省堂＊吉田俊雄『マリアナ沖海戦』朝日ソノラマ＊吉田満『戦艦大和』角川文庫＊吉田満、原勝洋『ドキュメント戦艦大和』文藝春秋社＊吉村昭『深海の使者』『海軍乙事件』文藝春秋社

＊吉村常雄「幻の大空母『信濃』」『水交』1992・10〜11＊零戦搭乗員会『海軍戦闘機隊史』原書房＊渡辺洋二『記録写真集 日本防空戦・陸軍編』『夜間戦闘機「月光」』『本土防空戦』原書房＊J.D.Alden, *The Fleet Submarine in the U.S. Navy*, Arms and Amour Press＊J.D.Alden, *U.S. Submarine Attacks during World War 2*, Naval Institute Press＊Mario de Arcangelis, *Electronic Warfare*, Blandford Press＊Russel Burns, *Radar Developement to 1945*, Peter Pergrinus Ltd.,＊J.M.Carroll, *Electronic Espionage*, E.P. Dutton & Co., Inc.＊C.W.Kilpatric, *The Naval Night Battles in the Solomons*, Exposition Press of Florida, Inc.,＊T.Roscoe, *U.S. Submarine Operations in the World War 2*, Naval Institute Press＊R.L.Underbrink, "Your Island is Moving at 20nots !", *U.S. Naval Institute Proceedings*, Sept.

第四章関連（ジェット機）

＊木村秀政『世界の軍用機 第2次世界大戦編』平凡社＊木村秀政監修『航空機 第二次世界大戦I』『同 第二次世界大戦II』『同 第二次世界大戦後の軍用機』『同 民間機』小学館＊M.クランツバーグ、C.W.パーセル／小林達也監訳『20世紀の技術（上）（下）』東洋経済新報社＊鈴木五郎『フォッケウルフ戦闘機』サンケイ出版＊内藤一郎『軍用航空機技術の将来』酣燈社＊野沢正『ミグ戦闘機』サンケイ出版＊E.ハインケル、J.トールヴァルト／松谷健二訳『嵐の生涯――飛行機設計家ハインケル』フジ出版社＊A.プライス／北畠卓訳『ドイツ空軍』サンケイ出版＊T.プリーファイ／内藤一郎訳『ドイツ空軍、全機出撃せよ』早川書房＊前間孝則『ジェットエンジンに取り憑かれた男』講談社＊W.マーレイ／手島尚訳『戦闘機』早川書房＊渡辺洋二『ジェット戦闘機Me262』サンケイ出版

第五章関連（ソ連の技術および独ソ戦）

＊岡村純、他『航空技術の全貌（上）（下）』原書房＊木村秀政、前掲書＊木村秀政監修、前掲書＊J.ジュークス／加登川幸太郎訳『スターリングラード』サンケイ出版＊ソ連共産党中央委員会付属ML研究所編／川内唯彦訳『第2次世界大戦史（3）ドイツ・ファシスト軍のソ連邦攻撃』『同（5）スターリングラードの攻防戦』『同（7）ソ連軍の総攻撃と東ヨーロッパの解放』弘文社＊高橋泰隆『中島飛行機の研究』日本経済評論社＊ダグラス・オージル／加登川幸太郎訳『無敵！T34』サンケイ出版＊T.プリーフィア／向後英一『スターリングラード攻防戦』角川文庫＊K.マクセイ／加登川幸太郎訳『ドイツ機甲師団』サンケイ出版＊A.S.ヤコブレフ／遠藤浩訳『ソ連の航空機――その技術と設計思想』原書房

第六章関連（日本の技術）

＊碇義朗『海軍空技廠（上）（下）』光人社＊伊木常世「海軍技術物語45　製鋼技術の創設と終焉」『水交』1988・11＊大島卓、山岡茂樹『産業の社会史11　自動車』日本経済評論社＊岡村純、他、前掲書＊木村秀政監修、前掲書＊W・グリーン／北畠卓訳『ロケット戦闘機「Ｍｅ163」と「秋水」』サンケイ出版＊久保田実守『航空機部品』日本経済新聞社＊桜井清『戦前の日米技術摩擦』白桃書房＊菅晴次、前掲書＊種子島時休「わが国におけるジェットエンジンの開発過程（2）」『水交』1989・12＊銅金義一『陸戦兵器総覧　第2部「火器」』図書出版社＊中岡哲郎『技術形成の国際比較』筑摩書房＊日本経済新聞社『昭和の歩み2　日本の産業』日本経済新聞社＊林克己、前掲書＊B・フォード／野田昌宏訳『米・英・ソ秘密兵器』サンケイ出版＊防衛庁防衛研究所戦史研究室『戦史叢書　潜水艦戦』『同　陸軍軍需動員』『同　陸軍航空兵器の開発・生産・補給』前掲書＊前間孝則、前掲書

単行本　平成五年十月　東洋経済新報社刊
新装版　平成十九年七月　光人社刊

解説

徳田八郎衛

1　新兵器も貧弱な輸送力の犠牲になった

本書を世に問う三〇年前、平和憲法と共に育った壮年の企業戦士が「兵器」と題する本書を手に取って下さるか甚だ疑問であった。今も自衛隊の災害出動ならば国民の大半が支持・支援するが、防衛出動となると「戦さはどちらも悪い」という論理から支援はおろか支持しない人が過半数を占める日本である（ミリタリー・カルチャー研究会「日本社会は自衛隊をどう見ているか」二〇二一年）。

そこで「間に合わなかった技術」とする代案も検討したが、東洋経済新報社の強い勧めで「兵器」となった。すると刊行後、直ちに「使える兵器・使えない兵器」「役に立たなかった兵器」などが続くのである。幸い各紙の書評も、多くの読者も「ジャーナリストと違って正確な記述」と暖かく評価して下さった。そして「機関銃と大砲の威力が突撃精神を圧倒することを学んだ日本陸軍が、なぜ太平洋戦争で米軍戦車に肉薄攻撃をかけたのか。そして、日本兵が携えた兵器がいかに粗末な設計で低品質であったかは玉砕の島々が証明した。日本の敗退を〝生産力の違い〟とする歪曲した史実を技術者の視点から鋭く抉る衝撃の戦史」と記す「Ｂｏｏｋ」データーベースの書籍概要も筆者の思いを汲んでくれているが、ここへ一つ加筆したい。

筆者が焦点を置いたのは、海軍に比べて語られることの少ない陸軍の電波兵器であるが、併せて弱点のままで放っておかれた対戦車兵器も取り上げた。数多い間に合わなかった兵器の中で、時間的にも性能的にもギリギリに間に合ったのは電波警戒機（警戒レーダー）と三七ミリ速射砲（対戦車砲）であろう。「これらに十分な消耗品（電子管や弾薬）や優れた整備員を与えて前線に配置していたら、あの悲惨な戦局推移には至らなかったはずだ」というのが著者の主張である。

それを阻んだのが兵站の中核である輸送力、特に海上輸送力の貧弱さであった。送り出す火器弾薬も糧食も次々と海没し、揚陸できたのが将兵だけとなれば、誰が指揮官であっても選択肢は銃剣突撃しか残されていない。兵站無視と言えば、ＮＨＫの反省番組に絶えず引用されるのが牟田口廉也陸軍中将とインパール作戦だが、そもそも太平洋の島嶼作戦全体が兵站無視なのである。まだミッドウェー海戦前の一九四二年五月、南方経営の企業戦士を満載した大洋丸が宇品出航後三日目に長崎県沖で米潜に撃沈されるほどの海上輸送弱国であることを実証しながら、アリューシャン列島からニューギニアまで兵を送り絶対国防圏確立を夢見るのだから、印度民衆の蜂起に期待したインパール攻略よりも現実離れしている。

これを是正すべく海上護衛を任務とする海上護衛総隊が設けられたのは開戦から三年目の一九四三年十一月であった。艦船不足を補うため機雷堰を設け、米潜を阻止した安全航行海域を設ける試みも、航行水路が限定されるので米潜側に逆利用される結果となった。対潜作戦専用に配属された三隻の虎の子空母も一九四四年八月から九月にかけて米潜に撃沈されてしまうのだ。

2　環境が良ければ「間に合った兵器」になれた

英国側が破壊して撤退した出力一〇ＫＷのラングーン放送局を再建するため新たな機資材と共に派遣されたＮＨＫ技師の横尾直之（一九〇七〜一九八五、筆者の叔父）が書き残したミニ伝記「恋飯島からの便り」によると、一九四四年夏、日本からラングーンへ送られたレーダーがタイ・ビルマ鉄道で輸送中に爆撃を受け、セットの半分は焼かれたが、その修理（実態は再製作）のために九月、国際無線（株）の技術者二名がラングーンへ派遣され、横尾が管理する予備電子管の提供を求めてきた。戦略的な立場から横尾はそれに協力したので約一ヵ月後にレーダーは完成する。これで取得した目標情報を砲に伝え、高度数千メートルのB24六機の編隊に向け数門の高射砲が三斉射すると全機撃墜。予想を越えたレーダーの威力を実証する。翌日、高度八〇〇〇～一万メートルの偵察機一機に対し数門が一斉射すると、これも命中し撃墜した。

このレーダーは、一九四三年後半から終戦までに一〇〇台以上生産した改四型標定機（元東芝常務牧野雄一氏からの私信による）の可能性が高いが、このように人的・物的な環境が良いと大活躍するのだ。連日の爆撃も、この「全機未帰還」によって約四ヵ月無くなり、翌年二月十日まで一機もラングーン上空へ姿を見せなくなった。立派な成果といえよう。

3　必要な人材を集められなかった

電波標定機は電波警戒機よりも開発順序では後輩で技術的にも高難度だが、英軍や米軍が残してくれた手本がある。だから標定機要員の教育は、まだモノが完成していない一九四二年十月頃から同十二月頃まで、全国の甲種幹部候補生第一期生から第六期生までの将校（第六期生だけは見習士官）から選ばれた受講生に行なわれた。早めのプロビジョニングといえる。これは内情に詳しい池田博氏の私信によるものだ。電気工学専攻者が少ないので半数は高射兵（防空兵）以外の兵科から選ばれた。中野学校は、士官学校卒業生ではなく幹部候補生出身将校を集めたが、この要員教育も同様で正に学士様が動かす新兵器だった。

一年後に八月から十二月まで受講した小原正敏氏（一九四一年京都帝大電気学科卒）の記憶では、第四期生から第八期生までの選抜で人数は三〇名。ここでも半数は高射科以外の兵科で、先任の第四期生は既に中尉だったが第七期生と第八期生は見習士官だった。だが次の回では電気工学専攻者が出尽くしたので大学・高工卒の理工系出身者全体から希望者を募り、東京工大の窯業科卒業生まで選ばれたという。窯業や土木・建築の出身者に不安定なレーダーの御守りは無理だろう。ラングーンの標定機は実に幸運だったと言える。

不可解なのは人材確保の不甲斐なさである。高等工業や大学の卒業生の中から専攻を無視して集めるよりは、工業学校卒で電気専攻の甲種幹部候補生を集めるべきであろう。電気工学、特に「弱電」や電波の分野では機械屋、土木屋、化学屋とは少し異なったセンスが求められるからだ。航空機搭乗員確保には、航空士官学校、少年飛行兵、特別操縦見習士官など色々な採用の道が設けられた。

また海軍より二〇年も遅れて燃料廠を一九四〇年に発足させた陸軍燃料廠の化学系人材の確保努力は凄まじく、昭和初期から始まっていた依託学生（高等工業生徒や理系の大学生を技術将校として採用し、本来は陸海軍が教育すべきであるが専門教育なので文部省に依託するという制度）だけでは必要数を満たせないので、一九三九年に発足したばかりの短期現役制度（陸軍の場合は技術のみ）による任官者をごっそり活用している。このあたりの事情は、石油技術者、石井正紀氏の記す『陸軍燃料廠』（光人社NF文庫）に詳しい。

これに比べると電気工学系学徒の動員はおざなりだ。一九六一年秋に京都で戦後初の大規模な国際会議となった「宇宙線・地球嵐の国際会議」が開催された際、地球電磁気学専攻の大学院生だった著者は、会議委員長であるシドニー・チャプマン・オックスフォード大学教授のお世話を命じられ、第二室戸台風で停電した和風宿舎に泊まり込み、やはり停電続きだった戦時下の英国での学者・学徒動員の実態を伺うことができた。

英独開戦直前まで反戦運動に携わっていた同教授も含め、数学・物理系は暗号解読やオペレーション・リサーチに、物理・電気工学系はレーダーや逆探、電子航法技術などの開発に動員されている。日本との違いは、レーダーごとに学士様の整備将校を充てるほど学士様は英国に沢山いないから、下士官でもメンテナンスできるような整備マニュアルを制作することこそ学士様の仕事だった。

4　取り上げなかった石炭液化

「なぜ人造石油を取り上げなかったのか」という問い合わせも多くの読者から頂いた。具体的には石炭液化であり、今も「石油が不足・高騰した時だけ注目される技術」である。石炭を大量に消費するのに、得られる人造石油は少なく、しかも二酸化炭素が大量に発生するから厄介だ。だが二酸化炭素問題の存在しなかった当時では石油非生産国にとって夢の技術であり、ドイツは一九二〇年代から直接液化法と間接液化法の二つの方法で流体炭化水素の生産に成功していた。

昭和初期から研究を始めていた海軍は、ようやく一九三五年に試作生産プラントの四日連続運転に成功し、それを受けて政府は一九三七年、実用化のメドはたたないまま人造石油製造第一次国策計画を策定する。目標とする一九四三年には、当時の日本の石油年間消費量の半分に相当する二〇〇万キロリットルを生産するという野心的な計画だ。これに基づいて一九三七年には、そこそこのガソリンと重油が生産され、一九四二年には約一五〇万バレル（約二四万キロリットル）に達する。計画よりは一桁低いが、後発国日本としては見事な成果だ。しかし莫大な石炭を消費し、オクタン価の低いガソリンしか得られないので肩身が狭い。

野心的な計画は立てても海軍首脳は石炭液化に悲観的だったのではないだろうか。「水を石油に変える」という詐欺師集団に海軍が取り込まれ、一九三九年一月海軍省の地下室で水を石油に変える実証実験が行なわれたのだ。これに肩入れしてきた山本五十六次官が挨拶した後、彼の指示には反発しにくい大西瀧治郎航空本部教育部長を委員長とする九名の委員が三日間立ち会うが、「物笑いとなる実験は止めよ」と立腹する燃料廠関係者は締め出され、軍需省から参加の中佐だけが化学者で、残りは兵科の士官ばかりだ。だが三日目になっても実験は成功しない。

大西は頼りとする化学者中佐に相談し、監視の目を緩めてすり替え手品をやれるようにしてから「成功」させ、それを追及して警視庁に逮捕させる。藁をもつかむ思いで詐欺師を呼んだのであろうが、石炭液化が原爆同様に「手の届かない技術」だったことを物語っている。

5　まだ合理的な思考のできない国

若い世代の読者と交信すると必ず尋ねられたのが「国際地球観測年が終わり、衛星が打ち上げられ、地球と宇宙の新時代が開く絶好の時代なのに何故、陸上自衛隊に加わられたのですか」である。それにはこう回答してきた。

安保闘争が潮の引くように終焉して二ヵ月後、残暑の東京で第一期陸海空技術貸費学生が防衛庁・自衛隊の研究機関を見学した後、各々の幕僚長の訓示を聞いた。どの学生も進路を二つも三つも抱えていて、まだ入隊を決めてはいない。陸上幕僚長は杉田一次陸将。マレー半島進攻の第二十五軍情報主任参謀で、白旗とユニオンジャックを捧げてパーシバル中将と彼の幕僚が進むのを先導している写真でお馴染みだ。

シンガポールで育った私には親しみが沸く。その杉田さんが開口一番「諸君には、その優れた科学技術の素養でご奉公して頂きたいが、もう一つお願いがある。その合理的な思考で、いまだに合理的な思考ができず精神論に束縛されがちな我が陸上自衛隊を、さらには日本社会を改革して欲しい。あれほどの犠牲を出しながら、未だ学んでいない人も多いのだ」と学生たちに訴えた。入隊を決意したのは、彼の「改革に手を貸して欲しい」というアッピールだった。

三三年在職し、合理的な考えができない人とは組織の中で衝突を繰り返したが、

「できない人」は組織の外にも満ちていた。「平和憲法さえ守れば誰も侵略はしない」「悪い国は日本だけで、周辺諸国は悪事など行なわない」という思い込んだ人々である。これが原因で新たな間に合わなかった兵器の悲劇が起こらなければ幸いである。

ＮＦ文庫

間に合わなかった兵器　新装解説版
二〇二四年三月十九日　第一刷発行
著　者　徳田八郎衛
発行者　赤堀正卓
発行所　株式会社　潮書房光人新社
〒100-8077　東京都千代田区大手町一-七-二
電話／〇三-六二八一-九八九一㈹
印刷・製本　中央精版印刷株式会社
定価はカバーに表示してあります
乱丁・落丁のものはお取りかえ
致します。本文は中性紙を使用

ISBN978-4-7698-3352-9　C0195
http://www.kojinsha.co.jp

NF文庫

刊行のことば

第二次世界大戦の戦火が熄《や》んで五〇年——その間、小社は夥しい数の戦争の記録を渉猟し、発掘し、常に公正なる立場を貫いて書誌とし、大方の絶讃を博して今日に及ぶが、その源は、散華された世代への熱き思い入れであり、同時に、その記録を誌して平和の礎とし、後世に伝えんとするにある。

小社の出版物は、戦記、伝記、文学、エッセイ、写真集、その他、すでに一、〇〇〇点を越え、加えて戦後五〇年になんなんとするを契機として、「光人社NF（ノンフィクション）文庫」を創刊して、読者諸賢の熱烈要望におこたえする次第である。人生のバイブルとして、心弱きときの活性の糧として、散華の世代からの感動の肉声に、あなたもぜひ、耳を傾けて下さい。

＊潮書房光人新社が贈る勇気と感動を伝える人生のバイブル＊

NF文庫

写真 太平洋戦争 全10巻 〈全巻完結〉
「丸」編集部編
日米の戦闘を綴る激動の写真昭和史――雑誌「丸」が四十数年にわたって収集した極秘フィルムで構築した太平洋戦争の全記録。

空母搭載機の打撃力 艦攻・艦爆の運用とメカニズム
野原 茂
スピード、機動力を駆使して魚雷攻撃、急降下爆撃を行なった空母戦力の変遷。艦船攻撃の主役、艦攻、艦爆の強さを徹底解剖。

海軍落下傘部隊 極秘陸戦隊「海の神兵」の闘い
山辺雅男
海軍落下傘部隊は太平洋戦争の初期、大いに名をあげた。だが中期以降、しだいに活躍の場を失う。その栄光から挫折への軌跡。

新装解説版 弓兵団インパール戦記
井坂源嗣
敵将を驚嘆させる戦いをビルマの山野に展開した最強部隊・弓兵団――崩れゆく戦勢の実相を一兵士が綴る。解説／藤井非三四。

新装解説版 間に合わなかった兵器
徳田八郎衛
日本軍はなぜ敗れたのか――日本に根づいた〝連合軍の物量に屈した日本軍〟の常識を覆す異色の技術戦史。解説／徳田八郎衛。

第二次大戦 不運の軍用機
大内建二
呑龍、バッファロー、バラクーダ……様々な要因により存在感を示すことができなかった「不運な機体」を図面写真と共に紹介。

＊潮書房光人新社が贈る勇気と感動を伝える人生のバイブル＊

NF文庫

初戦圧倒　木元寛明
勝利と敗北は戦闘前に決定している
日本と自衛隊にとって、「初戦」とは一体何か？　どのようなことが起きるのか？　備えは可能か？　元陸自戦車連隊長が解説。

新装解説版　**造艦テクノロジーの戦い**　吉田俊雄
最先端技術に挑んだ日本のエンジニアたちの技術開発物語。戦艦「大和」「武蔵」を生みだした苦闘の足跡を描く。解説／阿部安雄。

新装解説版　**飛行隊長が語る勝者の条件**　雨倉孝之
壹岐春記少佐、山本重久少佐、阿部善次少佐……空中部隊の最高指揮官として陣頭に立った男たちの決断の記録。解説／野原茂。

日本陸軍の基礎知識　藤田昌雄
昭和の生活編
昭和陸軍の全容を写真、イラスト、データで詳解。教練、学科、武器手入れ、食事、入浴など、起床から就寝まで生活のすべて。

陸軍〝離脱部隊〟の死闘　舩坂　弘
汚名軍人たちの隠匿された真実
名誉の戦死をとげ、賜わったはずの二階級特進の栄誉が実際には与えられなかった。パラオの戦場をめぐる高垣少尉の死の真相。

新装解説版　**先任将校**　松永市郎
軍艦名取短艇隊帰投せり
不可能を可能にする戦場でのリーダーのあるべき姿とは。海自幹部候補生学校の指定図書にもなった感動作！　解説／時武里帆。

＊潮書房光人新社が贈る勇気と感動を伝える人生のバイブル＊

ＮＦ文庫

新装版 有坂銃　兵頭二十八
日露戦争の勝因は〝アリサカ・ライフル〟にあった。最新式の歩兵銃と野戦砲の開発にかけた明治テクノクラートの足跡を描く。

要塞史　佐山二郎　日本軍が築いた国土防衛の砦
築城、兵器、練達の兵員によって成り立つ要塞。幕末から大東亜戦争終戦まで、改廃、兵器弾薬の発達、教育など、実態を綴る。

遺書143通　今井健嗣　「元気で命中に参ります」と記した若者たち
数時間、数日後の死に直面した特攻隊員たちの一途な心の叫びと親しい人々への愛情あふれる言葉を綴り、その心情を読み解く。

新装解説版 迎撃戦闘機「雷電」　碇　義朗　Ｂ29搭乗員を震撼させた海軍局地戦闘機始末
〝大型爆撃機に対し、すべての日本軍戦闘機のなかで最強〟と公式評価を米軍が与えた『雷電』の誕生から終焉まで。解説／野原茂。

新装解説版 空母艦爆隊　山川新作　真珠湾からの死闘の記録
真珠湾、アリューシャン、ソロモンの非情の空に戦った不屈の艦爆パイロット——日米空母激突の最前線を描く。解説／野原茂。

フランス戦艦入門　宮永忠将　先進設計と異色の戦歴のすべて
各国の戦艦建造史において非常に重要なポジションをしめたフランス海軍の戦艦の歴史を再評価。開発から戦闘記録までを綴る。

＊潮書房光人新社が贈る勇気と感動を伝える人生のバイブル＊

NF文庫

大空のサムライ 正・続
坂井三郎
出撃すること二百余回――みごと己れ自身に勝ち抜いた日本のエース・坂井が描き上げた零戦と空戦に青春を賭けた強者の記録。

紫電改の六機 若き撃墜王と列機の生涯
碇　義朗
本土防空の尖兵となって散った若者たちを描いたベストセラー。新鋭機を駆って戦い抜いた三四三空の六人の空の男たちの物語。

私は魔境に生きた 終戦も知らずニューギニアの山奥で原始生活十年
島田覚夫
熱帯雨林の下、飢餓と悪疫、そして掃討戦を克服して生き残った四人の逞しき男たちのサバイバル生活を克明に描いた体験手記。

証言・ミッドウェー海戦 私は炎の海で戦い生還した！
橋本敏男
田辺彌八ほか
空母四隻喪失という信じられない戦いの渦中で、それぞれの司令官、艦長は、また搭乗員や一水兵はいかに行動し対処したのか。

『雪風ハ沈マズ』 強運駆逐艦 栄光の生涯
豊田　穣
直木賞作家が描く迫真の海戦記！　艦長と乗員が織りなす絶対の信頼と苦難に耐え抜いて勝ち続けた不沈艦の奇蹟の戦いを綴る。

沖縄 日米最後の戦闘
米国陸軍省 編
外間正四郎 訳
悲劇の戦場、90日間の戦いのすべて――米国陸軍省が内外の資料を網羅して築きあげた沖縄戦史の決定版。図版・写真多数収載。